最短合格

公害防止管理者 大気関係

超速マスター

公害防止研究会　第5版

JN015288

TAC出版
TAC PUBLISHING Group

はじめに

　資格試験に短期合格するためには過去問の分析が不可欠です。しかし，必要な知識をもたないまま過去問を解こうとしても能率は上がりません。物事には順序というものがあり，アウトプット（問題を解く作業）の前に，まずインプット（知識を入れる作業）が必要です。しかも，インプットする知識は，試験合格のために必要不可欠なものに絞られていなければなりません。

　以上の観点から，本書の執筆に際しては，まず平成18年から直近までの過去問分析を徹底的に行い，これに基づいて何を書くべきかを絞り込みました。過去問をすべて分析してわかったことは，同趣旨の問題，あるいはまったく同じ問題が何度もくり返し出題されているということです。本書の解説はこのような過去問研究の結果，練り上げられたものであり，本書を精読することによって，合格に必要不可欠な知識を着実に習得できるものと確信しております。

　本書を精読してはチャレンジ問題を解き，該当箇所を読み返しては理解を深めていくというインプット→アウトプットのループを数回くり返すことにより，短期間で合格基準に到達されることをお祈り申し上げます。

目　次

第2章 大気概論

第4章　ばいじん・粉じん特論

第5章　大気有害物質特論

受 験 案 内

学歴，実務経験，年齢，性別，国籍等の制限はありません。

大気関係の試験科目と試験範囲等

試験科目	試験区分				試験範囲・問題数・試験時間
	1種	2種	3種	4種	
公害総論	○	○	○	○	環境基本法，環境関連法規，公害防止組織整備法，環境問題全般，環境管理手法，国際環境協力 15問・50分
大気概論	○	○	○	○	大気汚染防止対策のための法規制，大気汚染の現状・発生機構・影響・防止対策，国または地方公共団体の大気汚染対策 10問・35分
大気特論	○	○	○	○	燃料，燃焼計算，燃焼方法と装置，排煙脱硫技術，窒素酸化物排出防止技術，測定関係 15問・50分
ばいじん・粉じん特論	○	○	○	○	処理計画，集じん装置の原理・構造・特性，集じん装置の維持管理，粉じん発生施設と対策，特定粉じん発生施設と対策，測定，ばいじん・粉じんの測定 15問・50分
大気有害物質特論	○	○	不要	不要	有害物質の発生過程・処理方式，特定物質の事故時の措置，有害物質の測定 10問・35分
大規模大気特論	○	不要	○	不要	拡散現象一般，拡散濃度の計算法，大気関係環境影響評価の拡散モデル，大気環境濃度の予測手段，大規模設備の大気汚染対策 10問・35分

科目免除制度

○同じ試験区分を受験する場合，合格年を含め3年間は，受験者の申請によって合格科目の試験が免除されます。

○新たな試験区分（1種～4種）で受験する場合，すでに合格している試験区分に含まれている試験科目と共通の科目は，受験者の申請によって試験が免除されます。

試験のスケジュール

○試験の公示（官報）………………………6月初旬頃
○願書配布，インターネット受付開始……7月初め
○願書受付，インターネット受付締切……7月末
○試験日……………………………………10月第一日曜日（例年）
○合格発表…………………………………12月中旬
※インターネットによる申し込みをする場合は，「産業環境管理協会」のホームページをご覧ください。

合格判定基準

○科目別合格……当該試験科目において合格基準を満たした者
○試験区分合格（資格取得）……当該試験区分に必要な試験科目のすべてに合格した者

　なお，科目別の合格基準については，国家試験終了後に開催する公害防止管理者等国家試験試験員委員会において決定されます。例年，正解率60％以上が目安とされています。

合格率

　おおむね合格率20％程度で推移しています。

願書入手先

　受験案内および願書は，（社）産業環境管理協会本部　公害防止管理者試験セ

ンターおよび各分室で配布されるほか，経済産業局，都道府県庁，主要市役所の
環境関係部署でも入手できます。

〔一般社団法人　産業環境管理協会本部　公害防止管理者試験センター〕

〒100-0011　東京都千代田区内幸町１丁目３番１号（幸ビルディング）

TEL：03-3528-8156　FAX：03-3528-8166

※郵送を希望する場合は，角型２号（Ａ４サイズ）の返信用封筒に，住所氏名
を明記し送料分（１部140円）の郵便切手を貼り，必要部数を書いたメモと
一緒に試験センターか各分室宛てに送ってください。

試験地

札幌市，仙台市，東京都，神奈川県，埼玉県，愛知県，大阪府，広島市，高松
市，福岡市，那覇市で実施されます。

試験の方法

試験は科目ごとに多肢選択方式による五者択一式の筆記試験で，答案用紙はマ
ークシート方式です。

関数電卓の使用禁止

「四則演算」,「開平計算」,「百分率計算」,「税計算」,「符号変換」,「数値メモリ」,
「電源入り切り」,「リセット及び消去」,「時間計算」のみの機能を有する電卓は
使用できます。

受験手数料

試 験 区 分	受験手数料
大気関係第１種公害防止管理者	12,300円 （非課税）
大気関係第３種公害防止管理者	
大気関係第２種公害防止管理者	11,600円 （非課税）
大気関係第４種公害防止管理者	

第1章

公害総論

1 環境基本法および環境関連法規

まとめ & 丸暗記

● この節の学習内容のまとめ ●

☐ **環境基本法**とは

わが国の環境行政の基本的方向性を定めた法律
- 環境の保全について，基本理念を定めている
- 国，地方公共団体，事業者，国民の責務を明らかにしている
- 環境の保全に関する施策の基本となる事項を定めている

☐ **環境基本法の体系**（主な条文）

第1章 **総則**	第1条	環境基本法の目的
	第2条	用語の定義 「環境への負荷」「地球環境保全」「公害」
	第3条 〜第5条	基本理念…「環境への負荷の少ない持続的発展が可能な社会の構築等」等
	第6条 〜第9条	主体の責務 国・地方公共団体・事業者・国民
第2章 **環境の保全に関する** **基本的施策**	第14条	施策策定の指針
	第15条	環境基本計画
	第16条	環境基準
	第17・18条	公害防止計画
	第20条	環境影響評価の推進
	第22条	経済的措置
	第32条 〜第35条	地球環境保全等に関する国際協力等
	第37条 〜第40条	費用負担等 「原因者負担」「受益者負担」等
第3章 **環境の保全に関する審議会等**		

環境基本法の理念

1 環境基本法の目的

高度成長期の1967（昭和42）年に「公害対策基本法」が制定され，環境行政の骨組みが作られました。しかし，環境問題はその後もさまざまな形をとって現れるようになり，都市生活型公害や地球環境問題にも対処できるよう，公害対策基本法に代わって環境基本法が1993（平成5）年に制定されました。その第1条には以下のように「目的」が述べられています。

> 第1条（目的）
> 　この法律は，環境の保全について，基本理念を定め，並びに国，地方公共団体，事業者及び国民の責務を明らかにするとともに，環境の保全に関する施策の基本となる事項を定めることにより，環境の保全に関する施策を総合的かつ計画的に推進し，もって現在及び将来の国民の健康で文化的な生活の確保に寄与するとともに人類の福祉に貢献することを目的とする。

また，第2条では次の3つの用語を定義しています。

環境への負荷	人の活動により環境に加えられる影響であって，環境の保全上の支障の原因となるおそれのあるもの
地球環境保全	人の活動による地球全体の温暖化又はオゾン層の破壊の進行，海洋の汚染，野生生物の種の減少その他の地球の全体又はその広範な部分の環境に影響を及ぼす事態に係る環境の保全であって，人類の福祉に貢献するとともに国民の健康で文化的な生活の確保に寄与するもの
公　害	環境の保全上の支障のうち，事業活動その他の人の活動に伴って生ずる相当範囲にわたる大気の汚染，水質の汚濁，土壌の汚染，騒音，振動，地盤の沈下及び悪臭によって，人の健康又は生活環境に係る被害が生ずること

基本法とは
環境行政の目標や施策の基本的方向性を定める法律です。一般的な指針のみを規定し，その具体化は個別の法律にゆだねられます。

典型7公害
①大気汚染
②水質汚濁
③土壌汚染
④騒音
⑤振動
⑥地盤沈下
⑦悪臭

2　環境基本法の基本理念

　環境基本法は，環境保全の基本理念として「環境の恵沢の享受と継承等（第3条）」，「環境への負荷の少ない持続的発展が可能な社会の構築等（第4条）」，「国際的協調による地球環境保全の積極的推進（第5条）」の3つを掲げています。

　ここでは「持続的発展」に関する第4条に注意しておきましょう。

第4条（環境への負荷の少ない持続的発展が可能な社会の構築等）
　環境の保全は，社会経済活動その他の活動による環境への負荷をできる限り低減することその他の環境の保全に関する行動がすべての者の公平な役割分担の下に自主的かつ積極的に行われるようになることによって，健全で恵み豊かな環境を維持しつつ，環境への負荷の少ない健全な経済の発展を図りながら持続的に発展することができる社会が構築されることを旨とし，及び科学的知見の充実の下に環境の保全上の支障が未然に防がれることを旨として，行われなければならない。

3　事業者などの責務

　環境基本法では，国，地方公共団体，事業者，国民のそれぞれが環境の保全のために果たすべき責務を定めています。特に「事業者の責務」について規定した第8条が重要です。「国民の責務（第9条）」と比較しながら確認しておきましょう。

第8条（事業者の責務）
1　事業者は，基本理念にのっとり，その事業活動を行うに当たっては，これに伴って生ずるばい煙，汚水，廃棄物等の処理その他の公害を防止し，又は自然環境を適正に保全するために必要な措置を講ずる責務を有する。
2　事業者は，基本理念にのっとり，環境の保全上の支障を防止するため，物の製造，加工又は販売その他の事業活動を行うに当たって，その事業活動に係る製品その他の物が廃棄物となった場合にその適正な処理が図られることとなるように必要な措置を講ずる責務を有する。

第9条（国民の責務）
　国民は，基本理念にのっとり，環境の保全上の支障を防止するため，その日常生活に伴う環境への負荷の低減に努めなければならない。

チャレンジ問題

問1　　　　　　　　　　　　　　　　　　　　　難　中　易

　環境基本法に関する記述中，　ア　～　オ　の中に挿入すべき語句（a～h）
の組合せとして，正しいものはどれか。

　この法律は，　ア　について，　イ　を定め，並びに国，地方公共団体，事
業者及び国民の責務を明らかにするとともに，　ア　に関する施策の基本とな
る事項を定めることにより，　ア　に関する施策を　ウ　に推進し，もって現
在及び将来の国民の　エ　な生活の確保に寄与するとともに　オ　に貢献する
ことを目的とする。

a：基本理念	b：人類の福祉	c：総合的かつ計画的	d：健全で恵み豊か
e：健康で文化的	f：国際社会	g：環境への負荷	h：環境の保全

　　　ア　イ　ウ　エ　オ
(1)　g　h　e　d　f　　　(2)　h　g　c　e　b　　　(3)　g　a　d　e　f
(4)　h　a　c　e　b　　　(5)　h　g　e　d　f

解説

環境基本法第1条（目的）の内容を問う出題です。　　　解答 (4)

問2　　　　　　　　　　　　　　　　　　　　　難　中　易

　環境基本法に規定する責務に関する記述中，　ア　～　カ　の中に挿入すべ
き語句の組合せとして，正しいものはどれか。

　　ア　は，　イ　にのっとり，その　ウ　を行うに当たっては，これに伴って
生ずる　エ　，廃棄物等の処理その他の　オ　を防止し，又は　カ　を適正に保
全するために必要な措置を講ずる責務を有する。

	ア	イ	ウ	エ	オ	カ
(1)	国	基本計画	環境保全	公害	環境破壊	地球環境
(2)	国	基本理念	事業活動	ばい煙，汚水	公害	地球環境
(3)	国民	基本理念	環境保全	家庭排水	汚染	生態系
(4)	事業者	基本理念	事業活動	ばい煙，汚水	公害	自然環境
(5)	事業者	基本計画	環境保全	公害	環境破壊	自然環境

解説

環境基本法第8条（事業者の責務）の内容を問う出題です。　　　解答 (4)

基本計画と基本的施策

1 環境基本計画

　環境基本法が定める基本的施策のうち，環境基本計画（第15条），環境基準（第16条），環境影響評価の推進（第20条），経済的措置（第22条）が重要です。

　環境基本計画とは，環境保全に関する施策を総合的かつ計画的に推進していくために政府が策定する計画です。環境保全に関する総合的・長期的な施策の大綱のほか，施策を推進するために必要な事項が定められます。

　第 1 次環境基本計画（1994［平成 6］年12月閣議決定）では，長期目標として①循環，②共生，③参加，④国際的取組み，の 4 つが掲げられました。

　第 5 次環境基本計画（2018［平成30］年 4 月閣議決定）では，SDGsの考え方も活用しながら 6 つの重点戦略（経済，国土，地域，暮らし，技術，国際）を設定し，経済・社会的課題の同時解決を実現するとともに，各地域が自立・分散型の社会を形成し，地域資源等を補完し支え合う「地域循環共生圏」の創造を目指すこととしています。なお，環境基本計画は約 6 年ごとに見直されます。

2 環境基準

　公害防止のための対策を進めていくには，大気，水質，土壌，静けさなどをどの程度に保持すべきかという明確な目標が必要です。このような，公害対策の目標値として定められる具体的数値のことを環境基準といいます。

　環境基準について定めている第16条を確認しておきましょう。

第16条（環境基準）

1　政府は，大気の汚染，水質の汚濁，土壌の汚染及び騒音に係る環境上の条件について，それぞれ，人の健康を保護し，及び生活環境を保全する上で維持されることが望ましい基準を定めるものとする。

2　前項の基準が，二以上の類型を設け，かつ，それぞれの類型を当てはめる地域又は水域を指定すべきものとして定められる場合には，その地域又は水域の指定に関する事務は，次の各号に掲げる地域又は水域の区分に応じ，当該各号に定める者が行うものとする。

一　二以上の都道府県の区域にわたる地域又は水域であって政令で定めるもの

　　…政府

二 前号に掲げる地域又は水域以外の地域又は水域

…次のイ又はロに掲げる地域又は水域の区分に応じ，当該イ又はロに定める者

イ 騒音に係る基準（航空機の騒音に係る基準及び新幹線鉄道の列車の騒音に係る基準を除く。）の類型を当てはめる地域であって市に属するもの

…その地域が属する市の長

ロ イに掲げる地域以外の地域又は水域

…その地域又は水域が属する都道府県の知事

3 第1項の基準については，常に適切な科学的判断が加えられ，必要な改定がなされなければならない。

4 政府は，この章に定める施策であって公害の防止に関係するものを総合的かつ有効適切に講ずることにより，第1項の基準が確保されるように努めなければならない。

3 環境影響評価の推進

環境影響評価とは，開発事業などを行う前に，その事業が環境に与える影響を調査し，環境保全の対策を講じるための仕組みです（具体的な内容についてはこの章の4で学習します）。ここでは，国による環境影響評価の推進について定めた第20条を確認しておきましょう。

第20条（環境影響評価の推進）

国は，土地の形状の変更，工作物の新設その他これらに類する事業を行う事業者が，その事業の実施に当たりあらかじめその事業に係る環境への影響について自ら適正に調査，予測又は評価を行い，その結果に基づき，その事業に係る環境の保全について適正に配慮することを推進するため，必要な措置を講ずるものとする。

4 経済的措置

近年の環境問題は，政府による規制や助成措置程度では対応が困難な場合が多くなっています。そこで，負荷活動（環境への負荷を生じさせる活動等）を行う者に対し，環境税や課徴金などの経済的な負担を課すことにより，環境への負荷を低減させるという手法が重要視されています。

これについて定めた第22条第2項の内容を確認しておきましょう。

第22条（環境の保全上の支障を防止するための経済的措置）

2　国は，負荷活動を行う者に対し適正かつ公平な経済的な負担を課すことによりその者が自らその負荷活動に係る環境への負荷の低減に努めることとなるように誘導することを目的とする施策が，環境の保全上の支障を防止するための有効性を期待され，国際的にも推奨されていることにかんがみ，その施策に関し，これに係る措置を講じた場合における環境の保全上の支障の防止に係る効果，我が国の経済に与える影響等を適切に調査し及び研究するとともに，その措置を講ずる必要がある場合には，その措置に係る施策を活用して環境の保全上の支障を防止することについて国民の理解と協力を得るように努めるものとする。この場合において，その措置が地球環境保全のための施策に係るものであるときは，その効果が適切に確保されるようにするため，国際的な連携に配慮するものとする。

チャレンジ問題

問1　　　　　　　　　　　　　　　　　　　　　　　　難　中　**易**

　環境基本法に規定する環境基準に関する記述中，　ア　～　キ　の中に挿入すべき語句（a～g）の組合せとして，誤っているものはどれか。

1　　ア　は，大気の汚染，水質の汚濁，土壌の汚染及び騒音に係る　イ　について，それぞれ，人の健康を保護し，及び生活環境を保全する上で維持されることが望ましい基準を定めるものとする。

2　前項の基準が，　ウ　を設け，かつ，それぞれの類型を当てはめる地域又は水域を指定すべきものとして定められる場合には，その地域又は水域の指定に関する事務は，　エ　の区域にわたる地域又は水域であって政令で定めるものにあっては政府が，それ以外の地域又は水域にあってはその地域又は水域が属する　オ　が，それぞれ行うものとする。

3　第1項の基準については，　カ　が加えられ，必要な改定がなされなければならない。

4　政府は，この章に定める施策であって　キ　に関係するものを総合的かつ有効適切に講ずることにより，第1項の基準が確保されるように努めなければならない。

a：政府	b：環境上の条件	c：2以上の類型	d：2以上の都道府県
e：都道府県の知事	f：常に適切な科学的判断	g：公害の防止	

1

(1) ア－a, カ－f　　(2) イ－b, キ－g　　(3) ウ－c, カ－f
(4) エ－d, オ－e　　(5) オ－e, キ－b

解説

環境基本法第16条（環境基準）に関する出題です。

解答 (5)

環境関連法規の概要

1 環境法の体系

区分	主な法規
基本法	環境基本法, 循環型社会形成推進基本法
公害規制法	〈公害の発生源の規制〉 大気汚染防止法, 水質汚濁防止法, 騒音規制法, 土壌汚染対策法, 振動規制法, 悪臭防止法, 工業用水法, ビル用水法等
	〈二次的公害の防止〉 廃棄物処理法, 資源有効利用促進法, 容器包装リサイクル法, 家電リサイクル法, グリーン購入法, PCB特別措置法等
	〈事業者の義務を定める法律〉 公害防止管理者法, 化審法, PRTR法等
	〈地方公共団体による規制〉 公害防止条例, 環境アセスメント条例等
環境保全法	自然環境保全法, 鳥獣保護法, 種の保存法等
環境整備法	下水道法, 都市公園法, 工場立地法等
費用負担・ 財政措置法	公害防止事業費事業者負担法, 独立行政法人環境保全再生機構法等
被害救済・ 紛争処理法	公害紛争処理法, 民法の不法行為規定, 大気汚染防止法・水質汚濁防止法などの無過失責任規定等
地球環境保全法	〈条約〉 海洋汚染防止条約, オゾン層保護条約, バーゼル条約, 気候変動枠組条約等
	〈国内法〉 特定有害廃棄物等の輸出入等の規制に関する法律, 地球温暖化対策の推進に関する法律等

＊略称のある法規については，略称で表記しています

公害規制法とは
環境汚染の原因となる事業活動その他，人の活動を規制，制限，禁止する法律の総称。

環境保全法とは
優れた自然環境，景観などの保全に係る法律の総称。

環境整備法とは
社会的インフラ（生活環境施設）の整備など公共サービスに係る法律の総称。

地球環境保全法とは
地球規模における環境問題を，環境保全型に規制，誘導，助成する条約・国内法の総称。

2 個々の法律の概要

①大気汚染防止法（1968［昭和43］年制定）

　大気汚染を防止するため，工場・事業場における事業活動や建築物の解体によって発生するばい煙・揮発性有機化合物・粉じん，自動車の排出ガス等を規制する法律です。ばい煙の排出基準として，一般排出基準・特別排出基準・上乗せ排出基準，総量規制基準について定めるほか，燃料使用基準に関する規定も置いています。

②水質汚濁防止法（1970［昭和45］年制定）

　公共用水域や地下水の汚濁を防止するため，工場・事業場から排出される排水を規制するとともに，生活排水対策の実施を推進する法律です。上乗せ排水基準や総量規制基準などを定めているほか，大気汚染防止法と同様，損害賠償について無過失責任を認める規定を置いています（なお，環境基本法には，無過失責任を明文化した規定はありません）。

③土壌汚染対策法（2002［平成14］年制定）

　特定有害物質による土壌の汚染状況の把握に関する措置や，汚染による人の健康被害の防止に関する措置等を定めることによって，土壌汚染対策の実施を図る法律です。汚染土壌の適正処理を確保するため，要措置区域等の外へ搬出する場合の事前届出・運搬基準の順守・許可を受けた業者への処理委託等について定めています。

④騒音規制法（1968［昭和43］年制定）

　工場・事業場における事業活動や建設工事に伴って発生する相当範囲にわたる騒音について必要な規制を行うとともに，自動車騒音に係る許容限度を定める法律です。

⑤振動規制法（1976［昭和51］年制定）

　工場・事業場における事業活動や建設工事に伴って発生する相当範囲にわたる振動について必要な規制を行うとともに，道路交通振動に係る要請の措置を定める法律です。

⑥ビル用水法（1962［昭和37］年制定）

　正式には「建築物用地下水の採取の規制に関する法律」といいます。地下水を採取したことによって地盤が沈下した一定の地域を対象として地下水の揚水を規制する法律であり，揚水設備のストレーナー（液体から固形成分を取り除く網状の器具）の位置と揚水機の吐出口の断面積を規制しています。地盤沈下自体についての基準は定めていません。なお，工業（製造業，電気・ガス・熱供給業）の

用途に使用する地下水の採取を規制する法律としては，工業用水法（1956［昭和31］年制定）があります。

⑦悪臭防止法（1971［昭和46］年制定）

工場その他の事業場における事業活動に伴って発生する悪臭について必要な規制を行い，その他悪臭防止対策を推進することによって生活環境を保全する法律です。

チャレンジ問題

問1　　　　　　　　　　　　　　　　　　　　　　難　中　易

　次の法律とその法律に規定されている語句の組合せとして，誤っているものはどれか。
(1) 大気汚染防止法 ……… 燃料使用基準
(2) 水質汚濁防止法 ……… 総量規制基準
(3) 土壌汚染対策法 ……… 汚染土壌の運搬に関する基準
(4) 騒音規制法 ……… 規制基準
(5) 建築物用地下水の採取の規制に関する法律 ……… 地盤沈下基準

解説

(1) 大気汚染防止法では，「季節による燃料の使用に関する措置（第15条）」等の規定において，燃料使用基準の遵守について定めています。
(2) 水質汚濁防止法は，都道府県知事が総量規制基準を定めること（第4条の5），指定地域内事業場の設置者がこれを遵守すべきこと（第12条の2）等を定めています。
(3) 土壌汚染対策法では，汚染土壌の運搬に関する基準の遵守（第17条）について定めています。
(4) 騒音規制法は，都道府県知事が騒音の規制基準を定めること（第4条）等について定めています。
(5) 建築物用地下水の採取の規制に関する法律（ビル用水法）は，地下水の摂取によって地盤が低下した一定の地域を対象に地下水の揚水を規制する法律であり，揚水設備のストレーナーの位置と揚水機の吐出口の断面積を規制しています。地盤沈下そのものの基準は定めていません。

解答 (5)

2 公害防止組織整備法

まとめ&丸暗記

● この節の学習内容のまとめ ●

☐ 対象となる工場 ＝「特定工場」

次のいずれかの業種に
属していること
- 製造業（物品の加工業を含む）
- 電気供給業
- ガス供給業
- 熱供給業

ばい煙発生施設，汚水排出施設などの公害発生施設を設置している工場であること

公害防止管理者等を選任

☐ 公害防止管理者等

		職　務	資　格
①	公害防止統括者	常時使用する従業員数21人以上の特定工場において，公害防止に関する業務を統括管理する	国家資格は必要なし
②	公害防止管理者	特定工場において，公害発生施設の維持管理や原材料等の検査等，公害防止に関する技術的事項を管理する	公害防止管理者の有資格者
③	公害防止主任管理者	一定以上の特定工場において，公害防止統括者を補佐し，公害防止管理者を指揮する	公害防止管理者の有資格者
④	①〜③の代理者	①〜③の者が職務を行えなくなる場合に備えて選任される	①〜③の者と同様

公害防止組織整備法の概要

1 公害防止組織整備法の目的

多くの公害規制法が制定されたものの、規制対象となる工場に十分な公害防止体制が整備されていなかったため、1971（昭和46）年に「特定工場における公害防止組織の整備に関する法律」（略称「公害防止組織整備法」）が制定されました。その第1条には以下のように「目的」が定められています。

第1条（目的）
　この法律は、公害防止統括者等の制度を設けることにより、特定工場における公害防止組織の整備を図り、もって公害の防止に資することを目的とする。

つまり、一定の工場に公害防止統括者や公害防止管理者等を選任し、それらに職務を遂行させることによって、公害防止体制の整備を図ろうというわけです。

2 対象となる工場

この法律では、公害防止組織の設置が義務づけられている工場を「特定工場」といい、特定工場を設置している者を「特定事業者」といいます。

特定工場とは、製造業その他の政令で定める業種に属しており、かつ、ばい煙発生施設や汚水排出施設等の公害発生施設を設置している工場のうち、政令で定めるものをいいます。

政令（「特定工場における公害防止組織の整備に関する法律施行令」）では、次の4つを対象業種としています。

①製造業（物品の加工業を含む）　②電気供給業
③ガス供給業　④熱供給業

補足

法律と政令
「法律」は国会が制定するのに対し、「政令」は内閣が制定します。なお、各省が制定する「省令」と政令を合わせて「命令」といい、法律と命令を合わせて「法令」といいます。

対象業種でない業種
自動車整備業やドライクリーニング業などのサービス業、砂利採取業などの鉱業は、対象業種に含まれないので注意しましょう。

公害防止管理者等

1 公害防止統括者

①公害防止統括者とは

公害防止統括者は，常時使用する従業員数が21人以上の特定工場においてのみ選任されます。その職務は，公害防止のための業務が適切かつ円滑に実施されるよう必要な措置を講じるとともに，その実施状況を監督するなどして，公害防止業務を統括管理することです。

②資格について

公害防止統括者は，公害防止に関する最高責任者であり，当該特定工場においてその事業の実施を統括管理する者をもって充てなければならないとされています。ただし，公害防止管理者の資格など特別な国家資格は不要です。

③選任の手続き

特定事業者は，選任すべき事由が発生した日から30日以内に公害防止統括者を選任し，選任した日から30日以内に都道府県知事等（都道府県知事のほかに政令で定める市の長を含む。以下同じ）に届け出なければなりません。

2 公害防止管理者

①公害防止管理者とは

公害防止管理者は，公害防止施設で使用する原材料等の検査，施設の点検や補修など，高度に専門的・技術的な公害防止業務を行います。特定工場においては，政令で定める区分ごとに公害防止管理者を選任しなければなりません。

同一人が2以上の特定工場の公害防止管理者を兼務することは，原則として禁止されていますが，一定の場合には例外も認められます。

②資格について

区分ごとに行う公害防止管理者試験に合格した者，または公害防止管理者の区分ごとに政令で定める資格を有する者でなければなりません。

③選任の手続き

特定事業者は，選任すべき事由が発生した日から60日以内に公害防止管理者を選任し，選任した日から30日以内に都道府県知事等に届け出なければなりません。

3 公害防止主任管理者

①公害防止主任管理者とは

公害防止主任管理者は，ばい煙発生施設および汚水等排出施設を設置している特定工場で，排出ガス量毎時4万㎥以上かつ排出水量1日当たり1万㎥以上のものにおいてのみ選任されます。その職務は，当該特定工場からの公害発生を未然に防止するため，公害防止統括者を補佐し，公害防止管理者の業務が適正に遂行されるよう指揮・監督することです。

②資格について

公害防止主任管理者試験に合格した者，または政令で定める資格を有する者でなければなりません。

③選任の手続き

公害防止管理者と同様，特定事業者は，選任すべき事由が発生した日から60日以内に公害防止主任管理者を選任し，選任した日から30日以内に都道府県知事等に届け出ることとされています。

4 代理者の選任

特定事業者は，公害防止統括者・公害防止管理者・公害防止主任管理者が旅行や疾病等によって職務を行うことができない場合に備えて，それぞれの代理者を選任しておかなければなりません。

代理者には，代理される本人と同一の資格が要求されます。したがって，公害防止統括者の代理者には特別な国家資格は必要とされませんが，公害防止管理者の代理者は，区分ごとに行う公害防止管理者試験に合格した者，または公害防止管理者の区分ごとに政令で定める資格を有する者でなければなりません。また，公害防止主任管理者の代理者は，公害防止主任管理者試験に合格した者，または政令で定める資格を有する者でなければなりません。

代理者の選任および届出の猶予期間は，代理される本人

罰則
- 公害防止管理者等の「選任」を怠った者
  →50万円以下の罰金
- 公害防止管理者等について「届出」を怠った者
  →20万円以下の罰金

特定事業者に地位の承継があった場合
公害防止管理者等について届出をした特定事業者に相続または合併があり，特定事業者の地位を承継した者は，遅滞なく，その事実を証する書面を添えて，都道府県知事等に届け出なければならないとされています。

の期間と同一です。表にまとめて確認しておきましょう。

	国家資格	選任期間	届出期間
公害防止統括者 とその代理者	不要	事由発生から30日以内	選任した日から30日以内
公害防止管理者 とその代理者	必要	事由発生から60日以内	選任した日から30日以内
公害防止主任管理者 とその代理者	必要	事由発生から60日以内	選任した日から30日以内

5 公害防止管理者等の義務と権限

　公害防止統括者，公害防止管理者，公害防止主任管理者およびこれらの代理者については，その職務を誠実に行う義務が定められています。

　また，特定工場の従業員は，公害防止統括者，公害防止管理者，公害防止主任管理者およびこれらの代理者がその職務を行ううえで必要であると認めてする指示に従わなければならないとされています。

6 公害防止管理者等の解任その他

①公害防止管理者等の解任

　都道府県知事等は，公害防止統括者，公害防止管理者，公害防止主任管理者またはこれらの代理者が，公害防止組織整備法，大気汚染防止法，水質汚濁防止法，騒音規制法，振動規制法，ダイオキシン類対策特別措置法またはこれらの法律に基づく命令の規定その他政令で定める法令の規定に違反したときは，特定事業者に対して，公害防止統括者，公害防止管理者，公害防止主任管理者またはこれらの代理者の解任を命じることができます。

　解任命令による解任の日から2年を経過していない者は，公害防止統括者，公害防止管理者，公害防止主任管理者およびこれらの代理者になることができません。

　なお，特定事業者は，公害防止管理者等が死亡し，またはこれを解任したときは，その日から30日以内に都道府県知事等に届け出なければなりません。

②報告および検査

　都道府県知事等は，この法律の施行に必要な限度において，公害防止管理者等の職務の実施状況の報告を特定事業者に求めることができます。また都道府県知

事等は，その職員に，特定工場に立ち入り，書類その他の物件を**検査**させること
もできます。

チャレンジ問題

問1　　　　　　　　　　　　　　　　　　難｜中｜**易**

　特定工場における公害防止組織の整備に関する法律に関する記述として，
誤っているものはどれか。

(1) 特定工場の対象業種は，製造業（物品の加工業を含む。），電気供給業，
ガス供給業及び熱供給業である。

(2) 公害防止管理者の選任は，公害防止管理者を選任すべき事由が発生した
日から60日以内に行わなければならない。

(3) すべての特定事業者は，例外なく，2以上の工場について同一の公害防
止管理者を選任してはならない。

(4) 特定工場の従業員は，公害防止管理者及びその代理者がその職務を行う
うえで必要であると認めてする指示に従わなければならない。

(5) 公害防止管理者の代理者も，公害防止管理者の資格が必要である。

解説

(1) この4つを対象業種とすることが，「特定工場における公害防止組織の整備に
関する法律施行令」の第1条に規定されています。

(2) 公害防止管理者の選任までの猶予期間は，選任すべき事由が発生した日から
60日以内です。公害防止統括者の場合（30日以内）よりも長く設定されてい
るのは，施設の区分ごとに一定の有資格者の中から選任しなければならないた
めです。

(3) 原則としては禁止ですが，工場相互間の距離や生産工程上の関連その他の基準
を満たし，職務の遂行に特に支障がない場合には，2以上の工場の公害防止管
理者を兼任することが例外的に認められています。

(5) 代理者は，代理される本人に代わってその職務を行うことから，本人と同一の
資格を有することが求められます。

解答 (3)

問2　　　　　　　　　　　　　　　　　　難｜中｜**易**

　特定工場における公害防止組織の整備に関する法律に関する記述として，
誤っているものはどれか。

(1) 公害防止統括者の選任は，公害防止統括者を選任すべき事由が発生した日から30日以内にしなければならない。

(2) 特定事業者は，公害防止統括者を選任したときは，その日から30日以内に，その旨を当該特定工場の所在地を管轄する都道府県知事（又は政令で定める市の長）に届け出なければならない。

(3) 特定事業者は，公害防止管理者が死亡し，又はこれを解任したときは，その日から30日以内にその旨を当該特定工場の所在地を管轄する都道府県知事（又は政令で定める市の長）に届け出なければならない。

(4) すべての特定事業者は，公害防止統括者を選任しなければならない。

(5) 特定事業者は，当該特定工場が政令で定める要件に該当するものであるときは，主務省令で定めるところにより，法令で定める技術的事項について，公害防止統括者を補佐し，公害防止管理者を指揮する公害防止主任管理者を選任しなければならない。

解説

(4) 公害防止統括者は，常時使用する従業員の数が21人以上の特定工場においてのみ選任されます。したがって，すべての特定事業者が選任しなければならないという点で誤りです。

(5) 公害防止主任管理者は，政令で定める要件（ばい煙発生施設および汚水等排出施設を設置し，排出ガス量・排出水量ともに一定以上であること）に該当する特定工場においてのみ選任されます。

解答 (4)

問3　　　　　　　　　　　　　　　　難｜中｜**易**

　特定工場における公害防止組織の整備に関する法律に関する記述中，下線を付した箇所のうち，誤っているものはどれか。

　都道府県知事は，公害防止統括者，公害防止管理者若しくは公害防止主任管理者又はこれらの代理者が，この法律，大気汚染防止法，水質汚濁防止法，騒音規制法，振動規制法若しくは (1)土壌汚染対策法又はこれらの法律に基づく (2)命令の規定その他政令で定める法令の規定に違反したときは，(3)特定事業者に対し，公害防止統括者，公害防止管理者若しくは公害防止主任管理者又はこれらの代理者の解任を命ずることができる。また，都道府県知事は，この法律の施行に必要な限度において，特定事業者に対し，公害防止統括者，

公害防止管理者若しくは公害防止主任管理者又はこれらの代理者の ⑷ **職務の実施状況の報告**を求め，又はその職員に， ⑸ **特定工場に立ち入り，書類その他の物件を検査**させることができる。

解説

公害防止組織整備法第10条（解任命令）と，同法第11条（報告及び検査）第1項の内容を問う出題です。（1）は「土壌汚染対策法」ではなく，「ダイオキシン類対策特別措置法」です。（2）～（5）はすべて正しい記述です。

解答 （1）

問4　　　　　　　　　　難　中　易

　特定工場における公害防止組織の整備に関する法律に関する記述として，誤っているものはどれか。

(1) この法律は，公害防止統括者等の制度を設けることにより，特定工場における公害防止組織の整備を図り，もって公害の防止に資することを目的とする。
(2) 都道府県知事（又は政令で定める市の長）の命令により公害防止管理者を解任された者は，その資格を取り消される。
(3) 公害防止管理者は，その職務を誠実に行わなければならない。
(4) 公害防止管理者の代理者は，その代理する公害防止管理者の種類に応じて，当該公害防止管理者の資格を有する者のうちから選任しなければならない。
(5) 公害防止管理者の代理者を選任することを怠った者は，50万円以下の罰金に処せられる。

解説

(2) 都道府県知事等は，公害防止管理者等に一定の法令違反があった場合には解任を命じることができますが，解任された者の資格まで取り消されるわけではありません。
(4) 代理者には，代理される本人と同一の資格が要求されます。
(5) 公害防止管理者等の「選任」を怠った者には50万円以下の罰金を科すとする罰則が定められています。なお，公害防止管理者等について「届出」を怠った者については20万円以下の罰金です。

解答 （2）

3 環境問題全般

まとめ & 丸暗記

● この節の学習内容のまとめ ●

☐ 地球環境問題の概要
- 成層圏オゾン層の破壊……モントリオール議定書
- 地球温暖化………………京都議定書，パリ協定
- 京都メカニズム（JI，CDM，排出量取引）

☐ 大気環境問題
- 二酸化硫黄，一酸化炭素，二酸化窒素，浮遊粒子状物質については，環境基準達成率が99〜100%
- 光化学オキシダントの環境基準達成率は，1％未満

☐ 水・土壌環境問題
- 公共用水域の環境基準達成率
  ⇒健康項目は99%以上，BOD・CODは90%程度
- 水域別で基準達成率が最も低いのは，湖沼

☐ 騒音・振動問題
- 「感覚公害」といわれる騒音・振動
- 騒音・振動の苦情件数が最も多い発生源は，「工事・建設作業」

☐ 廃棄物・リサイクル対策
- 一般廃棄物および産業廃棄物それぞれの排出量，処理の流れ
- 3Rの推進（①発生抑制＞②再利用＞③再生利用）

☐ 化学物質に関する問題
- 「化審法」による規制，「化管法（PRTR法）」による自主管理の促進
- ダイオキシン類の定義とその対策

地球環境問題の概要

1 成層圏オゾン層の破壊

①オゾンの生成と分解

成層圏の酸素分子（O₂）は，太陽からの紫外線を吸収して酸素原子（O）に解離します。これが酸素分子と反応してオゾン（O₃）が生成されます。一方，成層圏のオゾンは320nm以下の紫外線（UV-B）を吸収すると分解し，酸素分子になります。成層圏のオゾン層は，この生成と分解のバランスのうえに形成されています。

成層圏のオゾン濃度が減少すると，UV-Bの地上到達量が増え，人の健康（皮膚がん，白内障など）や植物の成長に有害な影響を与えるおそれがあります。

②CFC等によるオゾンの破壊

エアコンや冷蔵庫の冷媒，半導体の洗浄剤その他に広く用いられるクロロフルオロカーボン類（CFC）やハイドロクロロフルオロカーボン類（HCFC），消火剤のハロンなどが大気中に放出されると，成層圏で紫外線によって分解され，塩素や臭素の原子を放出します。成層圏のオゾンは，この塩素や臭素の原子によって連鎖的に分解（破壊）されてしまいます。

③オゾン層の保護

オゾン層保護のためのウィーン条約に基づき，1987（昭和62）年にモントリオール議定書が採択され，CFC等の規制が段階的に進められました。現在では，先進国において，CFC，ハロン，四塩化炭素，1.1.1-トリクロロエタンなどの生産が全廃され，発展途上国において消費規制などが実施されています。

こうした規制の結果，CFCの大気中濃度は減少する傾向にありますが，HCFCなどの濃度は増加傾向にあります。わが国では，従来の冷蔵庫やカーエアコンなどに残っているCFC等の回収を法律に基づいて進めています。

補　足

成層圏
高度10〜50kmの大気層をいいます。

nm（ナノメートル）
1メートルの10億分の1の長さを表す単位。

オゾンホール
南極上空のオゾン量が極端に少なくなる現象をいいます。南半球の冬季から春季にあたる8〜9月ごろに発達します。1980年代に急激に規模を拡大させましたが，1990年以降，面積の増大傾向はみられなくなっています。

フロン
CFC，HCFCのように，炭化水素の水素をふっ素などのハロゲン元素に置換した化合物のことを一般に「フロン」とよんでいます。

2 地球温暖化

①地球温暖化現象

　18世紀の産業革命以降，化石燃料（石炭，石油，天然ガス等）を用いた産業活動の拡大に伴い，二酸化炭素をはじめとする温室効果ガスが大気中に排出されてきました。過去100年間に二酸化炭素の大気中濃度は80ppm以上増加しており，IPCC（「気候変動に関する政府間パネル」）が2021（令和3）年に公表した第6次評価報告書によると，2011～2020年の世界平均気温は，1850～1900年の気温よりも1.09℃高く，海上よりも陸域での昇温が大きいことがわかりました。

②京都議定書

　1997（平成9）年，京都で行われた「気候変動枠組条約」第3回締結国会議（COP3）において，温室効果ガスの削減目標を掲げた京都議定書が採択され，2005（平成17）年に発効しました。議定書の概要をみておきましょう。

排出削減の対象とする温室効果ガス	①二酸化炭素　　②メタン　　③一酸化二窒素 ④HFC（ハイドロフルオロカーボン） ⑤PFC（パーフルオロカーボン）　　⑥六ふっ化硫黄（SF_6）
吸収源	森林等の吸収源による温室効果ガス吸収量を算入する
基準年	1990年（HFC，PFC，SF_6は，1995年としてもよい）
目標期間	2008～2012年の5年間（第一約束期間）
目標	日本は6％削減 （先進国全体で少なくとも5％の削減を目指す）

　わが国は，基準年である1990（平成2）年から6％削減することを目標としていましたが，2009（平成21）年度の温室効果ガス総排出量（CO_2換算）は12億900万tであり，基準年を4.1％下回るものの，目標には届いていませんでした。

　1998（平成10）年には地球温暖化対策推進法が制定され，京都議定書目標達成計画を策定するとともに，温室効果ガスの排出抑制を促進するための措置などを講じることによって地球温暖化対策の推進を図ることが目的として掲げられました。また「地球温暖化対策推進大綱」が策定され，省エネルギーや新エネルギーの積極的導入，国民のライフスタイルの見直しなどが打ち出されました。

　さらに，京都議定書では，国際的に協調して目標達成するための仕組みとして「京都メカニズム」が導入されており，その活用に向けた取り組みも重要です。京都メカニズムには，共同実施（JI），クリーン開発メカニズム（CDM）および排出量取引の3つの手法があります。

共同実施（JI）	先進国間で，温室効果ガスの排出削減や吸収増進の事業を実施し，その結果生じた排出削減単位を，関係国間で移転することを認める制度
クリーン開発メカニズム（CDM）	先進国の環境対策や省エネルギー技術を途上国に移転し，普及促進することにより温室効果ガスの排出量を低減し，その低減分を先進国が自国の目標達成に利用することを認める制度
排出量取引	排出枠（割当量）が設定されている先進国の間で，排出枠の一部の移転を認める制度

JI
Joint
Implementation
の頭文字。

CDM
Clean
Development
Mechanism
の頭文字。

3
環境問題全般

③パリ協定

　パリ協定は，2015（平成27）年のCOP21で採択されました。京都議定書は，排出量削減の法的義務を先進国のみに課すものでしたが，パリ協定では，途上国を含むすべての参加国に排出削減の努力を求めています。

チャレンジ問題

問1　　　　　　　　　　　　　　　　　難　**中**　易

　成層圏オゾンに関する記述として，誤っているものはどれか。
(1) 成層圏の酸素分子は紫外線を吸収して酸素原子に解離し，オゾンを生成する。
(2) 成層圏のオゾンは320nm以下の紫外線を吸収すると，分解して酸素分子になる。
(3) 成層圏のオゾンは塩素原子，臭素原子などにより連鎖的に分解される。
(4) 大気中に放出されたクロロフルオロカーボン類（CFC），ハイドロフルオロカーボン類（HCFC）やハロンは，成層圏で紫外線により分解されて塩素原子や臭素原子を放出する。
(5) 国際的な規制が段階的に進められた結果，CFC，HCFCやハロンの大気中濃度は減少傾向にある。

解説

(5) CFCの大気中濃度は減少傾向にありますが，HCFCとハロンは増加の傾向にあるといわれています。
このほかの肢は，すべて正しい記述です。

解答　(5)

　地球温暖化に関する記述として，誤っているものはどれか。

(1) 過去100年間に二酸化炭素の大気中濃度は，約400ppm増加した。

(2) IPCCの第六次評価報告書によると，2011～2020年の世界平均気温は，1850～1900年の気温よりも1.09℃上昇している。

(3) 地球温暖化の影響の一つとして，海面の上昇が指摘されている。

(4) 地球温暖化対策として，省エネルギーや新エネルギーの積極的導入が打ち出されている。

(5) 京都メカニズムには，共同実施（JI）と排出量取引及びクリーン開発メカニズム（CDM）の三つがある。

解説

(1) 二酸化炭素の大気中濃度は，過去100年間に約80ppm以上増加したとされています。約400ppm増加したというのは誤りです。

このほかの肢は，すべて正しい記述です。

解答 (1)

　京都議定書の目標達成のための枠組として，誤っているものはどれか。

(1) 特定フロンの回収処理

(2) 京都メカニズムの活用

(3) 森林吸収源対策の推進

(4) 省エネルギー対策及び新エネルギーの積極的導入

(5) 国民のライフスタイルの見直し

解説

(1)「特定フロン」とは，オゾン層に対して破壊的な影響を与える物質としてモントリオール議定書などで特に規制されているフロン類のことです。
　　京都議定書の目標達成，すなわち温室効果ガスの削減のための枠組みには「特定フロンの回収処理」は含まれません。

(3) 森林によるCO_2吸収量として基準年総排出量の約3.9%が予定されており，その確保を図るため，地球温暖化防止森林吸収源10か年対策が展開されています。

解答 (1)

問4　難 中 **易**

　地球環境問題に関する記述として，誤っているものはどれか。

(1) クロロフルオロカーボン（CFC）などが成層圏で分解して塩素原子が放出され，成層圏のオゾンの連鎖的な分解反応が起こる。

(2) モントリオール議定書に基づくCFCの国際的な規制によって，CFCの大気中濃度は減少する傾向にある。

(3) 2009年度における我が国の温室効果ガス総排出量は，京都議定書で定められた基準年（1990年）と比べて6％以上減少していた。

(4) 2005年に発効した京都議定書の後継として，2015年気候変動枠組条約締約国会議（COP21）において，パリ協定が採択された。

(5) パリ協定は，2020年以降の温室効果ガス排出削減等のための国際枠組みであり，途上国を含むすべての参加国に排出削減の努力を求めている。

解説

(3) 2009（平成21）年度の総排出量（CO_2換算）は，京都議定書で定められた基準年の総排出量（12億6,100万t）と比べて4.1％下回りましたが，目標としていた6％には届きませんでした。6％以上減少していたというのは誤りです。

(5) パリ協定は，2015年12月にパリで開催された第21回国連気候変動枠組条約締約国会議（COP21）において，2020年以降の温室効果ガス排出削減等のための新たな国際枠組みとして採択されました。これにより，京都議定書の成立以降長らくわが国が主張してきた「すべての国による取組み」が実現しました。2021（令和3）年10月には，パリ協定の目標達成に向けて，「パリ協定に基づく成長戦略としての長期戦略」が閣議決定されました。

(3)以外の肢は，すべて正しい記述です。

解答 (3)

大気環境問題

1 二酸化硫黄

二酸化硫黄（SO_2）は，燃料中の硫黄分が燃焼により酸化されて生成します。燃料を低硫黄化するとともに，排ガス中からSO_2を除去（排煙脱硫）することによって，固定発生源から大気へのSO_2放出量を減少させることができます。これにより，2021（令和3）年度におけるSO_2の大気中濃度の年平均値は，一般局で0.001ppm，自排局でも0.001ppmとなり，環境基準達成率としては一般局で99.8%，自排局では100%となっています。

2 一酸化炭素

一酸化炭素（CO）は，燃料等の不完全燃焼によって生成します。ボイラー等の燃焼技術の改善や自動車排ガス対策の強化によって，大気へのCO放出量は減少しました。2021（令和3）年度におけるCOの大気中濃度の年平均値は，一般局で0.3ppm，自排局で0.3ppmとなり，すべての測定局で環境基準を達成しています。

3 窒素酸化物

燃料等の燃焼によって生成する窒素酸化物（NO x）は，大部分が一酸化窒素（NO）です。NOが大気中で酸化されると二酸化窒素（NO_2）が生成します。人の健康や植物等への影響はNO_2のほうがNOよりも強く，NO_2について環境基準が定められています。工場などの固定発生源について，低NO x燃焼技術や排煙脱硝技術が適用され，自動車についても排出基準の強化等が進められてきました。NO_2の大気中濃度（年平均値）は，近年ゆるやかな改善傾向を示しており，2021（令和3）年度では一般局で0.007ppm，自排局では0.014ppm，環境基準達成率は一般局で100%，自排局でも100%となっています。

4 粒子状物質

粒子状物質（PM）とは，固体粒子やミストなどの総称です。燃料その他の物

の燃焼に伴って発生する**ばいじん**と，物の粉砕や選別等に伴って発生する**粉じん**があります。

　大気中のPMは降下ばいじんと浮遊粉じんに大別され，**粒子径10μm以下の浮遊粉じんを浮遊粒子状物質**（SPM）といいます。SPMには，工場やディーゼル自動車などから排出されるもの（一次粒子）のほか，SO_2やNO_xなどから大気中で生成されるもの（二次生成粒子）も含まれます。SPMは健康への影響があることから，環境基準が設定されています。その大気中濃度は，ここ数年やや減少する傾向を示しており，2021（令和3）年度の年平均値は，一般局で0.012mg/㎥，自排局も0.013mg/㎥，環境基準達成率は一般局で100%，自排局でも100%となっています。

5　光化学オキシダント

　光化学オキシダントとは，窒素酸化物（NO_x）と非メタン炭化水素などの**揮発性有機化合物**（VOC）とが大気中の**光化学反応**によって生成するもので，二次大気汚染物質とよばれます。

　光化学オキシダントにも環境基準値が設定されていますが，全国の測定局での環境基準達成率は1%に満たない状況が続いています。また，光化学オキシダントの生成は，**日射量，風向・風速，大気安定度**といった気象条件に依存するため，注意報の発令状況が年によって増減します。

6　有害大気汚染物質

　大気中濃度が低くても「継続的に摂取される場合には人の健康を損なうおそれがある物質で大気の汚染の原因となるものをいう」と定義され，該当する可能性がある物質の中から23種類の優先取組物質が指定されています。

　このうち，ベンゼン，トリクロロエチレン，テトラクロロエチレン，ジクロロメタンの4物質には環境基準が定められています。2021（令和3）年度における大気中濃度の

補足

酸性雨
二酸化硫黄（SO_2）が酸化されて硫酸となり，これが雲や雨に吸収されて雨が酸性化することが主要な原因です。広域環境問題の一つとされています。

一般局
一般環境大気測定局の略です。

自排局
自動車排出ガス測定局の略です。

3
環境問題全般

測定結果によると，ベンゼン，トリクロロエチレン，テトラクロロエチレン，ジクロロメタンのいずれも，すべての測定地点で環境基準を達成していました。

7 石綿（アスベスト）

石綿（アスベスト）は耐熱性等に優れ，多くの製品に使用されてきましたが，発がん性等の問題があることから，製造と使用が原則禁止となっています。2005（平成17）年ごろには，石綿製品工場の作業員に中皮腫等の健康被害が多発し社会問題となりました。石綿製品等を製造する施設について排出規制が行われているほか，吹付け石綿が使用されている建築物の解体作業などには作業基準が設けられています。

8 移動発生源（自動車等）

自動車は，炭化水素，CO，NOx，PMなどを排出する移動発生源の一つであり，大都市域での大気汚染への寄与率が大きいと考えられます。特に，大量の黒煙とNOxを排出するディーゼルエンジン自動車の対策が緊急課題とされています。2009（平成21）年度には排出抑制目標値として，NOxは1974（昭和49）年の値の5％，PMは1994（平成6）年の値の1％とされました。また，燃料側の対策として，軽油中の硫黄分が2007（平成19）年には10ppmに低減されました。

低公害車の普及促進，交通流対策が実施され，航空機・船舶・建設機械など，自動車以外の移動発生源の排出ガス対策も開始されています。

チャレンジ問題

問1　　　　　　　　　　　　　　　　　　　　　　難　中　易

大気汚染物質の生成機構に関する記述として，誤っているものはどれか。

(1) 一酸化炭素は，燃料などの不完全燃焼によって生成する。

(2) 光化学オキシダントは，窒素酸化物（NOx）と非メタン炭化水素などの揮発性有機化合物が大気中の光化学反応によって生成する。

(3) 燃料などの燃焼によって生成するNOxの大部分は，一酸化二窒素であり，大気中で酸化されて二酸化窒素になる。

(4) 硫黄酸化物は，燃料中の硫黄分が燃焼によって酸化されて生成する。
(5) 浮遊粒子状物質には，工場などの発生源から排出される一次粒子に加えて，大気中で生成する二次粒子がある。

解説

(3) 燃料などの燃焼により生成するNO_xの大部分は一酸化二窒素(N_2O)ではなく，一酸化窒素（NO）です。これが大気中で酸化され，二酸化窒素（NO_2）になります。
このほかの肢は，すべて正しい記述です。

解答 (3)

問2　　　　　　　　　　　　　　　難｜中｜**易**

　大気環境問題に関する記述として，誤っているものはどれか。
(1) 固定発生源から放出される二酸化硫黄量の減少は，燃料の低硫黄化と排煙脱硫による。
(2) 二酸化硫黄の酸化により生成した硫酸は，雨が酸性化する主要な原因となる。
(3) 光化学オキシダントは，窒素酸化物と揮発性有機化合物が光化学反応して生成する二次大気汚染物質である。
(4) 一酸化窒素の健康，植物等への影響は二酸化窒素よりも強く，一酸化窒素に係る環境基準が定められている。
(5) 自動車は，大都市域での大気汚染への寄与率が大きいと考えられている。

解説

(4) 人の健康や植物等への影響は，二酸化窒素（NO_2）のほうが一酸化窒素（NO）よりも強いため，二酸化窒素に係る環境基準が定められています。
このほかの肢は，すべて正しい記述です。

解答 (4)

水・土壌環境問題

1 水質汚濁の現状

①公共用水域

　現在の水質は，昭和の高度成長期のような汚濁の状況から大幅に改善されており，「人の健康の保護に関する環境基準（健康項目）」については，ここ数年間にわたり，基準達成率が99％以上となっています。

年　度	平成28	平成29	平成30	令和1	令和2	令和3
基準達成率	99.2%	99.2%	99.1%	99.2%	99.1%	99.1%

　2021（令和3）年度，環境基準値を超える測定地点のあった測定項目は以下の7つです。超過地点数の最も多かったのは，ひ素でした。これら以外の測定項目は，いずれも基準値を超える測定地点がありませんでした。環境基準値超過の原因としては，自然由来が最も多く（ひ素，ふっ素はこれが主たる原因），このほか休廃止鉱山廃水，温泉排水，農業肥料，家畜排泄物などが原因となります。

測定項目	超過地点数（a）	調査地点数（b）	a/b
ひ素	24	4,150	0.58%
ふっ素	16	2,814	0.57%
カドミウム	3	4,003	0.07%
鉛	3	4,138	0.07%
硝酸性窒素及び亜硝酸性窒素	2	4,265	0.05%
1,2-ジクロロエタン	1	3,315	0.03%
総水銀	1	3,844	0.03%

　これに対し，「生活環境の保全に関する環境基準（生活環境項目）」については，有機汚濁の代表的な水質指標である生物化学的酸素要求量（BOD）または化学的酸素要求量（COD）が環境基準として用いられ，BODは河川，CODは湖沼および海域に適用されます。最近の基準達成率は90％弱で推移しています。

年　度	平成28	平成29	平成30	令和1	令和2	令和3
基準達成率	90.3%	89.0%	89.6%	89.2%	88.8%	88.3%

　水域別にみると，湖沼における達成率が最も低くなります。生活環境項目の環境基準達成率（BOD・COD）の推移を表すグラフをみておきましょう。

■ 環境基準達成率（BOD・COD）の推移

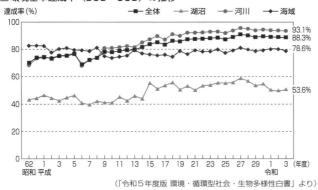

（「令和5年度版 環境・循環型社会・生物多様性白書」より）

東京湾，伊勢湾，大阪湾，瀬戸内海などの閉鎖性水域では，流入した物質が蓄積して汚濁が生じやすい状況にあります。窒素やりん等を含む物質が流入すると，藻類などが増殖繁茂し，水質が累進的に悪化する富栄養化が起こり，赤潮などの現象を引き起こします。

②地下水

2021（令和3）年度の地下水質測定結果では，調査対象の井戸2,995本のうち153本（全体の5.1％）で環境基準を超過する項目がみられました。最も超過率が高かったのは，自然由来が原因と見られるひ素です。超過率の高い項目について，その推移を表すグラフをみておきましょう。

■ 地下水の水質汚濁に係る環境基準の超過率の推移

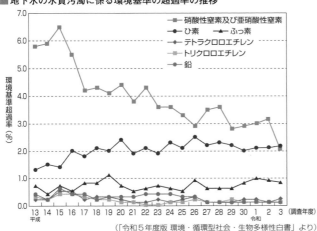

（「令和5年度版 環境・循環型社会・生物多様性白書」より）

「人の健康の保護に関する環境基準」の主な項目ごとの基準値

（令和3年10月現在）

- カドミウム
  0.003mg/ℓ以下
- 全シアン
  検出されないこと
- 六価クロム
  0.02mg/ℓ以下
- ひ素
  0.01mg/ℓ以下
- アルキル水銀
  検出されないこと
- PCB
  検出されないこと
- ふっ素
  0.8mg/ℓ以下

BOD

微生物が水中の有機物を分解するときに消費する酸素量として表されます。この値が大きいほど水質が汚濁していることになります。

COD

酸化剤（過マンガン酸カリウム等）を使用して水質汚濁の程度を測定します。

海洋汚染の物質別汚染確認件数の割合

（令和4年）

①油（64％）
②廃棄物（32％）
③有害液体物質（2％）
④その他（3％）

3 環境問題全般

2 土壌環境の現状

　土壌汚染の原因には，原材料の漏出などによって汚染物質が土壌へ直接混入する場合と，事業活動等による大気汚染や水質汚濁を通じて二次的に土壌中に有害物質が取り込まれる場合とがあります。

①市街地等の土壌汚染

　土壌汚染対策法に基づく調査や対策が進められているほか，工場跡地などの再開発・売却の際や環境管理等の一環として自主的に汚染調査を行う事業者が増加したこと，また，地方自治体による地下水の常時監視体制や土壌汚染対策の条例整備などによって，近年，土壌汚染事例の判明件数が増加しています。

　都道府県や土壌汚染対策法上の政令市が把握している調査結果では，2021（令和３）年度に土壌汚染に係る環境基準または土壌汚染対策法の指定基準を超える汚染が判明した事例は，994件（10年前と比べて51件の増加）でした。有害物質の項目別では，ふっ素，鉛，ひ素などが多くみられます。

②農用地

　「農用地の土壌の汚染防止等に関する法律」に基づき，カドミウム，銅，ひ素およびこれらの物質の化合物が特定有害物質とされており，監視と対策が行われています。

③地盤沈下

　地盤沈下は，地下水の過剰な採取により地下水位が低下し，主として粘土層が収縮するために生じます。2021（令和３）年度までに地盤沈下が確認された地域は39都道府県64地域に及びます。このうち，平成29年度～令和３年度の５年間の累積沈下量が８cm以上の地域が４地域ありました。

3 水利用における汚濁負荷

　水は，農業・工業・生活用水などとして広く利用されたのち，下水処理場や事業所での排水処理施設などで処理され，利用されなかった河川水などと合流して海に流れ込みます。このため，それぞれの利用過程において，排水の水質汚濁を最小限とする努力が大切です。水質汚濁物質の発生源は，①人の生活に由来するものと，②生産活動に由来するものの２つに分けられます。

①人の生活に由来するもの

　いわゆる生活排水であり，し尿および生活系雑排水（台所排水，風呂・洗濯排水など）がこれに当たります。生活排水には有機物のほかに，富栄養化物質であ

る窒素とりんが含まれています。これを成人1人1日当たりの単位（g・人$^{-1}$・d^{-1}）で表すと，全窒素：全りん＝10：1程度の割合で排出されます。

②生産活動に由来するもの

生産活動に由来する汚濁発生源としては，工業からの排出が大きな割合を占めており，その汚濁物質の排出量を示すものとして，工業用水の使用量が考えられます。従業者30人以上の事業所を対象とした2019（令和1）年の工業用水量（回収水を除く）の産業別構成比をみると，パルプ・紙・紙加工品製造業，化学工業の上位2産業で工業用水量全体の48％程度を占め，次いで，鉄鋼業，食料品製造業の順になっています。

補足

水生生物の保全
「水生生物の保全に係る水質環境基準」では，次の3つについて基準値を設定しています。
- 全亜鉛
- ノニルフェノール
- 直鎖アルキルベンゼンスルホン酸及びその塩（LAS）

3 環境問題全般

チャレンジ問題

問1　　　　　　　　　　　　　　　難｜中｜易

令和3年度における公共用水域の水質測定結果に関する記述として，誤っているものはどれか。

(1) 人の健康の保護に関する環境基準については，99％を上回る地点で基準を達成していた。

(2) 人の健康の保護に関する測定項目のうちで環境基準値を超える測定地点数が最も多かった項目は，硝酸性窒素及び亜硝酸性窒素であった。

(3) 生活環境の保全に関する項目のBOD又はCODでは，環境基準達成率は，ここ数年にわたり，おおむね90％弱で推移している。

(4) 生活環境の保全に関する項目のBOD又はCODの環境基準達成率は，湖沼が最も低い。

(5) 生活環境の保全に関する項目として河川はBODを，湖沼及び海域はCODを測定する。

解説

(2) 人の健康の保護に関する測定項目のうち，環境基準値を超過する地点数が最も多かったのは，「ひ素」でした。

このほかの肢は，すべて正しい記述です。

解答　(2)

　　　　　　　　　　　　　　　　　難　中　**易**

　令和3年度の地下水汚染及び土壌汚染に関する記述として，誤っているものはどれか。

(1) 地下水の環境基準を超過する項目がみられた調査対象井戸の割合は，全体の5.1％である。

(2) 地下水の環境基準超過率が最も高い項目は，酸性窒素及び亜硝酸性窒素である。

(3) トリクロロエチレン等の揮発性有機化合物に関する地下水の環境基準超過率は，ここ10年間，あまり変化はみられない。

(4) 土壌汚染の環境基準・指定基準を超える汚染が判明した事例は，990件を超えている。

(5) 土壌汚染の汚染物質としては，ふっ素，鉛，ひ素による事例が多い。

解説

(2) ここ数年，地下水の環境基準超過率が最も高いのは，「硝酸性窒素及び亜硝酸性窒素」であったが，令和3年度の測定結果では「ひ素」が最も高かった。
このほかの肢は，すべて正しい記述です。

解答 (2)

問3 　　　　　　　　　　　　　　　　　難　中　**易**

　水利用における汚濁負荷に関する記述として，誤っているものはどれか。

(1) 水質汚濁物質の発生源には，人の生活に由来するものと生産活動に由来するものがある。

(2) 人の生活に由来する排水の発生源として，し尿と生活系雑排水がある。

(3) 生活排水中の汚濁物質を原単位（$g・人^{-1}・d^{-1}$）で比較すると，全窒素：全りんは1：10程度である。

(4) 生産活動に由来する汚濁発生源には，工業からの排出が大きな割合を占める。

(5) 生産活動に由来する排水は，事業所の排水処理施設などで処理される。

解説

(3) 生活排水中，全窒素：全りん＝10：1程度です。
このほかの肢は，すべて正しい記述です。

解答 (3)

騒音・振動問題

1 騒音・振動問題の概要

　騒音や振動に対する反応は，それを受けた人の主観によるところが大きく，「感覚公害」ともいわれます。また，騒音や振動は，その発生源からある程度離れると，ほとんど問題にならなくなることが多く，**局所的**な公害であるといえます。こうした点を踏まえ，騒音・振動に係る環境基準や規制基準，指針値が定められています。

2 騒音・振動の状況

①騒音・振動に対する苦情

　2021（令和3）年度の騒音・振動に対する苦情件数は，公害に関する苦情件数全体の**約32.4％**を占めます。騒音については1988（昭和63）年ごろから減少していましたが，2000（平成12）年あたりから増加の傾向がみられます。苦情件数の推移を表すグラフをみておきましょう。

■騒音・振動に係る苦情件数の推移

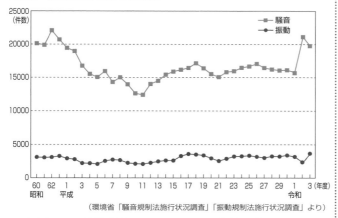

（環境省「騒音規制法施行状況調査」「振動規制法施行状況調査」より）

　発生源別の苦情件数については，公害等調整委員会がまとめたものと，環境省「騒音（振動）規制法施行状況調査」

3 環境問題全般

の２種類の情報があります。構成比が上位のものを確認しておきましょう。

■令和３年度　騒音・振動の苦情件数が多い発生源（構成比が１位・２位のもの）

公害等調整委員会の調査		環境省の調査	
騒音	振動	騒音	振動
①工事・建設作業	①工事・建設作業	①建設作業	①建設作業
②産業用機械作動	②自動車運行	②工場・事業場	②工場・事業場

②環境基準の達成状況

一般地域における騒音の環境基準の達成状況は，以下のとおりです。

■一般地域における騒音の環境基準達成状況（道路に面する地域を除く）

	2020（令和２）年度	2021（令和３）年度
地域の騒音状況を代表する地点	89.5%	89.6%
騒音に係る問題を生じやすい地点	89.5%	89.3%
全測定地点	89.5%	89.5%

（環境省「騒音規制法施行状況調査」より）

道路に面する地域については，自動車騒音の常時監視結果によると，昼夜ともに環境基準を達成した地点は，2021（令和３）年度で94.6%（前年94.4%）でした。また航空機騒音に係る環境基準については，2021（令和３）年度で87.9%（前年89.3%）の地点で達成しています。新幹線鉄道騒音に係る環境基準については，2021（令和３）年度で55.5%（前年60.8%）の地点での達成にとどまりますが，振動については振動対策指針値をおおむね達成しています。

3　騒音・振動対策

①騒音規制法および振動規制法による規制

騒音規制法および振動規制法では，騒音・振動を防ぐことにより生活環境を保全すべき地域を都道府県知事等が指定し，その地域内の一定の工場・事業場および建設作業の騒音・振動を規制しています。

自動車交通による騒音・振動については，自動車単体から発生する騒音対策として，加速走行騒音・定常走行騒音・近接排気騒音について規制値を定めているほか，交通流対策，道路構造対策などの施策を総合的に推進しています。

②航空機騒音および鉄道騒音・振動対策

航空機や鉄道はその特性に応じて，「航空機騒音に係る環境基準について」，「新幹線鉄道騒音に係る環境基準について」，「環境保全上緊急を要する新幹線鉄道振動対策について」「在来鉄道騒音測定マニュアル」など，別途環境基準や指針が設定されています。

チャレンジ問題

問1　　　　　　　　　　　　　　　　　　難　中　易

騒音・振動公害に関する記述として，誤っているものはどれか。

(1) 騒音や振動を受けたとき，それに対する反応は，受けた人の主観によるところが大きい。

(2) 騒音や振動は，一般に発生源からある程度離れると，ほとんど問題とならない。

(3) 騒音と振動の大きさは，共にdB（デシベル）という単位で表される。

(4) 自動車単体から発生する騒音について規制値がある。

(5) 航空機騒音と新幹線鉄道騒音に対しては，同じ環境基準が適用されている。

解説

(5) 航空機，新幹線鉄道それぞれに別個の環境基準が適用されています。

解答 (5)

問2　　　　　　　　　　　　　　　　　　難　中　易

令和3年度の騒音・振動公害に関する記述として，正しいものはどれか。

(1) 騒音では，自動車騒音に対する苦情件数が最も多い。

(2) 騒音・振動に対する苦情件数は，公害に関する全苦情件数の20％程度を占めている。

(3) 振動では，自動車運行に対する苦情件数が最も多い。

(4) 騒音問題は，多くの場合，局所的な公害である。

(5) 騒音に対する苦情件数は，30年ほど前から減少の一途をたどっている。

解説

(1) 令和3年度，騒音の苦情件数が最も多いのは，公害等調整委員会の調査では「工事・建設作業」，環境省の調査では「建設作業」です。

(2) 騒音・振動に対する苦情件数は，環境省の調査によると，全苦情件数の32.4％を占めます。

(3) 令和3年度，振動の苦情件数が最も多いのは，公害等調整委員会の調査では「工事・建設作業」，環境省の調査では「建設作業」です。

(5) 2000（平成12）年あたりから増加の傾向がみられます。

解答 (4)

廃棄物・リサイクル対策

1 一般廃棄物

　廃棄物は，一般廃棄物と産業廃棄物の2種類に区分されます。**一般廃棄物とは産業廃棄物以外の廃棄物を指し，市町村が処理責任を負います。**

　2021（令和3）年度における一般廃棄物（ごみ）の総排出量は4,095万tで，国民1人1日当たり890gに相当します。このうち総処理量は3,942万tで，直接あるいは中間処理を行って**資源化**されるもの，焼却などにより**減量化**されるもの，**最終処分**（埋め立て）されるものに分かれます。

■**全国のごみ処理のフロー（令和3年度）**

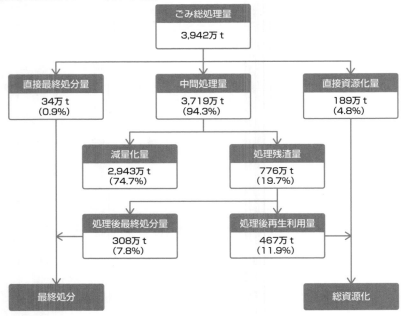

（「令和5年版 環境・循環型社会・生物多様性白書」より）

50

2 産業廃棄物

　産業廃棄物とは，事業活動に伴って発生した廃棄物のうち，法律で定められた20種類のものと輸入廃棄物をいい，事業者が処理責任を負います。産業廃棄物の総排出量は，2020（令和2）年度で約3億7,382万tでした。業種別と種類別のそれぞれについて排出量の多いものをみておきましょう。

業種別排出量 （令和2年度）	1位：電気・ガス・熱供給・水道業 ………………… 9,932万t（26.6％） 2位：農業，林業 ………………………………… 8,237万t（22.0％） 3位：建設業 ……………………………………… 7,821万t（20.9％）
種類別排出量 （令和2年度）	1位：汚泥 ……………………………………… 1億6,365万t（43.8％） 2位：動物のふん尿 …………………………… 8,186万t（21.9％） 3位：がれき類 ………………………………… 5,971万t（16.0％）

　同年度の処理状況は，中間処理されたものが全体の78.3％，直接再生利用されたものが20.5％で，中間処理後再生利用されたものと合計すると，再生利用量は1億9,902万t（全体の53.2％）に達しました。種類別で再生利用率が最も高いものは「がれき類」（96.4％）で，逆に最も低いのは「汚泥」（7.1％）でした。

■全国の産業廃棄物処理のフロー（令和2年度）

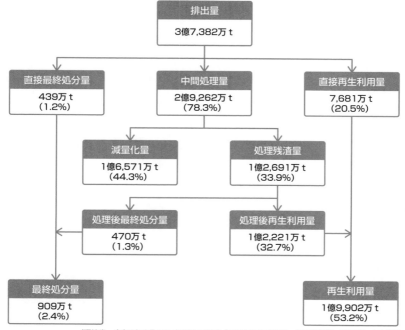

（環境省　令和5年3月30日報道発表資料「産業廃棄物の排出・処理状況等（令和2年度実績）」より）

3　廃棄物・リサイクル対策

　循環型社会形成推進基本法では，廃棄物処理の優先順位として，①廃棄物の発生をまず抑制する，②使用済の製品や部品を再利用する，③回収したものを製品の原材料として再生利用する，④それが適切でない場合にはエネルギーとして利用する（熱回収），⑤最後に残った廃棄物を適正処分する，ということを定めています。廃棄物処理の発生抑制（Reduce），再利用（Reuse），再生利用（Recycle）の頭文字をとって，一般に「3R」とよんでいます。

4　廃棄物の投棄・越境移動

　廃棄物処理法では，産業廃棄物の不法投棄を未然に防ぎ，適正な処理を徹底するために，産業廃棄物管理票（マニフェスト）の使用を義務づけています。排出事業者が廃棄物の処理を委託する際，マニフェストに産業廃棄物の種類・数量・運搬業者名・処分業者名等を記入することによって，排出から最終処分までの流れを確認できるようにした仕組みです。

　また，国際的には，「有害廃棄物の国境を超える移動及びその処分の規制に関するバーゼル条約」にわが国も加盟しています。

チャレンジ問題

問1　　　　　　　　　　　　　　　　　　　難　中　易

　最近の廃棄物に関する記述として，誤っているものはどれか。
(1) 一般廃棄物の排出量は，国民1人1日当たり約1kgである。
(2) 一般廃棄物のうち，直接最終処分されたものは約2割である。
(3) 産業廃棄物の総排出量は，一般廃棄物の約9倍程度となっている。
(4) 産業廃棄物の種類別の排出量では，汚泥が最も多い。
(5) 産業廃棄物のうち，直接再生利用（リサイクル）されたものは約2割である。

解説

(2) 2021（令和3）年度，一般廃棄物の直接最終処分量は，ごみ総処理量の0.9％でした。約2割というのは誤りです。

解答　(2)

化学物質に関する問題

1 化審法

化審法とは，PCBsによる環境汚染問題を契機として，1973（昭和48）年に制定された「化学物質の審査及び製造等の規制に関する法律」の略称です。この法律により，新たに製造・輸入される化学物質について，事前に人への有害性などについて審査するとともに，環境を経由して人の健康を損なうおそれのある化学物質の製造・輸入・使用を規制する仕組みが定められました。環境省では，化審法に基づき，次のような調査を実施しています。

①初期環境調査…化審法や化管法（PRTR法）で指定された物質等の「環境中の残留状況を把握」するための調査

②暴露量調査…環境リスク評価に必要な「人および生物への暴露量を把握」するための調査

③モニタリング調査…POPs条約の対象物質や，化審法の特定化学物質等のうち，環境残留性が高く，残留実態の把握が必要なものについて行う経年的な調査

2 化管法（PRTR法）

化管法（PRTR法）とは，1999（平成11）年7月に制定された「特定化学物質の環境への排出量の把握等及び管理の改善の促進に関する法律」の略称です。PRTR制度とMSDS制度を柱として，事業者による化学物質の自主的な管理の改善を促進し，環境の保全上の支障を未然に防止することを目的としています。

①PRTR制度（化学物質排出移動量届出制度）

事業所ごとに化学物質の環境への排出量・移動量を把握し，国に届け出ることを事業者に義務づける制度です。

②MSDS制度

化学物質を譲渡または提供する際，MSDS（化学物質等

PCBs
ポリ塩化ビフェニル化合物の総称。不燃性で絶縁性が高く，熱交換器の熱媒体や感圧複写紙などに使われていましたが，カネミ油症事件を契機に有毒性が問題となり，生産中止となりました。PCBs含有物の処理方法として，高温焼却のほか化学的無害化処理法が認められています。

POPs条約
2001（平成13）年に採択された「残留性有機汚染物質に関するストックホルム条約」の略称。PCBs，ダイオキシンなどの残留性有機汚染物質（POPs）の製造や使用の禁止などを定めています。

3 環境問題全般

安全データシート）によって，その化学物質の特性や取扱いに関する情報を事前に提供することを事業者に義務づける制度です。

　化管法の対象化学物質は，第1種指定化学物質（PRTRおよびMSDSの対象）と第2種指定化学物質（MSDSのみの対象）に分かれています。「化学品の分類及び表示に関する世界表示システム（GHS）」との整合化などを踏まえ，2008（平成20）年に指定化学物質数が拡大されましたが，さらに2021（令和3）年の化管法施行令改正により，第1種指定化学物質は515物質，第2種指定化学物質は134物質（合計649物質）に増加しました（令和5年4月1日施行）。

3　ダイオキシン類問題

　ダイオキシン類は，ポリ塩化ジベンゾ-パラ-ジオキシン，ポリ塩化ジベンゾフラン，およびコプラナーポリ塩化ビフェニルの3種類からなる物質群の総称です。非意図的に生成され，自然には分解しにくく残留性が強い化学物質として知られています。構造式内に包含する塩素の数とその配置状況によって毒性が大きく異なるため，濃度は毒性等量（TEQ）として換算された値を用います。TEQの算出には，WHO（世界保健機関）が制定した毒性等価係数（TEF）が用いられます。

　1999（平成11）年には「ダイオキシン類対策特別措置法」が制定され，人の耐容一日摂取量や，大気・水質・土壌の環境基準を設定し，2002（平成14）年には底質の環境基準を追加しました。ダイオキシン類の人体への摂取は食物によるものが最も多く，人の摂取量として設定されている耐容一日摂取量（TDI）は，$4pg\text{-}TEQ \cdot kg^{-1} \cdot d^{-1}$です。2021（令和3）年度における人への摂取量は，体重1kg当たり$0.45pg\text{-}TEQ \cdot d^{-1}$と推定されています（pg［ピコグラム］は1兆分の1g）。

　ダイオキシン類の排出形態はさまざまですが，高温処理が困難または不完全燃焼の起こりやすい焼却炉等に問題が多いとされています。政府は，さまざまな排出源とその排出量の目録（排出インベントリー）を毎年公表しています。

チャレンジ問題

問1　　　　　　　　　　　　　　　　　　　　　　　難　中　易

化学物質の管理に関する記述として，誤っているものはどれか。

(1)「化学物質の審査及び製造等の規制に関する法律（化審法）」はPCBsによる公害を契機として，昭和48年に制定された。

(2) 「残留性有機汚染物質に関するストックホルム条約（POPs条約）」の対象
物質は，経年的にモニタリング調査が行われている。

(3) 「特定化学物質の環境への排出量の把握等及び管理の改善の促進に関する
法律（PRTR法）」は，平成11年7月に制定され，指定化学物質として第
1種，第2種を特定した。

(4) 「化学品の分類及び表示に関する世界表示システム（GHS）」との整合化
により，平成20年以降，PRTR法の指定化学物質の総数が減少している。

(5) 第1種，第2種の指定化学物質を一定濃度以上含む製品の製造・販売者
には「化学物質等安全データシート（MSDS）」を作成し，製品利用者へ
提供することが義務付けられている。

解説

(4) 2008（平成20）年には，第1種462物質，第2種100物質（総数562物質）
に拡大され，さらに2023（令和5）年度から総数649物質に増加しています。

解答 (4)

問2   難 | 中 | **易**

ダイオキシン類に関する記述として，誤っているものはどれか。

(1) ポリ塩化ジベンゾ-パラ-ジオキシン及びポリ塩化ジベンゾフランの2種
類からなる物質群の総称である。

(2) 非意図的に生成され，自然界では分解しにくく，残留性が強い化学物質
である。

(3) 塩素の数とその配置状況によって毒性が大きく異なるので，濃度は毒性
等量（TEQ）として換算された値を用いる。

(4) 耐容一日摂取量（TDI）は，$4pg\text{-}TEQ \cdot kg^{-1} \cdot d^{-1}$に設定されている。

(5) ダイオキシン類対策特別措置法に基づき，大気，水質，土壌及び底質に
ついての環境基準が定められている。

解説

(1) ダイオキシン類は，設問の2種類のほかに，コプラナーポリ塩化ビフェニルを
加えた3種類からなる物質群の総称です。

このほかの肢は，すべて正しい記述です。

解答 (1)

4 環境管理手法

まとめ & 丸暗記

● この節の学習内容のまとめ ●

☐ 環境影響評価
開発事業を行う前に，環境に与える影響を調査・予測・評価し，その
結果を，事業内容に関する決定に反映させる制度
- 第一種事業…環境影響評価を必ず実施する
- 第二種事業…実施するかどうかを個別に判定（スクリーニング）

☐ 環境マネジメント
- PDCAサイクル（Plan-Do-Check-Act）が日常活動の基本
- マネジメントシステムの定義
⇒方針および目標を定め，その目標を達成するためのシステム
- 環境マネジメントシステムの定義
⇒組織のマネジメントシステムの一部で，環境方針を策定し，実施
し，環境側面を管理するために用いられるもの

☐ 環境調和型製品
- LCA（ライフサイクルアセスメント）
  1. 目的と調査範囲の設定　　2. インベントリー分析
  3. インパクト評価　　　　　4. ライフサイクル解釈
- 環境ラベル
タイプⅠ（第三者認証）　　　タイプⅡ（自己宣言）
タイプⅢ（定量データの表示）

☐ リスクマネジメント
  ①リスクアセスメント……リスク特定，リスク分析，リスク評価
  ②リスク対応………………リスク回避，リスク共有，リスク保有
  ③リスクコミュニケーションおよび協議

環境影響評価

1　環境影響評価の理念

　環境影響評価（環境アセスメントともいう）とは，土地の形状の変化，工作物の新設などを行う事業者が，事業の実施前に環境に及ぼす影響について自ら調査・予測・評価を行い，その結果に基づいて，その事業に環境配慮を組み込むという仕組みです。開発事業による重大な環境影響を防止するには，事業の内容を決める際，必要性や採算性だけでなく，環境保全についてもあらかじめよく考えておくことが重要です。このような考え方から生まれたのが環境影響評価の制度です。環境影響評価法（1997［平成9］年制定）は，環境影響評価の手続きを定め，その評価結果を事業内容に関する決定（事業の免許等）に反映させることにより，事業が環境の保全に十分配慮して行われるようにすることを目的としています。

2　環境影響評価の実施

①対象となる事業

　環境影響評価法に基づく対象事業は，道路，ダム，鉄道，空港，発電所などの13種類です。

　このうち，規模が大きく，環境に大きな影響を及ぼすおそれのある事業を第一種事業として定め，環境影響評価の手続きを必ず行うこととしています。また，第一種事業に準ずる規模の事業を第二種事業として，手続きを行うかどうかを個別に判定することとしています。この個別の判定をスクリーニングといいます。

②スコーピング

　環境影響評価の実施に当たって検討すべき問題の範囲を確定するため，評価する項目などをしぼり込みます。この手続きはスコーピングとよばれています。

環境アセスメント制度
1969年にアメリカで最初に制度化され，各国に広がりました。日本では1972（昭和47）年に公共事業で導入されたのち，環境基本法で環境影響評価の推進が位置づけられたことを受け，1997（平成9）年に環境影響評価法が制定されました。

環境影響評価法の改正
2012（平成24）年度施行の主なもの
● 交付金事業を対象に追加
● 方法書段階における説明会開催の義務化
● 環境影響評価図書の電子縦覧の義務化
2013（平成25）年度施行のもの
● 計画段階環境配慮書手続きの創設
● 環境保全措置等の結果の報告・公表手続（報告書手続）の創設

③横断条項

環境影響評価法は，環境影響評価の実効性を担保する観点から，許認可権者に対し，対象事業の許認可等に環境影響評価の結果を横断的に反映させることを求める規定を置いています。これらの規定を横断条項といいます。

④環境影響の予測評価の対象

大気，騒音，振動，水質，底質，地下水，地盤，土壌といった従来型の公害だけではなく，動植物，生態系といった生物多様性の確保や自然環境の保全，景観，ふれあい活動の場などの要素も調査項目として加えられています。

⑤ベスト追求型の環境アセスメント

事業者は，単に環境基準等が達成されているか否かではなく，建造物の構造・配置のあり方，環境保全設備，工事の方法等について複数の案を検討したり，実行可能なよりよい技術を取り入れたりして，環境への影響を回避・低減するために最善の努力を払うこととされています。

チャレンジ問題

問1 　　　　　　　　　　　　　　　　　　　　　　難 | 中 | 易

　環境影響評価法に基づく環境影響評価に関する記述として，誤っているものはどれか。

(1) 対象事業には，必ず環境影響評価手続きを実施する第一種事業と，実施の必要性を個別に判定する第二種事業がある。

(2) 実施の必要性を個別に判定する手続きは，スクリーニングと呼ばれている。

(3) 許認可権者は，環境影響評価の実効性を担保するために，対象事業の許認可などの審査に当たり，環境影響評価の結果を横断的に反映させなければならない。

(4) 環境影響の予測評価の対象は，大気，騒音，振動，水質，底質，地下水，地盤及び土壌の8項目である。

(5) 事業者は，実行可能なよりよい技術を取り入れるなどにより，環境への影響を回避・低減するための最善の努力を払わなければならない。

解説

(4) 大気，騒音など従来型の公害だけでなく，生物の多様性確保や自然環境の保全など，人と自然とのふれあいに係る要素も対象とされています。

解答 (4)

環境マネジメント

1 マネジメントとPDCAサイクル

マネジメントとは，JIS Q 9000：2015によると，「組織を指揮し，管理するための調整された活動」と定義されています。運営管理（または運用管理）ともよばれ，組織の合理的活動を支えるシステマティックな営みといえます。

組織は，機能の維持または持続的発展に必要なビジョンを定めたうえで，「マネジメントのサイクル」ともいわれるPDCAサイクルを日常活動の基本としなければなりません。PDCA（Plan-Do-Check-Act）の具体的内容を確認しておきましょう。

Plan	目標を設定し，その確実な実現に必要な行動やリソースを起案（計画）する
Do	計画に基づいた組織活動を実施する
Check	組織活動の結果生じた「現在の姿」と，計画時に設定した「あるべき姿」との乖離の有無を調べ，著しい乖離が認められる場合は，その原因を分析・抽出する
Act	組織の姿を悪化させる要因を排除し，改善させる要因を定着させるよう，組織行動を「標準化」する

2 環境マネジメント

組織のマネジメントは，マネジャーと全構成員が責任をもって自発的に推進していくものですが，仕事の流れの中で生じる製品・サービスその他のものが，組織以外のさまざまな利害関係者に影響を及ぼすことがあります。特に，環境への影響が直接的・間接的に生じる可能性のある部分を「組織の環境側面」といいます。環境マネジメントとは，著しい環境影響を生じ得る「組織の環境側面」を切り出して，適切なマネジメントを行うことであるといえます。JIS Q 14001：2015では，環境側面を「環境と相互に作用

4

環境管理手法

補足

JIS Q 9000
品質マネジメントシステム関係の用語集であるISO 9000を，JIS（日本工業規格）が日本語訳したもの。2015とは2015年版の意味です。

ISO（国際標準化機構）
電気および電子技術分野を除く全産業分野の国際的な規格を策定している国際機関です。策定された規格自体をISOとよぶ場合もあります。

する，又は相互に作用する可能性のある，組織の活動又は製品又はサービスの要素」と定義しています。

3　環境マネジメントシステム

　環境マネジメントは，組織や事業者が自主的かつ積極的に環境保全の取組みを進めていくための有効なツールといえます。しかし，特別に有能な個人がいなくても，一定の力量ある人々からなる組織でさえあればマネジメントが達成されるという「保証」が必要となります。そこで，そのために組織に導入される仕組みがマネジメントシステムです。JIS Q 9000：2015では，マネジメントシステムを「方針及び目標並びにその目標を達成するためのプロセスを確立するための，相互に関連する又は相互に作用する組織の一連の要素」と定義しています。さらに，JIS Q 14001：2015では，環境マネジメントシステムを「マネジメントシステムの一部で，環境側面をマネジメントし，順守義務を満たし，リスク及び機会に取り組むために用いられるもの」と定義しています。

4　マネジメントシステムの規格

　JIS Q 14001とは，環境マネジメントシステムに関する要求事項をまとめたISO 14001を日本語訳したものです。最近では2015（平成27）年に改訂され，それに伴いJISも改訂されました。2022（令和4）年現在，日本のISO 14001取得企業数は20,892件（ISO本部の公表データによる）で，世界有数の件数となっています。こうしたマネジメントシステムの規格の発行は，組織のマネジメントシステムの透明性を高めることに寄与しました。それは，各組織のマネジメントシステムが国際規格に整合していることを第三者が審査し，認証する制度（第三者認証制度）が各国で立ち上がったためです。マネジメントシステムの外部認証については，第三者による認証が最も流布しています。

チャレンジ問題

問1　　　　　　　　　　　　　　　　　　　　難｜中｜易

　マネジメント及び環境マネジメントに関する記述として，誤っているものはどれか。
（1）マネジメントとは，運営管理ないしは運用管理とも呼ばれる。

(2) マネジメントのサイクルとは，PDCAサイクルのことである。
(3) マネジメントシステムとは，方針及び目標並びにその目標を達成するためのプロセスを確立するための，相互に関連する又は相互に作用する組織の一連の要素である。
(4) 環境マネジメントシステムは，組織の全体的なマネジメントシステムとは独立していることが望ましい。
(5) 環境マネジメントシステムの有効性を利害関係者に保証する方法として，第三者認証が最も流布している。

解説

(4) JIS Q 14001：2015では，環境マネジメントシステムを「マネジメントシステムの一部」と定義しています。「独立していることが望ましい」というのは誤りです。

解答 (4)

問2

難　**中**　易

JISによる**環境マネジメントシステムに関する記述**として，**誤っているもの**はどれか。

(1) 環境マネジメントシステムは，「環境目標を策定し，順守義務を満たし，リスク及び機会に取り組むために用いられるもの」と定義される。
(2) 環境側面は，「環境と相互に影響する，又は相互に作用する可能性のある，組織の活動又は製品又はサービスの要素」と定義される。
(3) 組織は，PDCA（Plan-Do-Check-Act）サイクルを組織の日常活動の基本としなければならない。
(4) Checkでは，組織活動の結果生じた「現在の姿」と，計画時に設定した「あるべき姿」との乖離の有無を調べる。
(5) Actでは，組織の姿を悪化させる要因を排除し，改善させる要因を定着させるように組織行動を「標準化」する。

解説

(1) 環境マネジメントシステムは，「環境側面をマネジメントし，順守義務を満たし，リスク及び機会に取り組むために用いられるもの」です。

解答 (1)

環境調和型製品

1 環境調和型製品への転換

　環境意識が高まるにつれ，私たちの生活を支えるさまざまな「製品」について，その原料採取から製造，廃棄に至るまでのライフサイクルを全般的に考えることが重要となります。必要とされる製品機能や安全性を保証したうえで，環境負荷を大幅に低減した環境調和型製品へと転換していくこと，それを受け入れる環境志向の市場など，循環型社会構築への要求が広がっています。そのために，さまざまな技術開発や，環境調和型製品を社会に浸透させる法制度，規格などが国内外で順次整備されています。環境調和型製品の実現を支援する法規としては，資源有効利用促進法，家電リサイクル法，グリーン購入法などが代表的です。

2 LCAと環境配慮型設計

①LCA（ライフサイクルアセスメント）

　ISO 14040：2006によれば，製品に付随する環境側面と潜在的影響を評価するための技法の一つであり，次の4つのステップを踏んだ活動でなければならないとされています。

1．目的と調査範囲の設定	LCAをどのような目的のために実施するのかを明らかにし，前提条件や制約条件を明記する
2．インベントリー分析	対象とする製品システムに対する，ライフサイクル全体を通しての入力および出力のまとめと定量化を行う
3．インパクト評価 （ライフサイクル影響評価）	製品システムの潜在的な環境影響の大きさと重要度を把握し，評価する
4．ライフサイクル解釈	インベントリー分析やインパクト評価の結果を，単独でまたは統合して評価・解釈する

　LCAでは，製品の「ゆりかごから墓場まで」を通しての環境側面や生じうる環境影響が調査され，考慮される環境影響には，人の健康や生態系への影響も含まれます。LCAを活用することによって，環境調和型製品の社会への浸透を支援するなど，環境負荷の低減を図ることができます。

②環境配慮設計

製品の設計開発を，製品の本来機能とともに，環境側面を適切に統合して実施する考え方であり，「環境適合設計」ともいいます。環境配慮設計では，材料仕様やエネルギーの効率改善，有害物質の利用回避，特に環境汚染の少ない製造・利用への指向，再利用・リサイクルのための設計などに取り組みます。この取組みの効果的実現のためには，製品のライフサイクル全般に対する考慮やマネジメントが，設計技術者だけでなく，管理者や，製品の市場投入を支えるサプライチェーンに関わる者すべてを巻き込んでなされる必要があります。

3 環境ラベル

環境ラベルは，製品やサービスの環境側面に関する情報をすべての利害関係者に認識させるための環境主張です。製品や包装ラベル，説明書等に書かれた文言，シンボル，図形などを通じて伝達されます。ISOでは，環境ラベルを次の３つのタイプに分けて規格化しています。

名称（該当規格）・特徴	内容，具体例など
タイプⅠ（ISO 14024） 第三者認証による環境ラベル	● 第三者実施機関が運営 ● 事業者の申請に応じて審査し，マークの使用を認可 ● 例「エコマーク」
タイプⅡ（ISO 14021） 事業者の自己宣言による環境主張（第三者の判断は入らない）	● 製品における環境改善を市場に対して主張する ● 宣伝広告にも適用される ● 企業によって最も利用されている
タイプⅢ（ISO 14025） 製品のライフサイクルにおける定量データの表示	● 事前に設定されたパラメータ領域について製品の環境データを表示する ● 判断は購買者に任される ● 例「エコリーフ環境ラベル」

補足

資源有効利用促進法
「３R対策」の基盤をなす法律。製品の設計・製造段階における３Rへの配慮，事業者による自主回収・リサイクルシステムの構築などを定めています。

家電リサイクル法
家電４品目（エアコン，テレビ，冷蔵庫・冷凍庫，洗濯機・乾燥機）について資源再利用を促進する法律です。

グリーン購入法
公的機関による環境調和型製品の調達を推進する法律です。

エコマーク

エコリーフ環境ラベル

4
環境管理手法

　　　　　　　　　　　　　　　　　　　　難｜中｜**易**

環境調和型製品に関する記述として，**誤っているもの**はどれか。

(1) 企業が最も活用している環境ラベルは，タイプⅡ環境ラベル，すなわち，独立した第三者の認証を必要としない自己宣言による環境主張である。

(2) ISO 14025に従い，事前に設定されたパラメータ領域について製品の環境データを表示するのが，タイプⅠ環境ラベルである。

(3) 環境配慮設計の取り組みを効果的にするためには，製品のライフサイクル全般に対する考慮やマネジメントが必要である。

(4) 製品の設計，製造に当たっては，3Rへの配慮が重要である。

(5) ISO 14040では，LCAは，定められた四つのステップを踏んだ活動となっていなければならないこととなっている。

解説

(2) タイプⅠ環境ラベルは，第三者認証による環境ラベルです。設問の記述は，タイプⅠではなくタイプⅢの環境ラベルの説明です。

このほかの肢は，すべて正しい記述です。

解答 (2)

　　　　　　　　　　　　　　　　　　　　難｜中｜**易**

ISO 14040（JIS Q 14040）に規定する**ライフサイクルアセスメント**を構成する四つのステップに**含まれないもの**はどれか。

(1) ライフサイクル影響評価

(2) ライフサイクル解釈

(3) ライフサイクルアセスメント従事者の選定

(4) ライフサイクルインベントリー分析

(5) ライフサイクルアセスメントの目的及び調査範囲の設定

解説

LCA（ライフサイクルアセスメント）の4つのステップは，①目的および調査範囲の設定，②インベントリー分析，③影響評価（インパクト評価），④解釈です。(3) の「従事者の選定」は含まれません。

解答 (3)

リスクマネジメント

1 リスクと環境

　リスクとは，JIS Q 0073：2010によると，「目的に対する不確かさの影響」と定義され，影響が好ましいか，好ましくないかに関わらず，目的の達成に影響を与えるものとしてとらえられています。また，リスクマネジメントについては「リスクについて組織を指揮統制するための調整された活動」と定義されています。

　組織の製品やサービスに関わる通常の活動が，環境に悪影響を与える可能性がある場合，それへの対応は環境マネジメントともいえるし，リスクマネジメントともいえます。その意味で，リスクマネジメントの一部は，環境マネジメントとみなすことができます。

　組織のマネジメント活動のなかでも，近年，このリスクマネジメントの分野への関心が高まっています。

2 リスクマネジメントの基礎概念

　リスクマネジメントは，①リスクアセスメント，②リスク対応，③リスクコミュニケーションおよび協議からなります。

①リスクアセスメント

　おおむね次のプロセスで行います。

1．リスク特定	リスクとして認識される事象や結果またはリスクの原因となる物事や行動（リスク源）を識別し，網羅し，特徴づける
2．リスク分析	リスクの特質を理解し，リスクレベルを決定する。リスクの算定も含まれる
3．リスク評価	分析・算定されたリスクが受容可能かどうかを決定するために，「リスク基準」と比較する

JIS Q 0073
リスクマネジメントに関する一般的な用語とその定義について規定しています。

リスクの算定
リスクの発生確率や，結果の影響を算定するプロセスです。

リスク基準
法規制による要求事項や，ステークホルダ（利害関係者）からの要求などから導かれます。

4
環境管理手法

②リスク対応

リスクアセスメントを前提として，リスクの発生確率や結果の重篤性を改善する選択やプロセスのことをリスク対応といい，次のようなものがあります。

リスク回避	リスク評価の結果などに基づき，リスクの生じる状況に巻き込まれないようにする，またはそのような状況から撤退する対応
リスク共有	リスクに起因する損失負担あるいは利益を他者と共有する対応
リスク保有	リスクに起因する損失負担あるいは利益を受容する対応

③リスクコミュニケーションおよび協議

リスクに関する情報の提供や取得，ステークホルダ（利害関係者）との対話を行うため，組織が継続的に行うプロセスです。このリスクコミュニケーションによって，リスクの回避や低減，リスク原因の特定への寄与などが期待できます。

チャレンジ問題

問1　　　　　　　　　　　　　　　　難　**中**　易

　リスク評価とマネジメントに関する記述として，誤っているものはどれか。

(1) JIS Q 0073では，リスクはその影響が好ましいか，好ましくないかにかかわらず目的の達成に影響を与えるものとしてとらえられている。

(2) JIS Q 0073では，リスクマネジメントとは，リスクについて組織を指揮統制するための調整された活動と定義されている。

(3) リスク特定とは，リスク源を識別し，網羅し，特徴づけるプロセスである。

(4) 組織の製品やサービスに関わる通常の活動が，環境に悪影響を与える可能性があるとすれば，それへの対応はリスクマネジメントではなく，環境マネジメントである。

(5) リスクアセスメントを前提に，リスクの発生確率や結果の重篤性を改善するプロセスは，リスク対応に含まれる。

解説

(4) この対応は，環境マネジメントともいえるし，リスクマネジメントともいえます。リスクマネジメントではないとするのは誤りです。

このほかの肢は，すべて正しい記述です。

解答 (4)

第2章

大気概論

1 大気汚染防止対策のための法規制

まとめ & 丸暗記

● この節の学習内容のまとめ ●

☐ **大気環境基準**
- 環境基準は，行政上の目標として定められるもので，工場や事業場を規制する「排出基準」などとは異なる
- 次の11種類の物質に，大気に関する環境基準が定められている

二酸化硫黄	ベンゼン
一酸化炭素	トリクロロエチレン
浮遊粒子状物質	テトラクロロエチレン
光化学オキシダント	ジクロロメタン
二酸化窒素	微小粒子状物質
ダイオキシン類	

☐ **大気汚染防止法による規制**

規制対象物質		規制基準
ばい煙	硫黄酸化物	排出基準
	ばいじん	
	有害物質（カドミウム等）	
揮発性有機化合物		排出基準
粉じん	一般粉じん	構造・使用・管理基準
	特定粉じん（石綿のみ）	敷地境界基準
有害大気汚染物質	ベンゼン等	指定物質抑制基準

☐ **公害防止組織整備法（大気関係公害防止管理者の選任）**

ばい煙発生施設の区分（排出ガス量）		第1種	第2種	第3種	第4種
有害物質を含むばい煙を発生する施設	4万㎥/h以上	○	×	×	×
	4万㎥/h未満	○	○	×	×
上記以外の施設	4万㎥/h以上	○	×	○	×
	4万㎥/h未満	○	○	○	○

大気環境基準

1 環境基準とは

　環境基本法では，環境基準について「人の健康を保護し，及び生活環境を保全する上で維持されることが望ましい基準を定めるものとする」としています。つまり，環境保全施策を実施するうえでの行政上の目標として定められるものであり，工場や事業場を直接規制する基準ではありません。環境基準の達成状況によって，その達成を目標として排出規制その他の施策の強化等が図られるのであり，工場や事業場から排出される汚染物質の排出基準などとは異なることに注意しましょう。

2 大気汚染に関する環境基準

　大気汚染に関する環境基準として，次の①〜⑤の告示があります。いずれも「人の健康の保護」の視点から設定されており，「工業専用地域，車道その他一般公衆が通常生活していない地域又は場所については適用しない」としています。

① 「大気の汚染に係る環境基準について」

　二酸化硫黄など4種類の物質について定めています。

二酸化硫黄	1時間値の1日平均値が0.04ppm以下であり，かつ，1時間値が0.1ppm以下であること
一酸化炭素	1時間値の1日平均値が10ppm以下であり，かつ，1時間値の8時間平均値が20ppm以下であること
浮遊粒子状物質	1時間値の1日平均値が0.10mg/㎥以下であり，かつ，1時間値が0.20mg/㎥以下であること
光化学オキシダント	1時間値が0.06ppm以下であること

補足

環境基準に定められている物質の測定方法

● 二酸化硫黄
　溶液導電率法または紫外線蛍光法

● 一酸化炭素
　非分散型赤外分析計を用いる方法

● 浮遊粒子状物質
　ろ過捕集による重量濃度測定方法またはこれに相当する光散乱法，圧電天びん法，ベータ線吸収法

● 光化学オキシダント
　中性ヨウ化カリウム溶液を用いる吸光光度法もしくは電量法，紫外線吸収法またはエチレンを用いる化学発光法

② 「二酸化窒素に係る環境基準について」

　二酸化窒素については「1時間値の1日平均値が0.04ppmから0.06ppmまでのゾーン内又はそれ以下であること」とされており，ゾーンで定められている点に特徴があります。またこの環境基準は，二酸化窒素による大気の汚染状況を的確に把握できると認められる場所において，ザルツマン試薬を用いる吸光光度法またはオゾンを用いる化学発光法により測定した場合における測定値によるものとされています。

③ 「ベンゼン等による大気の汚染に係る環境基準について」

　有害大気汚染物質として優先取組物質に指定されている物質のうち，ベンゼン，トリクロロエチレン，テトラクロロエチレン，ジクロロメタンの4物質について，次のように環境基準を定めています。これらの基準は，継続的に摂取される場合には人の健康を損なうおそれがある物質に係るものであることにかんがみ，将来にわたって人の健康に係る被害が未然に防止されるようにすることを旨として，その維持または早期達成に努めることとされています。

ベンゼン	1年平均値が0.003mg/㎥（＝3μg/㎥）以下であること
トリクロロエチレン	1年平均値が0.13mg/㎥（＝130μg/㎥）以下であること
テトラクロロエチレン	1年平均値が0.2mg/㎥（＝200μg/㎥）以下であること
ジクロロメタン	1年平均値が0.15mg/㎥以下（＝150μg/㎥）であること

　なお，上記以外の優先取組物質のうち次の物質については，環境基準とは性格や位置づけは異なるものの，環境目標値の一つとして，健康リスクの低減を図るための指針となる数値（指針値）が設定されています。

アクリロニトリル	1年平均値 2μg/㎥以下
塩化ビニルモノマー	1年平均値 10μg/㎥以下
水銀およびその化合物	1年平均値 0.04μgHg/㎥（＝40ngHg/㎥）以下
ニッケル化合物	1年平均値 0.025μgNi/㎥（＝25ngNi/㎥）以下
クロロホルム	1年平均値 18μg/㎥以下
1,2-ジクロロエタン	1年平均値 1.6μg/㎥以下
1,3-ブタジエン	1年平均値 2.5μg/㎥以下
ひ素およびその化合物	1年平均値 0.006μgAs/㎥（＝6ngAs/㎥）以下
マンガンおよびその化合物	1年平均値 0.14μgMn/㎥（＝140ngMn/㎥）以下
塩化メチル	1年平均値 94μg/㎥以下
アセトアルデヒド	1年平均値 120μg/㎥以下

④「ダイオキシン類による大気の汚染，水質の汚濁（水底の底質の汚染を含む。）及び土壌の汚染に係る環境基準」

この告示のなかで，ダイオキシン類の大気の汚染に係る環境基準は，「1年平均値が0.6pg-TEQ/㎥以下であること」とされています。

ダイオキシン類による汚染の状況を的確に把握することができる地点において，ポリウレタンフォームを装着した採取筒をろ紙後段に取り付けたエアサンプラーにより採取した試料を，高分解能ガスクロマトグラフ質量分析計により測定する方法で測定します。

⑤「微小粒子状物質による大気の汚染に係る環境基準について」

「微小粒子状物質」とは，大気中に浮遊する粒子状物質であって，粒径が2.5µmの粒子を50%の割合で分離できる分粒装置を用いて，より粒径の大きい粒子を除去した後に採取される粒子をいいます。

環境基準は，「1年平均値が15µg/㎥以下であり，かつ，1日平均値が35µg/㎥以下であること」とされています。

環境基準の達成期間
告示では，「（環境基準が）維持され，または早期に達成されるように努めるもの」とされている物質が多くみられます。

微小粒子状物質の測定方法
微小粒子状物質による大気汚染の状況を的確に把握することができると認められる場所において，ろ過捕集による質量濃度測定方法またはこれと同等な自動測定機による方法で測定した場合の測定値によります。

1 大気汚染防止対策のための法規制

チャレンジ問題

問1　　　　　　　　　　　　　　　　　　難｜中｜**易**

大気の汚染に係る環境基準に関する記述として，誤っているものはどれか。
(1) 人の健康を保護する上で維持することが望ましい基準である。
(2) 環境上の条件はすべて1時間値の1日平均値によって定められている。
(3) 二酸化窒素の環境基準は，1時間値の1日平均値をゾーンで定めている。
(4) 行政上の目標となる基準であり，工場や事業場を直接規制する基準ではない。
(5) 工業専用地域，車道その他一般公衆が通常生活していない地域または場所については適用しない。

解説

(2) 環境上の条件（環境基準としての具体的数値）は，ベンゼンなどのように「年平均値」で定められているものも多く，すべてが「1時間値の1日平均値」と

いうのは誤りです。このほかの肢は，すべて正しい記述です。

解答 (2)

問2　　　　　　　　　　　　　　　　　　　　　難　中　**易**

大気の汚染に係る環境基準に関する記述として，誤っているものはどれか。

(1) 二酸化いおう：1時間値の1日平均値が0.04ppm以下であり，かつ，1時間値が0.1ppm以下であること。

(2) 一酸化炭素：1時間値の1日平均値が10ppm以下であり，かつ，1時間値の8時間平均値が20ppm以下であること。

(3) 浮遊粒子状物質：1時間値の1日平均値が0.10mg/㎥以下であり，かつ，1時間値が0.20mg/㎥以下であること。

(4) 光化学オキシダント：1時間値の1日平均値が0.06ppm以下であり，かつ，1時間値が0.12ppm以下であること。

(5) 二酸化窒素：1時間値の1日平均値が0.04ppmから0.06ppmまでのゾーン内又はそれ以下であること。

解説

(4) 光化学オキシダントについては，「1時間値が0.06ppm以下であること」とのみ定められています。

解答 (4)

問3　　　　　　　　　　　　　　　　　　　　　難　**中**　易

大気中濃度の環境基準値又は指針値が，最も小さな有害大気汚染物質はどれか。

(1) ベンゼン

(2) トリクロロエチレン

(3) テトラクロロエチレン

(4) ジクロロメタン

(5) 塩化ビニルモノマー

解説

μg（マイクログラム）は100万分の1gなので，塩化ビニルモノマーの指針値は，10μg/㎥以下＝0.01mg/㎥以下（年平均値）と表せます。これとほかの4つの環境基準値を比べると，ベンゼンの0.003mg/㎥以下（年平均値）だけが下回っていることがわかります。

解答 (1)

大気汚染防止法による規制

1 大気汚染防止法による規制の概要

　環境基準の達成を目的として，大気汚染防止法に基づく排出規制等が行われます。規制対象は，固定発生源（工場・事業場）と移動発生源（自動車）に区分されます。固定発生源から排出される大気汚染物質については，物質の種類ごと，排出施設の種類・規模ごとに排出基準等が定められています。規制対象物質は，ばい煙，揮発性有機化合物，粉じん，有害大気汚染物質に分かれます。物質ごとに規制の内容を学習していきましょう。

2 ばい煙に対する規制

①「ばい煙」の定義

　大気汚染防止法で「ばい煙」とは，次の3つを指します。

1	燃料その他の物の燃焼に伴い発生する硫黄酸化物
2	燃料その他の物の燃焼または熱源としての電気の使用に伴い発生するばいじん
3	物の燃焼，合成，分解その他の処理に伴い発生する物質のうち，カドミウム，塩素，ふっ化水素，鉛その他の人の健康または生活環境に係る被害を生じるおそれがある物質（1の硫黄酸化物を除く）で，政令で定めるもの（これらを「有害物質」とよびます）

②一般排出基準

　ばい煙発生施設で発生し，排出口から大気中に排出される各物質の量について，次のように排出量（許容限度）が定められます。

硫黄酸化物	政令で定める地域の区分ごとに，発生施設の排出口の高さに応じて定める
ばいじん	発生施設の種類および規模ごとに定める
有害物質	物質の種類および施設の種類ごとに定める

政令で「有害物質」として定めている物質
- カドミウムおよびその化合物
- 塩素および塩化水素
- ふっ素，ふっ化水素，およびふっ化けい素
- 鉛およびその化合物
- 窒素酸化物

一般排出基準と特別排出基準
- **一般排出基準**
  すべてのばい煙発生施設について適用されます
- **特別排出基準**
  特定の地域に限り，かつ新設される施設に限り適用されます

③上乗せ排出基準

国の定める排出基準よりも厳しい基準として，都道府県が条例で定める基準です。ばいじんまたは有害物質につき，それぞれの区域の自然的・社会的条件から判断して定めます。硫黄酸化物については設定できません。

④総量規制基準

工場・事業場が集合している地域で，指定ばい煙（硫黄酸化物および窒素酸化物）について，ほかの排出基準のみでは大気環境基準の確保が困難である場合に，一定規模以上の工場・事業場において発生する指定ばい煙について，都道府県知事が「指定ばい煙総量削減計画」に基づいて定めます。

⑤ばい煙発生施設についての規制

ばい煙発生施設とは，工場または事業場に設置される施設でばい煙を発生・排出するもののうち，その施設から排出されるばい煙が大気汚染の原因となるもので，政令で定めるものをいいます。これにつき次のような規制があります。

事前届出制	施設を新たに設置しようとする者は，あらかじめ所定の事項を都道府県知事等に届け出ること。届け出た施設の構造等を変更する場合も同様
実施の制限	届出をした者は，届出が受理された日から60日を経過した後でなければ，施設の設置または構造等の変更をしてはならない
改善命令等	排出基準に適合しないばい煙を継続して排出するおそれがある場合には，都道府県知事等は，期限を定めて改善または一時使用停止を命じることができる
承継の届出	届出をした施設を譲り受けた者は，その地位の承継があった日から30日以内に，都道府県知事等に届け出ること

3 揮発性有機化合物に対する規制

①「揮発性有機化合物」の定義

大気汚染防止法で「揮発性有機化合物」（◎P.98参照）とは，大気中に排出または飛散したときに気体である有機化合物をいいます。ただし，浮遊粒子状物質およびオキシダントの生成原因とならない物質として政令で定める物質は除かれます。

■ 政令で揮発性有機化合物から除かれている物質

- メタン　● クロロジフルオロメタン　● 2-クロロ-1,1,1,2-テトラフルオロエタン
- 1,1-ジクロロ-1-フルオロエタン　● 3,3-ジクロロ-1,1,1,2,2-ペンタフルオロプロパン
- 1-クロロ-1,1-ジフルオロエタン　● 1,3-ジクロロ-1,1,2,2,3-ペンタフルオロプロパン
- 1,1,1,2,3,4,4,5,5,5-デカフルオロペンタン

②排出基準

揮発性有機化合物に係る排出基準は，揮発性有機化合物排出施設の排出口から大気中に排出される排出物に含まれる揮発性有機化合物の量（「揮発性有機化合物濃度」という）について，施設の種類および規模ごとの許容限度として定められています。

③揮発性有機化合物排出施設についての規制

揮発性有機化合物排出施設とは，工場または事業場に設置される施設で揮発性有機化合物を排出するもののうち，その施設から排出される揮発性有機化合物が大気汚染の原因となるものであって，揮発性有機化合物の排出量が多いためにその規制を行うことが特に必要なものとして政令で定めるものをいいます。

事前届出制，実施の制限，改善命令等，承継の届出など，ばい煙発生施設と同様の規制があるほか，排出する揮発性有機化合物濃度を測定し，その結果を記録する義務が課せられています。

4 粉じんに対する規制

①「粉じん」の定義

大気汚染防止法で「粉じん」とは，物の破砕，選別その他の機械的処理またはたい積に伴い発生または飛散する物質をいい，「特定粉じん」と「一般粉じん」に区分されます。

現在，特定粉じんとして指定されている物質は，石綿のみです。特定粉じん以外の粉じんを一般粉じんといいます。

②一般粉じんに対する規制

一般粉じんについては，ばい煙などとは異なり，排出基準ではなく，一般粉じん発生施設の構造並びに使用および管理に関する基準が適用されます。この基準を遵守していないと認められる場合には，都道府県知事等は基準への適合または一時使用停止を命じることができます。

また，事前届出制についてはばい煙発生施設と同様ですが，実施の制限はありません。

ばい煙発生施設の設置の際の届出事項
- 排出者の氏名，住所
- 工場・事業所の名称および所在地
- ばい煙発生施設の種類・構造・使用方法
- ばい煙の処理方法

揮発性有機化合物排出施設の例
- 工業製品の洗浄施設
- 吹付塗装施設
- オフセット輪転印刷やグラビア印刷用の乾燥施設
- ガソリン，原油など温度37.8℃において蒸気圧が20kPa超の揮発性有機化合物の貯蔵タンク

一般粉じんの例
セメント粉，石炭粉，鉄粉など

③特定粉じんに対する規制

特定粉じんについては，特定粉じん発生施設に係る隣地との敷地境界における規制基準（敷地境界基準）が適用されます。敷地境界基準は，工場・事業場の敷地境界線における大気中濃度の許容限度（1ℓにつき石綿繊維10本以下）として定められています。

また，事前届出制，実施の制限，改善命令等，承継の届出など，ばい煙発生施設と同様の規制があるほか，敷地境界線における大気中の特定粉じん濃度を測定し，その結果を記録する義務が課せられています。

さらに，石綿を含有する断熱材，保温材，耐火被覆材などの「特定建築材料」を使用した建築物その他の工作物を，解体・改造・補修する作業のうち，その作業の場所から排出または飛散する特定粉じんが大気汚染の原因となるもので政令で定めるものを「特定粉じん排出等作業」といい，これにつき作業基準が定められています。具体的には，作業の実施期間や方法等を表示した掲示板の設置，作業場の隔離，集じん・排気装置の使用，除去する特定建築材料の薬液による湿潤化などです。特定粉じん排出等作業を伴う建設工事を行うときは，作業を開始する14日前までに都道府県知事等に届け出なければなりません。

5 有害大気汚染物質対策の推進

①「有害大気汚染物質」の定義

大気汚染防止法で「有害大気汚染物質」とは，継続的に摂取される場合には人の健康を損なうおそれがある物質で，大気汚染の原因となるもの（ただし，ばい煙に含まれる硫黄酸化物と有害物質，特定粉じん，水銀等は除く）をいいます。

②国および地方公共団体の施策

国	● 地方公共団体との連携のもとに有害大気汚染物質による大気汚染の状況を把握するための調査の実施に努め，有害大気汚染物質の人の健康に及ぼす影響に関する科学的知見の充実に努めなければならない ● 調査の実施状況と科学的知見の充実の程度に応じ，有害大気汚染物質ごとに大気汚染による人の健康に係る被害が生ずるおそれの程度を評価し，その成果を定期的に公表しなければならない
地方公共団体	● その区域に係る有害大気汚染物質による大気汚染の状況を把握するための調査の実施に努めなければならない

③指定物質抑制基準

有害大気汚染物質のうち，人の健康に係る被害を防止するため，その排出または飛散を早急に抑制しなければならないものとして政令で定めるものを「指定物

質」といいます。現在は、ベンゼン、トリクロロエチレン、テトラクロロエチレンの3物質のみが指定物質に定められています。これを大気中に排出・飛散させる指定物質排出施設について、物質および施設の種類ごとに排出・飛散の抑制に関する指定物質抑制基準が定められています。

④事業者の責務・国民の努力

　事業者は、事業活動に伴う有害大気汚染物質の大気中への排出または飛散の状況を把握するとともに、排出・飛散を抑制するために必要な措置を講ずるようにしなければならないとされています。

　また、国民は何人も、その日常生活に伴う有害大気汚染物質の大気中への排出または飛散を抑制するよう努めなければならないとされています。

補足

指定物質抑制基準と環境基準
指定物質抑制基準は、ベンゼン、トリクロロエチレン、テトラクロロエチレンのみが対象ですが、環境基準ではこれにジクロロメタンを加えた4物質が有害大気汚染物質として対象となっています（○P.70参照）。

チャレンジ問題

問1　　　　　　　　　　　　　　　　　　難　**中**　易

　大気汚染防止法に規定するばい煙発生施設に関する記述として、誤っているものはどれか。

(1) ばい煙発生施設とは、工場又は事業場に設置される施設でばい煙を発生し、及び排出するもののうち、その施設から排出されるばい煙が大気の汚染の原因となるもので政令で定めるものをいう。

(2) ばい煙発生施設には、ばい煙発生施設において発生するばい煙を処理するための施設及びこれに附属する施設が含まれる。

(3) ばい煙を大気中に排出する者は、ばい煙発生施設を設置しようとするときは、環境省令で定めるところにより、都道府県知事（又は政令で定める市の長）に届け出なければならない。

(4) ばい煙発生施設の設置の届出をした者は、その届出が受理された日から60日経過した後でなければ、その届出に係るばい煙発生施設を設置してはならない。

(5) ばい煙発生施設の設置の届出をした者からその届出に係るばい煙発生施設を譲り受けた者は、当該ばい煙発生施設に係る当該届出をした者の地位を承継し、その承継があった日から30日以内に、その旨を都道府県知事（又は政令で定める市の長）に届け出なければならない。

(2) これは「ばい煙処理施設」についての記述です。「ばい煙発生施設」は肢（1）のように定義されており，ばい煙処理施設は含みません。

解答 (2)

問2

難　中　易

大気汚染防止法に規定する揮発性有機化合物に係る排出基準に関する記述中，ア～オの中に挿入すべき語句（a～h）の組合せとして，正しいものはどれか。

揮発性有機化合物に係る排出基準は，揮発性有機化合物 ア の イ から大気中に排出される ウ に含まれる揮発性有機化合物の量について，施設の エ ごとの オ として，環境省令で定める。

| a：処理施設 | b：排出物 | c：種類及び規模 | d：排出基準 |
| e：排出施設 | f：ばい煙 | g：許容限度 | h：排出口 |

```
   ア イ ウ エ オ
(1) e  a  b  c  d      (2) a  h  f  b  g      (3) e  h  b  c  g
(4) a  e  f  h  d      (5) e  a  f  b  d
```

解説

(3) 大気汚染防止法第17条の4に，このように定められています。

解答 (3)

問3

難　中　易

大気汚染防止法に定める特定粉じん発生施設を設置する工場又は事業場における事業活動に伴い発生し，又は飛散する特定粉じんを工場又は事業場から，大気中に排出し，又は飛散させる者が遵守しなければならないものとして定められている同法上の基準はどれか。

(1) 発生施設の構造基準並びに使用及び管理基準
(2) 敷地境界における規制基準
(3) 発生施設の構造基準及び敷地境界における規制基準
(4) 発生施設の使用及び管理基準
(5) 発生施設の排出基準及び構造基準

解説

（2）特定粉じんについては，特定粉じん発生施設に係る隣地との敷地境界における規制基準（敷地境界基準）が適用されます。なお，肢（1）は，一般粉じんに対する規制基準です。

解答 （2）

問4　　　　　難　**中**　易

　大気汚染防止法に規定する有害大気汚染物質対策の推進に係る記述として，誤っているものはどれか。

（1）事業者は，その事業活動に伴う有害大気汚染物質の大気中への排出又は飛散を抑制するために必要な措置を講ずるようにしなければならない。

（2）国は，有害大気汚染物質ごとに大気の汚染による人の健康に係る被害が生ずるおそれの程度を評価し，その成果を定期的に公表しなければならない。

（3）地方公共団体は，その区域に係る有害大気汚染物質による大気の汚染の状況を把握するための調査の実施に努めなければならない。

（4）国民は，日常生活に伴う有害大気汚染物質の大気中への排出又は飛散の抑制に努めなければならない。

（5）環境大臣は，有害大気汚染物質のうち早急に排出又は飛散を抑制しなければならない物質として政令で定めるベンゼン，トリクロロエチレン，テトラクロロエチレン及びジクロロメタンについて，指定物質抑制基準を定めている。

解説

（5）現在は，ベンゼン，トリクロロエチレン，テトラクロロエチレンの3物質についてのみ，指定物質抑制基準が定められています。
このほかの肢は，すべて正しい記述です。

解答 （5）

公害防止組織整備法（大気関係）

1 大気関係公害防止管理者の選任

　大気関係の公害防止管理者は，特定工場（公害防止管理者等の公害防止組織の設置を義務づけられている工場）のうち，政令で指定するばい煙発生施設，特定粉じん発生施設，一般粉じん発生施設を設置するものにおいて選任します。

　ばい煙発生施設については，有害物質（窒素酸化物を除く）を含むばい煙を発生する施設とそれ以外の施設に大別され，それぞれのばい煙発生施設を設置する工場の1時間当たりの排出ガス量の大小により，資格の異なる大気関係公害防止管理者（第1種～第4種）を選任することとされています。施設の区分と有資格者の種類の関係をまとめておきましょう。

ばい煙発生施設の区分（排出ガス量）		有資格者の種類
有害物質を含むばい煙を発生する施設	4万㎥/h以上	第1種
	4万㎥/h未満	第1種＋第2種
上記以外の施設	4万㎥/h以上	第1種＋第3種
	4万㎥/h未満	第1種＋第2種＋第3種＋第4種

　「有害物質を含むばい煙を発生する施設」というのは，政令（大気汚染防止法施行令）別表第一の9の項（ただし，硫化カドミウム，炭酸カドミウム，ほたる石，けいふっ化ナトリウム，酸化鉛を原料として使用するガラスまたはガラス製品の製造の用に供するものに限る）と，14～26の項までに掲げられている施設を指します。例えば，排出ガス量5万㎥/hの特定工場に鉛蓄電池製造用の溶解炉（25の項）が設置されている場合，第1種有資格者以外は選任できません。

■政令（大気汚染防止法施行令）別表第一

1	ボイラー（熱風ボイラーを含み，熱源として電気または廃熱のみを使用するものを除く）
2	水性ガスまたは油ガスの発生の用に供するガス発生炉および加熱炉
3	金属の精錬または無機化学工業品の製造の用に供する焙焼炉，焼結炉（ペレット焼成炉を含む）およびか焼炉（14の項に掲げるものを除く）
4	金属の精錬の用に供する溶鉱炉（溶鉱用反射炉を含む），転炉および平炉（14の項に掲げるものを除く）

5	金属の精製または鋳造の用に供する溶解炉（こしき炉並びに14の項および24の項から26の項までに掲げるものを除く）
6	金属の鍛造もしくは圧延または金属もしくは金属製品の熱処理の用に供する加熱炉
7	石油製品，石油化学製品またはコールタール製品の製造の用に供する加熱炉
8	石油の精製の用に供する流動接触分解装置のうち触媒再生塔
8の2	石油ガス洗浄装置に附属する硫黄回収装置のうち燃焼炉
9	窯業製品の製造の用に供する焼成炉および溶融炉
10	無機化学工業品または食料品の製造の用に供する反応炉（カーボンブラック製造用燃焼装置を含む）および直火炉（26の項に掲げるものを除く）
11	乾燥炉（14の項および23の項に掲げるものを除く）
12	製銑，製鋼または合金鉄もしくはカーバイドの製造の用に供する電気炉
13	廃棄物焼却炉
14	銅，鉛または亜鉛の精錬の用に供する焙焼炉，焼結炉（ペレット焼成炉を含む），溶鉱炉（溶鉱用反射炉を含む），転炉，溶解炉および乾燥炉
15	カドミウム系顔料または炭酸カドミウムの製造の用に供する乾燥施設
16	塩素化エチレンの製造の用に供する塩素急速冷却施設
17	塩化第二鉄の製造の用に供する溶解槽
18	活性炭の製造（塩化亜鉛を使用するものに限る）の用に供する反応炉
19	化学製品の製造の用に供する塩素反応施設，塩化水素反応施設および塩化水素吸収施設（塩素ガスまたは塩化水素ガスを使用するものに限り，前3項に掲げるものおよび密閉式のものを除く）
20	アルミニウムの製錬の用に供する電解炉
21	りん，りん酸，りん酸質肥料または複合肥料の製造（原料としてりん鉱石を使用するものに限る）の用に供する反応施設，濃縮施設，焼成炉および溶解炉
22	ふっ酸の製造の用に供する凝縮施設，吸収施設および蒸留施設（密閉式のものを除く）
23	トリポリりん酸ナトリウムの製造（原料としてりん鉱石を使用するものに限る）の用に供する反応施設，乾燥炉および焼成炉
24	鉛の第二次精錬（鉛合金の製造を含む）または鉛の管，板もしくは線の製造の用に供する溶解炉
25	鉛蓄電池の製造の用に供する溶解炉
26	鉛系顔料の製造の用に供する溶解炉，反射炉，反応炉および乾燥施設
27	硝酸の製造の用に供する吸収施設，漂白施設および濃縮施設
28	コークス炉
29	ガスタービン
30	ディーゼル機関
31	ガス機関
32	ガソリン機関

大気関係公害防止管理者は，使用する燃料や原材料の検査，ばい煙の量の測定など，公害防止に関する高度で専門技術的な業務を担当します。ばい煙発生施設設置工場，特定粉じん発生施設設置工場について，業務の具体的内容をみておきましょう。

ばい煙発生施設を設置する特定工場

---

①使用する燃料または原材料の検査
②ばい煙発生施設の点検
③ばい煙発生施設において発生するばい煙を処理するための施設およびこれに附属する施設の操作，点検および補修
④ばい煙量またはばい煙濃度の測定の実施およびその結果の記録
⑤測定機器の点検および補修
⑥特定施設についての事故時における応急の措置の実施
⑦ばい煙に係る緊急時におけるばい煙量またはばい煙濃度の減少，ばい煙発生施設の使用の制限その他の必要な措置の実施

特定粉じん発生施設を設置する特定工場

---

①使用する原材料の検査
②特定粉じん発生施設の点検
③特定粉じん発生施設から発生し，または飛散する特定粉じんを処理するための施設およびこれに附属する施設の操作，点検および補修
④特定粉じんの濃度の測定の実施およびその結果の記録
⑤測定機器の点検および補修

チャレンジ問題

問 1　　　　　　　　　　　　　　　　　　　　難　**中**　易

特定工場における公害防止組織の整備に関する法律施行令に規定する「大気関係第 1 種有資格者」以外の者を，公害防止管理者として選任できない施設はどれか。

(1) 排出ガス量が 1 時間当たり 2 万立方メートルの特定工場に設置された塩素化エチレンの製造の用に供する塩素急速冷却施設

(2) 排出ガス量が 1 時間当たり 5 万立方メートルの特定工場に設置された製銑，製鋼又は合金鉄若しくはカーバイドの製造の用に供する電気炉

(3) 排出ガス量が 1 時間当たり 5 万立方メートルの特定工場に設置されたほ

たる石を原料として使用するガラス製品の製造の用に供する溶融炉
（4）排出ガス量が1時間当たり2万立方メートルの特定工場に設置された塩化第二鉄の製造の用に供する溶解槽
（5）排出ガス量が1時間当たり5万立方メートルの特定工場に設置された石油ガス洗浄装置に付属する硫黄回収装置のうち燃焼炉

解説

大気関係第1種有資格者以外の者を選任できない施設は，有害物質を含むばい煙を発生し（大気汚染法施行令別表第一の9の項，14～26の項），かつ，1時間当たりの排出ガス量が4万㎥以上のものです。
（1）有害物質を含みますが（16の項），排出ガス量が4万㎥/h未満です。
（2）排出ガス量は4万㎥/h以上ですが，有害物質を含みません（12の項）。
（3）有害物質を含み（9の項で，ほたる石を原料として使用），かつ，排出ガス量が4万㎥/h以上です。
（4）有害物質を含みますが（17の項），排出ガス量が4万㎥/h未満です。
（5）排出ガス量は4万㎥/h以上ですが，有害物質を含みません（8の2の項）。

解答 （3）

問2

難　中　**易**

特定工場における公害防止組織の整備に関する法律に規定する大気関係公害防止管理者が管理する業務として，主務省令で定められていないものはどれか。
（1）使用する燃料または原材料の検査
（2）測定機器の点検および補修
（3）ばい煙量またはばい煙濃度の測定の実施およびその結果の記録
（4）ばい煙発生施設の配置の改善
（5）特定施設についての事故時における応急の措置の実施

解説

（1）（2）（3）（5）は，すべてばい煙発生施設を設置する特定工場において大気関係公害防止管理者が管理する業務として規定されていますが，（4）は含まれていません。

解答 （4）

2 大気汚染の現状と発生機構

まとめ & 丸暗記

● この節の学習内容のまとめ ●

☐ **汚染物質別の環境基準達成状況**

二酸化硫黄（SO_2）	一般局99.8%，自排局100%（2021［令和3］年度）
二酸化窒素（NO_2）	一般局100%，自排局100%（2021［令和3］年度）
一酸化炭素（CO）	1983（昭和58）年以降，すべての測定局で基準達成
光化学オキシダント	2021（令和3）年度の基準達成は一般局2局・自排局0局
浮遊粒子状物質	一般局100%，自排局100%（2021［令和3］年度）
有害大気汚染物質	2021（令和3）年度，「4物質」はすべての地点で基準達成

☐ **大気汚染物質発生の原因**

光化学オキシダント	窒素酸化物（NO_x）と揮発性有機化合物（VOC）が関与している光化学反応が原因。主成分はオゾン（O_3）
酸性雨	SO_2，NO_xを先駆物質とする硫酸や硝酸が主な原因
成層圏オゾン層の破壊	CFC，ハロン，1,1,1-トリクロロエタン，四塩化炭素，HCFCなどのオゾン層破壊物質が原因
地球温暖化	二酸化炭素（CO_2）のほか，メタン（CH_4），一酸化二窒素（N_2O），フロンなどの温室効果ガスの増加が原因

☐ **大気汚染物質の発生源**

ボイラー	ばいじん，NO_x，一酸化炭素（CO），SO_2　等
ごみ焼却炉	ばいじん，NO_x，一酸化炭素（CO），塩化水素　等
コークス炉	ばいじん，一酸化炭素（CO），SO_2 ベンゼンなどの揮発性有機化合物（VOC）
塗装・印刷施設	トルエン・キシレン・酢酸エチルなどの揮発性有機化合物（VOC）

汚染物質別の大気汚染状況

1 硫黄酸化物（SOx）

化石燃料の燃焼によって発生する二酸化硫黄（SO2），三酸化硫黄（SO3）のほか，SO3が水分と反応して生成する硫酸ミストがあり，この3種類が大気汚染物質のSOxということになります。二酸化硫黄（SO2）について環境基準が定められており，2021（令和3）年度の達成状況は，一般局で892局（99.8%），自排局で44局（100%）と良好です。大気中濃度の年平均値は一般局・自排局とも0.001ppmであり，近年，横ばいで推移しています。

■二酸化硫黄濃度の年平均値の推移

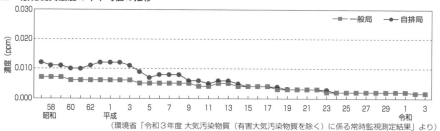

（環境省「令和3年度 大気汚染物質（有害大気汚染物質を除く）に係る常時監視測定結果」より）

2 窒素酸化物（NOx）

燃焼に伴って発生する一酸化窒素（NO）および二酸化窒素（NO2）を併せて一般にNOxとよんでおり，毒性の主原因物質である二酸化窒素（NO2）について環境基準が定められています。2021（令和3）年度の達成状況は，一般局で1,193局（100%），自排局で365局（100%），大気中濃度の年平均値は一般局が0.007ppm，自排局0.014ppmで，近年ゆるやかな低下傾向がみられます。

■二酸化窒素濃度の年平均値の推移

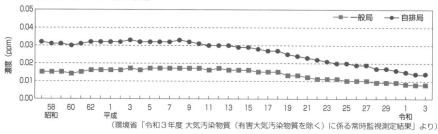

（環境省「令和3年度 大気汚染物質（有害大気汚染物質を除く）に係る常時監視測定結果」より）

一酸化炭素（CO）による大気汚染は，**自動車排出ガス**によるものが大部分であると考えられます。一酸化炭素についての環境基準は，1983（昭和58）年以降，すべての測定局で達成されており，2021（令和3）年度の大気中濃度（年平均値）は，一般局で0.3ppm，自排局でも0.3ppmでした。

4　光化学オキシダント

光化学オキシダントは，光化学反応による大気汚染の重要な指標であり，その環境基準は1時間値0.06ppm以下と定められています。2021（令和3）年度の基準達成局数は，一般局で2局（0.2%），自排局は0局（0%）であり，依然として極めて低い水準（基準達成率1%未満）となっています。

■光化学オキシダント濃度レベル別測定局数の推移

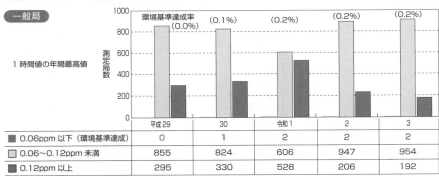

一般局

	平成29	30	令和1	2	3
■ 0.06ppm 以下（環境基準達成）	0	1	2	2	2
□ 0.06〜0.12ppm 未満	855	824	606	947	954
■ 0.12ppm 以上	295	330	528	206	192

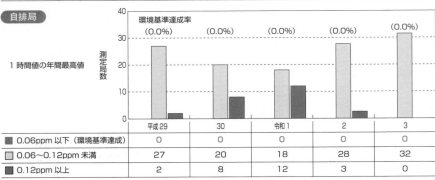

自排局

	平成29	30	令和1	2	3
■ 0.06ppm 以下（環境基準達成）	0	0	0	0	0
□ 0.06〜0.12ppm 未満	27	20	18	28	32
■ 0.12ppm 以上	2	8	12	3	0

（環境省「令和3年度 大気汚染物質（有害大気汚染物質を除く）に係る常時監視測定結果」より）

光化学オキシダントの「昼間の日最高1時間値の年平均値の推移」をみると，

2007（平成19）年以降は，自排局でもほぼ0.04ppm以上となっています。

■ 光化学オキシダントの昼間の日最高１時間値の年平均値の推移

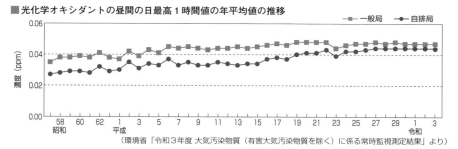

（環境省「令和３年度 大気汚染物質（有害大気汚染物質を除く）に係る常時監視測定結果」より）

　濃度別の測定時間の割合をみると，１時間値0.06ppm以下の割合が，一般局，自排局ともに90％を超えていることがわかります。

■ 光化学オキシダント濃度レベル別測定時間割合の推移（昼間）

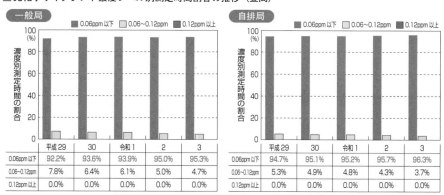

一般局

	平成29	30	令和1	2	3
0.06ppm以下	92.2%	93.6%	93.9%	95.0%	95.3%
0.06~0.12ppm	7.8%	6.4%	6.1%	5.0%	4.7%
0.12ppm以上	0.0%	0.0%	0.0%	0.0%	0.0%

自排局

	平成29	30	令和1	2	3
0.06ppm以下	94.7%	95.1%	95.2%	95.7%	96.3%
0.06~0.12ppm	5.3%	4.9%	4.8%	4.3%	3.7%
0.12ppm以上	0.0%	0.0%	0.0%	0.0%	0.0%

（環境省「令和３年度 大気汚染物質（有害大気汚染物質を除く）に係る常時監視測定結果」より）

■ 光化学オキシダント注意報等発令日数，被害届出人数の推移

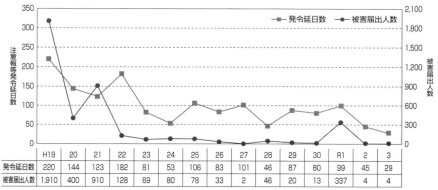

	H19	20	21	22	23	24	25	26	27	28	29	30	R1	2	3
発令延日数	220	144	123	182	81	53	106	83	101	46	87	80	99	45	29
被害届出人数	1,910	400	910	128	69	80	78	33	2	46	20	13	337	4	4

（「令和５年版 環境白書・循環型社会白書・生物多様性白書」より）

5 浮遊粒子状物質

　浮遊粒子状物質とは，粒子径10μm以下の浮遊粉じんをいいます。沈降速度が遅いため大気中に比較的長時間滞留し，気道や肺胞に沈着して呼吸器に影響を及ぼすことから環境基準が定められています。2021（令和3）年度の大気中濃度の年平均値は一般局0.012mg/㎥，自排局0.013mg/㎥，基準達成率は一般局・自排局ともに100％であり，近年ゆるやかな低下傾向がみられます。

■浮遊粒子状物質濃度の年平均値の推移

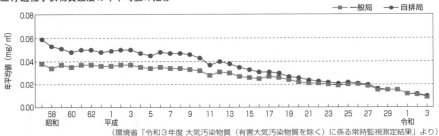

（環境省「令和3年度 大気汚染物質（有害大気汚染物質を除く）に係る常時監視測定結果」より）

6 有害大気汚染物質

　現在，有害大気汚染物質のうち，ベンゼン，トリクロロエチレン，テトラクロロエチレン，ジクロロメタンの4物質について環境基準が設定されており，また，アクリロニトリル，塩化ビニルモノマーその他の11物質について，健康リスクの低減を図るための指針値が定められています（●P.70参照）。地方公共団体では，大気汚染防止法に基づき，これら15物質以外で環境基準等の設定されていない6種類の有害大気汚染物質を加えた21物質を対象として，大気環境モニタリングを実施しています。

①環境基準が設定されている4物質

　2021（令和3）年度は，ベンゼン，トリクロロエチレン，テトラクロロエチレン，ジクロロメタンのいずれも，全測定地点で環境基準値を下回りました。

	測定地点数	基準超過地点数	全地点平均値（年平均値）	環境基準（年平均値）
ベンゼン	400	0	0.80μg/㎥	3μg/㎥以下
トリクロロエチレン	354	0	1.1μg/㎥	130μg/㎥以下
テトラクロロエチレン	354	0	0.09μg/㎥	200μg/㎥以下
ジクロロメタン	361	0	1.5μg/㎥	150μg/㎥以下

（環境省「令和3年度大気汚染状況について（有害大気汚染物質モニタリング調査結果報告）」より）

②指針値が設定されている11物質

2021（令和3）年度では，1,2-ジクロロエタン，ひ素およびその化合物，マンガンおよびその化合物の3物質に指針値を超過する地点がありました。

	測定地点数	指定値超過地点数	全地点平均値（年平均値）	環境基準（年平均値）
アクリロニトリル	337	0	0.061μg/㎥	2μg/㎥以下
塩化ビニルモノマー	333	0	0.041μg/㎥	10μg/㎥以下
水銀およびその化合物	280	0	1.7ngHg/㎥	40ngHg/㎥以下
ニッケル化合物	279	0	2.5ngNi/㎥	25ngNi/㎥以下
クロロホルム	342	0	0.25μg/㎥	18μg/㎥以下
1,2-ジクロロエタン	340	1	0.14μg/㎥	1.6μg/㎥以下
1,3-ブタジエン	370	0	0.075μg/㎥	2.5μg/㎥以下
ひ素およびその化合物	279	5	1.1ngAs/㎥	6ngAs/㎥以下
マンガン及びその化合物	275	2	20ngMn/㎥	140ngMn/㎥以下
塩化メチル	331	0	1.4μg/㎥	94μg/㎥以下
アセトアルデヒド	319	0	2.1μg/㎥	120μg/㎥以下

（環境省「令和3年度大気汚染状況について（有害大気汚染物質モニタリング調査結果報告）」より）

チャレンジ問題

問1 難 中 易

令和3年度における光化学オキシダントに関する記述として，誤っているものはどれか。

(1) 一般局1,148局のうち，環境基準が達成されたのは6局であった。
(2) すべての自排局において，環境基準は達成されなかった。
(3) 一般局における濃度別の測定時間の割合をみると，1時間値が0.06ppm以下の割合は90%を超えていた。
(4) 自排局における光化学オキシダントの昼間の日最高1時間値の年平均値は，0.04ppmを超えていた。
(5) 光化学オキシダント注意報等の発令延べ日数は50日未満であった。

解説

(1) 令和3年度において，光化学オキシダントについての環境基準が達成されたのは，一般局2局，自排局0局でした。一般局で6局というのは誤りです。

解答 (1)

大気汚染物質発生の原因

1 光化学オキシダント

①光化学オキシダントの発生メカニズムと定義

光化学オキシダントは，光化学スモッグの原因となる大気中の酸化性物質の総称です。主成分はオゾン（O_3）ですが，オゾンを大量に放出する人為発生源は知られておらず，大都市で光化学スモッグが発生するときに光化学オキシダント濃度が高いことから，その発生原因は，自動車等から排出される**窒素酸化物**（NO_x）と，炭化水素を含む**揮発性有機化合物**（VOC）（➲P.98参照）が関与する大気中での化学反応であると考えられています。

自動車や工場・事業場などから排出される窒素酸化物（NO_x）と炭化水素は，太陽光線に含まれる紫外線を受けると**光化学反応**を起こし，二次的汚染物質を生成します。この二次的汚染物質には，**オゾン**（O_3），パーオキシアセチルナイトレート（PAN），二酸化窒素などの酸化性物質があり，その大部分はオゾンです。一般には，これら大気中の酸化性物質のことを**オキシダント**とよびます。

大気汚染防止法では，オキシダントの範囲を，大気中のオゾン，PANその他よう化カリウムと反応してよう素を遊離させる酸化性物質としています。

さらに，「大気の汚染に係る環境基準について」では，**光化学オキシダント**とは，「オゾン，パーオキシアセチルナイトレートその他の光化学反応により生成される酸化性物質（中性よう化カリウム溶液からよう素を遊離するものに限り，二酸化窒素を除く）をいう」と定義しています。

②光化学スモッグ

光化学オキシダントは，日射しが強くなる春から夏の日中に濃度が高くなり，風の弱い日にはあまり拡散せず滞留します。その結果，上空にもやがかかったような状態になることがあります。この状態を「**光化学スモッグ**」といいます。太陽の出ない夜間や，紫外線の弱い冬には発生しません。

2 酸性雨

酸性雨の主要な原因物質は，**硫酸**（H_2SO_4）と**硝酸**（HNO_3）です。これらはSO_2とNO_xを先駆物質とする二次汚染物質であり，その生成のメカニズムとして，大気中における**OH**（ヒドロキシルラジカル）との反応が重要です。

- $SO_2 + OH \longrightarrow HSO_3 + H_2O \longrightarrow H_2SO_4$
- $NO_2 + OH \longrightarrow HNO_3$

　生成した硫酸や硝酸は，雲や雨に吸収されて酸性雨として地上に降下します（湿性沈着）。また，硫酸や硝酸が大気中のアンモニアと反応して生成するエーロゾルや他の粒子状物質に付着した形で降下する場合（乾性沈着）もあります。

　発生源から放出されたSO2やNOxが，いつどこで酸性雨や酸性物質として地上に降下するかは，大気中での反応の種類やその速度，気象条件（日射量，雲量，降雨，風向，風速など）によって決まります。

3 成層圏オゾン層の破壊

　成層圏オゾン層が，冷蔵庫やエアコンの冷媒等に使われているクロロフルオロカーボン類（CFC，通称「フロン」）によって破壊され，生体に影響を及ぼす可能性があることを指摘されたのは，1974（昭和49）年のことでした。

　フロンは化学的に安定しているため，地上から約10kmの対流圏内ではほとんど分解されずに成層圏まで達し，そこで強い紫外線によって分解され，塩素原子（Cl）を放出します。この塩素原子が成層圏のオゾンを連鎖的に破壊していきます。

■CFC-11（フロン-11）によるオゾン破壊のメカニズム

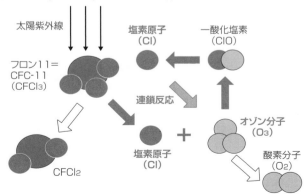

大気汚染物質の発生源
①自然発生源の例
- 火山…SO2
- 雷，土壌…NOx
- 湿地，水田…メタン

②人為発生源の例
- 物の燃焼
- 製品の製造，加工
- 農業，畜産業
- 消費活動

③自然＋人為
　自然または人為的に排出された一次汚染物質が環境中で変化して，二次汚染物質を生成する場合

エーロゾル
空気中に固体または液体の微細な粒子状物質が散在している状態をいいます。

CFCのほかにも，ハロン（CF3Br），1,1,1-トリクロロエタン，四塩化炭素，HCFC（ハイドロクロロフルオロカーボン類），臭化メチル等がオゾン層を破壊する物質として挙げられます。モントリオール議定書によってこれらの削減計画が定められ，フロンの大気中濃度は減少傾向を示しています。また，フロン類よりも大気中寿命の短い1,1,1-トリクロロエタンは，1993（平成5）年から急激に濃度が減少しています。なお，HFC（ハイドロフルオロカーボン類）は分子内に塩素を持たず，オゾン破壊物質ではないため，冷媒代替品として生産・消費量が急速に増加しています（ただし，温室効果が大きいため，排出量の低減が求められています）。

■北海道における特定物質の大気中のバックグラウンド濃度の経年変化

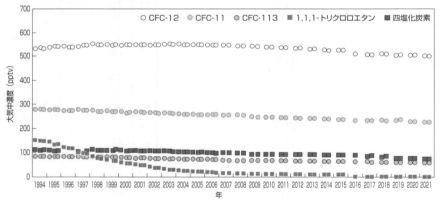

（環境省「令和3年度フロン等オゾン層影響微量ガス等監視調査」より）

4　地球温暖化

　20世紀後半以降にみられる地球規模の気温の上昇（地球温暖化）の主な原因は，人間活動による「温室効果ガス」の増加であることがほぼ確実と考えられています。

　地球の大気中には，二酸化炭素（CO_2）などの温室効果ガスとよばれる気体が存在し，これらには赤外線を吸収し，再び放出するという性質があります。このため，海や陸など地球の表面から地球外へと向かう赤外線の多くが熱として大気に蓄積され，再び地球の表面に戻ります。こうして地球の表面付近の気温を上昇させることを温室効果といいます。

　二酸化炭素は，地球温暖化に及ぼす影響が最も大きい温室効果ガスです。化石燃料等の燃焼により年間約63億t（炭素換算）のCO_2が排出されており，また，

大気中のCO_2の吸収源である森林が減少していることから，CO_2の大気中濃度は年々増加しています。

人間活動により増加した温室効果ガスには，二酸化炭素のほかに，メタン（CH_4），一酸化二窒素（N_2O），フロンガスなどがあります。水蒸気やオゾンにも温室効果があります。

補足

メタン
メタンは，二酸化炭素に次いで地球温暖化に及ぼす影響の大きな温室効果ガスです。湿地や水田，家畜，天然ガスの生産，バイオマス燃焼など放出源が多岐にわたり，その大気中濃度は19世紀初頭から増加を続けています。

2
大気汚染の現状と発生機構

■人為起源の温室効果ガスの総排出量に占めるガスの種類別の割合
（2019年：二酸化炭素換算量での数値）

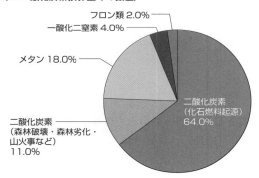

（「IPCC第6次評価報告書（人為起源GHG排出量の推移）」より）

■人間活動からの影響を受ける温室効果ガスの例

	二酸化炭素 CO_2	メタン CH_4	一酸化二窒素 N_2O
工業化以前の1750年の濃度	278.3ppm	729.2ppb	270.1ppb
2022年の世界平均濃度	417.9±0.2ppm	1,923±2ppb	335.8±0.1ppb

（「WMO温室効果ガス年報（2023年11月15日）」より）

チャレンジ問題

問1　難　**中**　易

光化学オキシダントに関する記述として，誤っているものはどれか。
(1) 光化学オキシダントの環境基準達成率は，全測定局の1％以下で推移している。
(2) 光化学オキシダントの主成分はオゾンである。

(3) 一酸化窒素の光分解によって，オゾンが生成する。

(4) 夏季の光化学オキシダント濃度は，冬季よりもかなり高くなる。

(5) ヒドロキシルラジカルと二酸化窒素の反応によって，硝酸が生成する。

解説

(3) $NO_2+光 \rightarrow NO+O$　　$O+O_2 \rightarrow O_3$

このように，二酸化窒素（NO_2）の光分解によって生成した酸素原子（O）が酸素（O_2）と反応し，オゾン（O_3）を生成します。一酸化窒素（NO）の光分解でオゾンが生成するというのは誤りです。

このほかの肢は，すべて正しい記述です。

解答 (3)

問2　　　　　　　　　　　　　　　　　　　　難　中　**易**

成層圏オゾン層の破壊物質として，誤っているものはどれか。

(1) CFC　　(2) HFC　　(3) HCFC　　(4) ハロン　　(5) 臭化メチル

解説

(2) HFC（ハイドロフルオロカーボン類）は分子内に塩素を持たず，オゾン破壊物質ではありません。

解答 (2)

問3　　　　　　　　　　　　　　　　　　　　難　中　**易**

次のうち，大気中濃度が最も高い温室効果ガスはどれか。

(1) フロン-12　　　　(2) 四塩化炭素　　　　(3) メタン

(4) 一酸化二窒素　　(5) フロン-11

解説

P.92の図，P.93の表より，フロン-11（CFC-11），フロン-12（CFC-12），四塩化炭素（CCl_4）の大気中濃度の単位はpptv（パーツ・パー・トリリオン＝1兆分の1〔vは容量〕）であり，一方，メタン（CH_4）と一酸化二窒素（N_2O）の単位はppb（パーツ・パー・ビリオン＝10億分の1）です。またP.93の図表より，メタンのほうが一酸化二窒素よりも大気中濃度が高いことがわかります。

解答 (3)

大気汚染物質の発生源

1 硫黄酸化物（SOx）

硫黄酸化物（SOx）は，硫黄を含む化石燃料の燃焼により発生するものが支配的です。2020（令和2）年度における，業種別・施設種類別の固定発生源からのSOx排出量をみておきましょう。

■ 固定発生源からのSOx排出量内訳

（総排出量：70,071千㎥N/年）

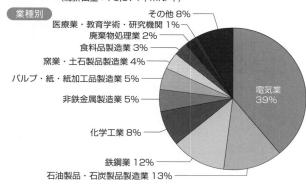

［業種別］
その他 8%
医療業・教育学術・研究機関 1%
廃棄物処理業 2%
食料品製造業 3%
窯業・土石製品製造業 4%
パルプ・紙・紙加工品製造業 5%
非鉄金属製造業 5%
化学工業 8%
鉄鋼業 12%
石油製品・石炭製品製造業 13%
電気業 39%

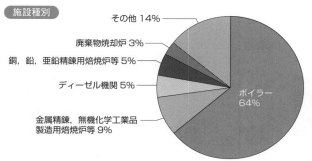

［施設種別］
その他 14%
廃棄物焼却炉 3%
銅，鉛，亜鉛精錬用焙焼炉等 5%
ディーゼル機関 5%
金属精錬，無機化学工業品製造用焙焼炉等 9%
ボイラー 64%

（環境省「大気汚染物質排出量総合調査（令和2年度実績 確定値）」より）

2 窒素酸化物（NOx）

窒素酸化物（NOx）の発生量の相当部分は，自動車等の移動発生源が占めますが，固定発生源となる施設も広範囲

化石燃料の燃焼によるSOxの発生
石炭の場合は，一部が不燃性硫黄として残留しますが，液体や気体の燃料の場合は硫黄のすべてがSO2，SO3となり，燃焼排ガスとして大気中に放出されます。

固定発生源
大気汚染物質の発生源のうち，工場や事業場等の施設を固定発生源といい，自動車や航空機等を移動発生源という。

燃料の燃焼により発生する2種類のNOx
①サーマルNOx
燃焼用空気中のN2とO2が高温状態で反応して生成するNOx
②フューエルNOx
燃料中のN分が燃焼中に酸化されて生成するNOx

にわたります。2020（令和2）年度の業種別・施設種類別の固定発生源からのNOx排出量は以下のとおりです。

■固定発生源からのNOx排出量内訳

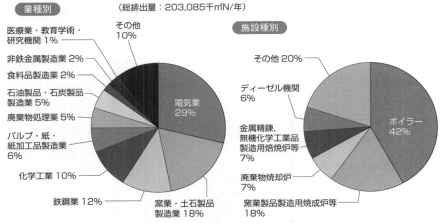

（環境省「大気汚染物質排出量総合調査（令和2年度実績 確定値）」より）

3 粒子状物質

　固定発生源から発生する**粒子状物質**（**◯**P.104参照）には，物の粉砕その他の機械的処理または堆積に伴って発生・飛散する**粉じん**と，燃焼または熱源としての電気の使用に伴って生じる**ばいじん**（すす，石炭の燃焼残渣の灰など）があります。

■固定発生源からのばいじん排出量内訳

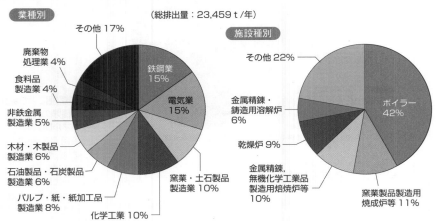

（環境省「大気汚染物質排出量総合調査（令和2年度実績 確定値）」より）

4 石綿（特定粉じん）

　石綿は**アスベスト**ともよばれ，天然に産出する繊維状のけい酸塩鉱物のうち，6種類の鉱物をいいます。天然では岩塊状または層状ですが，層状の石綿塊を解綿すると直径$0.18 \sim 0.29 \mu\mathrm{m}$の絹糸状の光沢がある綿状になります。

　日本で使用されてきた石綿はクリソタイルが圧倒的に多く，次いでアモサイト，クロシドライトです。アモサイトとクロシドライトは，クリソタイルと比べて中皮腫発生の危険度が高いとされています。2006（平成18）年からは，石綿および石綿を0.1wt%（重量%）超えて含有する物について，その製造・輸入・使用等が禁止されています。

5 有害物質

　大気汚染防止法では，硫黄酸化物・ばいじん・有害物質の3つを「ばい煙」として規制しています。政令で定めている有害物質ごとにその発生源をまとめておきましょう。

有害物質	発生源の例
カドミウム およびその化合物	● 亜鉛製錬用焼結炉，焙焼炉，溶解炉 ● 合金，はんだ製造 ● カドミウム顔料製造，使用工程
塩素および塩化水素	● 塩素ガス製造，処理 ● 鉄鋼塩酸洗い工程 ● 無機塩素化合物製造工程 ● 塩素化炭化水素の製造，処理工程
ふっ素，ふっ化水素 および四ふっ化けい素	● アルミニウム製錬用溶解炉 ● りん酸系肥料製造工程 ● ガラス溶解炉 ● 有機ふっ素化合物製造
鉛およびその化合物	● 鉛製錬用焼結炉，溶解炉，電気炉 ● クリスタルガラス溶解炉 ● 陶磁器焼成炉
窒素酸化物	● ボイラー等各種燃焼装置 ● ディーゼル機関 ● 窯業製品製造用焼成炉

補足

2
大気汚染の現状と発生機構

**石綿とされる
6種類の鉱物**
〈蛇紋石族〉
　クリソタイル
〈角閃石族〉
　クロシドライト
　アモサイト
　アンソフィライト
　トレモライト
　アクチノライト

石綿の含有量
● 石綿製品
　　…40 ～ 100%
● 石綿セメント製品
　　…5 ～ 35%程度

製品別の石綿消費量
石綿スレートがおよそ4分の3を占め，次いで押出石綿セメント製品，ブレーキライニング等となっています。

石綿
⇨ P.75，P.232参照

6　有害大気汚染物質

　優先取組物質として指定されている23種類の物質のうち，ベンゼンなど4物質には環境基準，アクリロニトリルなど11物質には指針値が設定されています（○P.70参照）。また，環境基準，指針値ともに設定されていない残り8物質は次の通りです。

> クロムおよび三価クロム化合物，六価クロム化合物，酸化エチレン，トルエン，ベリリウムおよびその化合物，ベンゾ[a]ピレン，ホルムアルデヒド，ダイオキシン類*
> *ダイオキシン類対策特別措置法に基づき対応しています

7　揮発性有機化合物（VOC）

　揮発性有機化合物（VOC）とは，揮発性を有し，大気中で気体状となる有機化合物の総称であり，トルエン，キシレン，酢酸エチル，ベンゼンなど多種多様な物質が含まれます。光化学オキシダントや浮遊粒子状物質の生成原因の一つとされており，発生源別の割合は，固定発生源9割，移動発生源1割となっています。自動車からの炭化水素の排出規制が強化されたほか，吹付塗装施設，印刷用乾燥施設，工業製品の洗浄施設，ガソリン等貯蔵タンクその他の一定規模以上の施設に対する排出濃度規制が実施されています。ほかにもVOCの固定発生源として，コークス炉やクリーニング施設などが挙げられます。

8　事故時の措置と「特定物質」

　大気汚染防止法では，事故が発生し，ばい煙や「特定物質」が多量に排出された場合には，排出者は直ちに応急措置を講じ復旧に努めるとともに，事故状況を都道府県知事に通報しなければならないとしています。**特定物質**とは，物の合成・分解等の化学的処理に伴い発生する物質のうち，人の健康または生活環境に係る被害が生じるおそれのある物質とされ，次の28物質を指定しています（○P.271参照）。

> アンモニア，ふっ化水素，シアン化水素，一酸化炭素，ホルムアルデヒド，メタノール，硫化水素，りん化水素，塩化水素，二酸化窒素，アクロレイン，二酸化硫黄，塩素，二硫化炭素，ベンゼン，ピリジン，フェノール，硫酸（三酸化硫黄を含む），ふっ化けい素，ホスゲン，二酸化セレン，クロルスルホン酸，黄りん，三塩化りん，臭素，ニッケルカルボニル，五塩化りん，メルカプタン

9 固定発生源の種類

固定発生源の種類ごとに，排出される大気汚染物質をまとめておきましょう。

固定発生源	排出される大気汚染物質の例
ボイラー	ばいじん，窒素酸化物，一酸化炭素，二酸化硫黄，炭化水素類
ごみ焼却炉	ばいじん，窒素酸化物，一酸化炭素，塩化水素，炭化水素類
汚泥焼却炉	ばいじん，窒素酸化物，一酸化炭素，炭化水素類
産業廃棄物焼却炉	各種の汚染物質
小型焼却炉	ばいじん，一酸化炭素，炭化水素類
溶鉱炉	一酸化炭素，二酸化炭素，水素
コークス炉	ばいじん，一酸化炭素，二酸化硫黄，ベンゼン等の揮発性有機化合物
電気炉	ばいじん，窒素酸化物，二酸化炭素
焼成炉（セメントキルン）	ばいじん，窒素酸化物，一酸化炭素
塗装施設	トルエン・キシレン・酢酸エチル・メチルイソブチルケトン等の揮発性有機化合物
印刷施設	トルエン・キシレン・酢酸エチル・アルコール類（イソプロピルアルコール等）といった揮発性有機化合物
めっきなどのための金属表面の洗浄施設	ジクロロメタン・トリクロロエチレン・テトラクロロエチレン等の揮発性有機化合物
給油所	ガソリン，原油等に含まれる揮発性有機化合物
クリーニング施設	石油系ターペン，テトラクロロエチレン，n-デカン，1,1,1-トリクロロエタン，CFC-113

補足

ごみ焼却炉
ストーカー方式，流動層方式，ガス化溶融方式などの焼却方式があります。また，多くの施設ではダイオキシン対策として，電気集じん機をバグフィルターに変更し，ダイオキシン類の捕集効率を高めています。

塩化水素の発生
ごみの中に存在するプラスチックに含まれている塩化ビニル，塩化ビニリデンによって，焼却時に塩化水素ガスが発生します。

2 大気汚染の現状と発生機構

問1

難　中　易

有害物質とその発生源の組合せとして，誤っているものはどれか。

　（有害物質）　　　　　　　　（発生源）
(1) カドミウム　　　　　　亜鉛製錬用焙焼炉
(2) 塩化水素　　　　　　　セメント焼成炉
(3) ふっ化水素　　　　　　アルミニウム製錬用溶解炉
(4) 鉛　　　　　　　　　　クリスタルガラス溶解炉
(5) 窒素酸化物　　　　　　ディーゼル機関

解説

(2) 塩化水素は，P97の表に掲げた発生源のほかに，ごみの中に存在するプラスチックに含まれる塩化ビニル，塩化ビニリデンの焼却によって発生します。セメント焼成炉は発生源として誤りです。

解答 (2)

問2

難　中　易

大気汚染防止法に定める揮発性有機化合物（VOC）に関する記述として，誤っているものはどれか。
(1) 大気中に排出され，又は飛散したときに気体である有機化合物（政令に定めるものを除く。）である。
(2) 浮遊粒子状物質及び光化学オキシダントの生成原因の一つとなる。
(3) 総排出量に占める割合は，固定発生源6割，移動発生源4割となっている。
(4) 固定発生源としては，洗浄施設，吹付塗装施設，印刷用乾燥施設などがある。
(5) 大規模排出施設に対する排出濃度規制が施行されている。

解説

(3) 主な移動発生源である自動車の排ガス規制の強化などによって，総排出量に占める割合は，固定発生源9割，移動発生源1割となっています。
このほかの肢は，すべて正しい記述です。

解答 (3)

2

問3　　　　　　　　　　　　　　　　　　　難 ｜ 中 ｜ 易

　大気汚染防止法で特定物質に指定されていない大気汚染物質はどれか。

(1) アンモニア

(2) 塩化水素

(3) ホルムアルデヒド

(4) 一酸化窒素

(5) ふっ化水素

解説

(4) 事故が発生し，多量に排出された場合に応急措置等を講じることとされている「特定物質」として28の物質が指定されていますが，この中に一酸化窒素は含まれていません。

解答（4）

問4　　　　　　　　　　　　　　　　　　　難 ｜ 中 ｜ 易

　発生源とそこから排出される特徴的な大気汚染物質の組合せとして，誤っているものはどれか。

	（発生源）	（大気汚染物質）
(1)	ごみ焼却炉	塩化水素
(2)	ボイラー	窒素酸化物
(3)	塗装施設	トルエン
(4)	金属表面などの洗浄施設	キシレン
(5)	クリーニング施設	テトラクロロエチレン

解説

(4) 金属表面などの洗浄施設では，洗浄剤として，ジクロロメタン，トリクロロエチレン，テトラクロロエチレンなどの有機塩素系の脱脂剤が使われます。キシレンは使われません。

解答（4）

3 大気汚染による影響と防止対策

まとめ & 丸暗記

● この節の学習内容のまとめ ●

□ **人の健康への影響**
- 二酸化硫黄（SO_2）…上部気道（鼻粘膜～気管支）に影響する
- 二酸化窒素（NO_2）…下部気道（肺胞など）に影響する
- 一酸化炭素（CO）……中枢神経（特に大脳）や心筋に影響する
- 粒子状物質

> - 気道への沈着率は，粒子径や呼吸数，安静時か運動時か，口呼吸か鼻呼吸かによって差がみられる
> - 粒子径0.05～2μmでは，気管・気管支領域への沈着率が低い
> - 微小粒子（PM2.5）には，気道傷害性物質が多く含まれている
> - 呼吸器系だけでなく，心臓血管系の疾患にも影響を及ぼす

□ **植物等への影響**
- 植物に対する大気汚染物質の毒性の強弱

比較的強い	中程度	比較的弱い
● ふっ化水素 ● オゾン，PAN　等	● 二酸化硫黄 ● 二酸化窒素　等	● 一酸化炭素 ● 塩化水素　等

- 汚染物質による植物葉の被害症状の特徴

ふっ化水素	葉の先端や周縁部分のクロロシス症状
オゾン	葉の表面に小斑点や漂白斑点
PAN	葉の裏面が金属光沢化（銀灰色～青銅色）

□ **大気汚染防止の施策（発生源対策）**
- 硫黄酸化物（SOx）…輸入燃料の低硫黄化，排煙脱硫装置
- 窒素酸化物（NOx）…低NOx燃焼技術，排煙脱硝装置

人の健康への影響

1 SO₂, NO₂, CO

①SO₂（二酸化硫黄）

　SO₂は水に溶けやすいため，上部気道（鼻粘膜，咽頭，喉頭，気管，気管支）で吸収されやすく，これらの部位を刺激します。ただし，微細粒子が共存する場合は，粒子にSO₂が吸着して肺胞などの下部気道に到達します。

　生体に吸収されたSO₂のほとんどは，肝臓で解毒され，硫酸塩となって尿中に排泄されます。

②NO₂（二酸化窒素）

　NO₂はSO₂と比べると，水に対して緩慢な可溶性を示すため，下部気道まで侵入しやすく，終末細気管支から肺胞にかけて影響を及ぼします。NO₂は細胞膜の不飽和脂質を急速に酸化し，過酸化脂質を形成します。この過酸化脂質による細胞膜の傷害が，NO₂による影響の基本とされています。また，NO₂の暴露により，気管支ぜん息患者で気道収縮剤に対する気道反応性の亢進や，ダニ・アレルゲンに対する気道反応性を増強する可能性が指摘されています。

③CO（一酸化炭素）

　吸入されたCOは，肺胞で酸素を運搬するヘモグロビン（Hb）と強く結合し，CO-Hbを形成します。COとHbの結合力は，酸素とHbの結合力の200～300倍であるため，吸入空気中にCOが存在するとO₂-Hbが減少してしまいます。このため，組織への酸素供給不足が生じ，酸素の不足に最も敏感な中枢神経（特に大脳）や心筋が影響を受けます。

2 光化学オキシダント

　光化学オキシダントの90％以上を占めるオゾンは，その生態影響の機構や影響像がNO₂と極めて類似しています。また，パーオキシアセチルナイトレート（PAN）は眼結

四日市ぜん息

1961（昭和36）年ごろから三重県四日市市の石油関連産業の発展に伴い，ぜん息様症状の有症率が増加し，SO₂との関連が問題となりました。

COの生体内での形成

COは生体内でも形成され，CO-Hbは0.1～1％程度あります。喫煙者は，タバコ煙中のCOの吸入により高濃度のCO-Hbがしばしば検出されます。

光化学スモッグ事件

1970（昭和45）年，東京都などで，運動中の中高生が咽頭粘膜の刺激症状，せき，頭痛，しびれ等を訴え，一部には高度の呼吸困難やけいれん，意識障害がみられました。

気道刺激症状はオゾンで説明が可能ですが，けいれんや意識障害などの重症例については原因不明とされています。

膜刺激物質です。光化学オキシダント濃度が上昇すると，眼刺激や気道刺激など
の症状の有訴率が増加します。

3 粒子状物質

　粒子状物質の生体影響は，濃度のほか，粒子の化学的性質や粒子径で決まり，
気道への沈着率も，粒子径や呼吸数によって異なります。粒子径がおよそ0.05〜
2μmの範囲において，気管・気管支領域への沈着率は低くなり，0.05μm以下ま
たは2μm以上になると増加します。また，安静時か運動時（安静時よりも呼吸
数が増加）か，口呼吸か鼻呼吸かによっても差がみられます。

　沈着した粒子は，気道壁にある線毛の運動によって気道分泌物とともに咽頭の
ほうに運ばれ，たんとなって吐き出されるなどしますが，オゾン，NO2，SO2な
どの気道刺激性ガスの濃度が一定以上になると，線毛運動を抑制したり，線毛を
脱落させたりして，気道の清浄機能を害します。線毛のない肺胞内に沈着した粒
子は，貪食細胞（細菌や異物を摂取する細胞）に捕食されたり，残留粒子として
肺組織内に侵入し，じん肺などの病変を起こしたりします。

　浮遊粒子状物質（SPM）は粒子径10μm以下（PM10と表す）とされていますが，
さらに小さい2.5μm以下の粒子を微小粒子（PM2.5）といいます。微小粒子には
硫酸塩，硝酸塩，元素状炭素などの気道傷害性物質が多く含まれ，また，気道へ
の沈着率も高いため，肺への影響が強くなります。気道傷害性物質を多く含む
PMは，呼吸器系への傷害のみならず，心臓血管系の疾患にも影響を及ぼす可能
性を示す証拠が蓄積されています。呼吸器疾患や心臓血管系の疾患に罹患してい
る高齢者や小児は，特に影響を受けやすいと考えられます。

4 有害大気汚染物質

　主な有害大気汚染物質について，その健康影響をまとめておきましょう。

ベンゼン	● 人に対する発がん性（白血病等）を確認
トリクロロエチレン	● 動物実験で発がん性を確認 ● 中枢神経障害，肝臓・腎臓障害　等
テトラクロロエチレン	● 動物実験で発がん性を確認 ● 中枢神経障害，肝臓・腎臓障害　等
ジクロロメタン	● 動物実験で発がん性を確認 ● 中枢神経障害，生殖毒性の可能性　等
アクリロニトリル	● 動物実験で発がん性を確認 ● 皮膚・粘膜刺激作用，肝臓障害　等
塩化ビニルモノマー	● 人に対する発がん性（肝血管肉腫等）を確認 ● 門脈圧亢進，指端骨溶解症　等
水銀およびその化合物	● 水銀蒸気では，呼吸器系や尿細管の障害，神経障害　等 ● 化学種により，毒性や標的臓器が異なる

汚染ガスとの相互作用
肺機能への影響を調べた動物実験において，エーロゾルとSO_2を吸入させると，単独より両者混合吸入のほうが強い反応を示すことなどから，粒子状物質と汚染ガスの相互作用が重要であることがわかります。

石綿の健康影響
石綿暴露作業に長期間従事すると，肺がんのほか，中皮腫（胸膜や腹膜等にできる悪性の腫瘍）などの発生の危険度が高まります。

3
大気汚染による影響と防止対策

チャレンジ問題

問1　　　　　　　　　　　　　　　　　　　難　中　易

　大気汚染物質の生体影響に関する記述として，正しいものはどれか。

(1) 二酸化硫黄は，二酸化窒素よりも肺胞に影響を与えやすい。

(2) 二酸化硫黄は，細胞膜の不飽和脂質を酸化し，過酸化脂質を形成しやすい。

(3) 一酸化炭素は，大脳や心筋に影響を与えない。

(4) 二酸化窒素は，気道反応性を高める可能性がある。

(5) 二酸化窒素の生体影響は，一酸化炭素に類似している。

解説

(1) 気道内は通常100％加湿されているため，水に対する可溶性の高い二酸化硫黄は鼻腔・咽頭・喉頭・気管など上部気道壁で摂取されます。肺胞などの下部気道に影響を与えやすいのは，水に対して緩慢な可溶性を示す二酸化窒素のほうです。

(2) これは二酸化硫黄ではなく，二酸化窒素の性質です。

(3) 一酸化炭素が存在するとO_2-Hbが減少するため，酸素不足に最も敏感な大脳や心筋は影響を受けます。

(5) 二酸化窒素の生体影響に類似しているのは，一酸化炭素ではなくオゾンです。

解答　(4)

　大気中の粒子状物質が呼吸に伴って吸入されたときの動態と生体への影響に関する記述として，誤っているものはどれか。

(1) 口呼吸では，0.05 ～ 2 μmの粒子は，それよりも粒径の小さな粒子に比べて，気管気管支領域への沈着率が低い。

(2) 微小粒子（PM2.5）には，硫酸塩や硝酸塩，元素状炭素など気道傷害性物質が多く含まれる。

(3) 肺胞領域に沈着した粒子は，肺胞上皮の線毛運動によって呼吸器外へ排出される。

(4) 生体への影響を評価する上で，共存する汚染ガスとの相互作用は重要である。

(5) 心臓血管系疾患に罹患している高齢者は，生体影響を受けやすいと考えられている。

解説

(3) 線毛のない肺胞内に沈着した粒子は，貪食細胞に捕食されたり残留粒子として肺組織内に侵入したりします。線毛運動で排出されるというのは誤りです。

このほかの肢は，すべて正しい記述です。

解答　(3)

植物等への影響

1 植物毒性の強弱

　植物に対する大気汚染物質の毒性は，汚染物質の種類によって異なりますが，その強弱は人間と植物では必ずしも一致しません。例えば，人への影響がよく問題となる窒素酸化物（NOx）や一酸化炭素（CO）は，植物には感受性の低い物質です。一方，低濃度では人体にほとんど影響のないふっ化水素（HF）やエチレンは，植物にとっては感受性が高く，大きな被害をもたらすことがあります。

　植物に対する毒性の強弱に基づいて大気汚染物質を類別すると，以下のようになります。

毒性の強弱	植物被害が発生する大気中濃度	大気汚染物質
比較的強い	数ppb ～数十ppb	ふっ化水素，四ふっ化けい素，エチレン，塩素，オゾン，PAN　等
中程度	数百ppb ～数ppm	二酸化硫黄，三酸化硫黄，二酸化窒素，一酸化窒素，硫酸ミスト　等
比較的弱い	数十ppm ～数千ppm	ホルムアルデヒド，塩化水素，アンモニア，硫化水素，一酸化炭素　等

2 汚染物質ごとの被害の特徴

①ふっ化水素（HF）

　ふっ化水素の吸収量が一定の限界を超えると，葉の先端や周縁部分が油浸状となり，クロロシスの症状をみせます。被害部分と健全な部分との境目がやや濃い褐色を帯びるのが特徴です。被害が進むと，葉の先端・周縁枯死などのネクロシス症状を呈します。

被害を受けやすい植物の例
● **ふっ化水素の被害**
　グラジオラス
　ソバ
　サクラ
● **オゾンの被害**
　タバコ
　アルファルファ
　オオムギ
● **SO₂の被害**
　アルファルファ
　オオムギ
　ワタ

クロロシス
植物の葉が，黄白化する症状をいいます。

ネクロシス
細胞や組織の一部分が壊死してしまうことをいいます。

②エチレン

エチレンは植物ホルモンであるため，果実の成熟や開花の促進，落果・落葉，花弁やがく片のしおれ・退色，根の伸長阻害，葉の上偏成長（成長が上側に偏ること）など，さまざまな特異的な生理作用を及ぼします。例えば，0.05ppmのエチレンを6時間にわたり暴露すると，カーネーションは正常な開花ができなくなり，カトレアのがく片は異常となってしおれます。

③塩素

葉の気孔から吸収された塩素の強い酸化作用によって葉緑素が分解され，葉の先端や周縁にクロロシスを生じ，その後，葉面全体に広がります。塩素が高濃度の場合は，急性症状としてネクロシスも生じます。

④オゾン

被害が軽いときは，葉の表面に小斑点や漂白斑点などが生じ，かすり状を呈します。被害が重くなると，葉内の柵状組織（葉の表側の表皮細胞の下側）が崩壊し，黄白色から褐色の不規則なそばかす状のしみ（fleck）を生じます。

⑤パーオキシアセチルナイトレート（PAN）

PANによる被害はオゾンとは異なり，葉の裏面近くの海綿状組織に発現しやすく，葉の裏面が金属光沢化して，銀灰色または青銅色を呈します。

⑥SO_2，NO_2

SO_2やNO_2による被害の特徴は，葉脈間に斑点状のクロロシスやネクロシスを生じることです。NO_2の毒性は，SO_2に比べて低いとされています。

■**各種汚染物質による植物葉の被害症状**

| 先端や周縁の
黄色・褐色変 | 葉脈間斑点 | 表面小斑点 | 裏面光沢化
銀灰色～青銅色変 |

3　動物・器物に対する影響

①動物に対する影響の例

　ふっ素化合物，SO_2などの汚染物質がクワの葉に吸収され，それを食べたカイコが異常を呈し，養蚕農家が被害を受けるといった例があります。

　また，ウシのような反芻動物は，ふっ素（$30 \sim 50ppm$）を含む汚染飼料を長期間与えられると，歯や骨が変化し，ふっ素中毒症を起こします。

②器物に対する影響の例

　ゴム製品は，オゾンの強い酸化力によってひび割れなどの損傷を起こしやすいことで知られています。

　また，金属，石灰岩（大理石），砂岩などで作られた彫刻や仏像などの文化財，歴史的建造物などは，長期間にわたり硫黄酸化物や酸性雨などの酸性降下物によって侵されると，腐食し，損傷する危険があります。

補足

ふっ素による影響の例
一定量以上のふっ素を含むクワの葉を食べたカイコは，発育不良となり，まゆを作らなくなります。

3

大気汚染による影響と防止対策

チャレンジ問題

問1　　　　　　　　　　　　　　　難　中　易

　大気汚染物質の植物に対する毒性の強さの順に左から並べたとき，正しいものはどれか。

(1) SO_2 ＞ HF ＞ CO

(2) SO_2 ＞ CO ＞ HF

(3) CO ＞ HF ＞ SO_2

(4) HF ＞ CO ＞ SO_2

(5) HF ＞ SO_2 ＞ CO

解説

ふっ化水素（HF）は毒性が強く，大気中濃度が数ppb〜数十ppbで植物被害を発生させます。次いで，二酸化硫黄（SO_2）が中程度の毒性，一酸化炭素（CO）は比較的毒性の弱い物質に分類されています。

解答　(5)

問2

　大気汚染物質による植物，器物などへの影響に関する記述として，誤っているものはどれか。

(1) オゾンは，葉に小斑点，漂白斑点などを発生させる。

(2) ふっ化水素は，葉の先端・周縁枯死を起こす。

(3) 塩素は，葉裏面の金属色光沢現象を起こす。

(4) オゾンは，ゴム製品のひび割れを起こす。

(5) 酸性降下物は，金属，石灰岩，砂岩などでつくられた文化財などの損傷を起こす。

解説

(3) 塩素の場合，葉の先端や周縁にクロロシスを生じ，やがて葉面全体に広がります。葉の裏面に金属色光沢現象を起こすのはPANです。

このほかの肢は，すべて正しい記述です。

解答　(3)

大気汚染防止の施策

1　ばい煙発生施設

　ここでは，ばい煙発生施設から排出される硫黄酸化物（SOx）と窒素酸化物（NOx）に対する規制や発生源対策について学習します。2021（令和3）年度末現在，ばい煙発生施設数は216,304施設で，最も多いのはボイラーの130,166施設（60.2％）となっています。

■種類別のばい煙発生施設数の割合

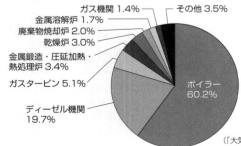

ガス機関 1.4%　その他 3.5%
金属溶解炉 1.7%
廃棄物焼却炉 2.0%
乾燥炉 3.0%
金属鍛造・圧延加熱・熱処理炉 3.4%
ガスタービン 5.1%
ディーゼル機関 19.7%
ボイラー 60.2%

（「大気汚染防止法施行状況調査（令和3年度実績）」より）

2 硫黄酸化物（SOx）対策

①排出規制

　SOxの排出規制は，**施設単位**で排出基準を設定する方法が基本です。この施設単位の排出基準は**K値規制**とよばれ，有効煙突の高さに応じて排出量の許容量が定められています。Kの値が小さいほど厳しい基準となります。

　また，工場・事業場が集合している地域で，施設単位の排出基準だけでは環境基準の確保が困難な地域においては，工場単位で**総量規制基準**を定める方法が併用されています。さらに，暖房等の中小煙源のために季節的な高濃度汚染を生じる地域のばい煙発生施設および総量規制指定地域では，総量規制基準の適用されない小規模な工場・事業場に対して，石油系燃料の硫黄含有率に係る**燃料使用基準**が定められます。

②発生源対策

　石油系燃料の低硫黄化や，LNG（液化天然ガス）・LPG（液化石油ガス）といったほとんど硫黄を含有しない燃料の輸入を拡大するなど，**輸入燃料の低硫黄化**が進められています。

　また，**排煙脱硫装置**が1970（昭和45）年から実用稼働を開始し，2002（平成14）年度末には設置基数2,077基，総処理能力は約2億900万㎥N/hとなっています。排煙脱硫の方式は，大きく湿式と乾式に分けられますが，わが国では湿式（石灰スラリー吸収法）が主流です。

3 窒素酸化物（NOx）対策

①排出規制

　ばい煙発生施設ごとに燃焼条件等が異なり，NOxの発生特性が違うことから，NOxの排出基準は**施設の種類**ごとに定められています。また，1981（昭和56）年にNOxが総量規制対象物質とされ，3つの地域（東京都特別区等地域，横浜市等地域，大阪市等地域）が総量規制地域とし

K値規制
Kの値は，1968（昭和43）年の第1次規制から段階的に改定強化が行われ，現在では3.0〜17.5の16ランクに分かれています。

**SOxの
総量規制指定地域**
市原等（千葉県），東京特別区等，横浜・川崎等（神奈川県），名古屋・東海等（愛知県）など，計24地域が指定されています。

排煙脱硫の方法
● **湿式**
アルカリなどの水溶液を吸収剤としてSOxを吸収させる方式
● **乾式**
固体状の石灰石または活性炭などにSOxを吸着・吸収させる方式

て指定されました。

②発生源対策

　燃焼方法を改善してNOxの発生を抑制するため，二段燃焼，低NOxバーナー，排ガス再循環燃焼などの低NOx燃焼技術が多くの施設で採用されています。

　また，排煙中のNOxを除去する排煙脱硝装置については，2002（平成14）年度末の設置基数が1,765基，総処理能力は約3億8,000万㎥N/hとなっています。排煙脱硝の方式にも湿式と乾式がありますが，アンモニア接触還元法など，アンモニアや尿素を反応剤として用いる乾式選択接触還元法が主流となっています。

チャレンジ問題

問1　　　　　　　　　　　　　　　　　　　　　　　難　中　**易**

　我が国における大気汚染対策に関する記述として，誤っているものはどれか。

(1) ばい煙発生施設数としては，ボイラーが最も多い。

(2) 硫黄酸化物対策の一つとして，燃料の低硫黄化が実施されている。

(3) 窒素酸化物対策の一つとして，低NOx燃焼技術が採用されている。

(4) 排煙脱硝技術として，アンモニア接触還元法などがある。

(5) 現在，排煙脱硫装置の排ガス処理能力（㎥N/h）の合計は，排煙脱硝装置のそれより多い。

解説

(5) 排ガス処理能力（㎥N/h）の合計は，2002（平成14）年度末で排煙脱硫装置が約2億900万㎥N/h（2,077基），排煙脱硝装置は約3億8,000万㎥N/h（1,765基）であり，排煙脱硫装置のほうが少ないといえます。

このほかの肢は，すべて正しい記述です。

解答　(5)

第3章

大気特論

1 燃料

まとめ & 丸暗記 ● この節の学習内容のまとめ ●

□ **気体燃料の主な種類とその成分など**

天然ガス	乾性	ほとんどがメタン（約95%）
	湿性	メタン（約75%）のほか，プロパンなど
液化石油ガス（LPG）		プロパン，プロピレン，ブタン，ブチレン
石炭ガス類		コークス炉ガス，高炉ガスなど

□ **高発熱量の大きさ　メタン＜エタン＜プロピレン＜プロパン**

□ **液体燃料ごとの分類の仕方**

重　油	動粘度により，1種（A重油）～3種（C重油）
軽　油	流動点により，特1号などの5種類
灯　油	用途により，1号（白灯油）と2号（茶灯油）
ガソリン	オクタン価により，1号と2号

□ **重油の動粘度と引火点**

	1種（A重油）	～	3種（C重油）
動粘度・引火点	低い	←——→	高い

□ **石炭の発熱量と燃料比**

	無煙炭	～	歴青炭	～	褐炭
石炭化度	高い	←——→			低い
発熱量・燃料比	大きい	←——→			小さい

気体燃料

1 天然ガス

地下から産出される可燃性ガスです。炭化水素を主成分とし，性状によって乾性と湿性に大別されます。

①乾性天然ガス

ほとんどメタンからなり（約95%），多少の二酸化炭素（CO_2）を含みます。高発熱量は約40MJ/m^3_Nです。

②湿性天然ガス

メタン（約75%）のほかに，エタン，プロパン，ブタンなどを含みます。高発熱量は約50MJ/m^3_Nです。

プロパンやブタンは常温で加圧すると液化するため，これらの液状分を含まない天然ガスを「乾性」，含む天然ガスを「湿性」とよびます。気体の天然ガスを$-162℃$以下に冷却して液化したものは液化天然ガス（LNG）といいます。

湿性天然ガスのほうが乾性天然ガスより高発熱量が大きいのは，含まれている成分の違いによります。気体燃料中の主な成分ごとの高発熱量をみておきましょう。

成　分	分子式	高発熱量（MJ/m^3_N）
メタン	CH_4	39.8
エタン	C_2H_6	70.7
プロパン	C_3H_8	101.3
エチレン	C_2H_4	62.4
プロピレン	C_3H_6	92.5
一酸化炭素	CO	12.7
水素	H_2	12.8

湿性天然ガスには，高発熱量がメタンより大きいエタンやプロパンが含まれているため，乾性天然ガスよりも高発熱量が大きくなります。

2 液化石油ガス（LPG）

常温で加圧すると容易に液化する石油系炭化水素をい

い，一般に**LPG**と略します。プロパン，プロピレン，ブタン，ブチレンを主成分としており，以下の種類があります。

種　類		主な組成（mol%）			主な用途
		エタン+エチレン	プロパン+プロピレン	ブタン+ブチレン	
1種	1号	5以下	80以上	20以下	家庭用燃料
	2号		60以上80未満	40以下	業務用燃料
	3号		60未満	30以上	
2種	1号	−	90以上	10以下	工業用燃料・原料
	2号		50以上90未満	50以下	自動車用燃料
	3号		50未満	50以上90未満	
	4号		10以下	90以上	

3　石炭ガス類

　石炭を乾留する際に得られるガスを総称して**石炭ガス**といいます。このうち，コークス炉で製造するものを**コークス炉ガス**といい，水素，メタン，一酸化炭素を多く含みます。高発熱量は約20MJ/m^3_Nです。

　また，製鉄用高炉から副生するガスを**高炉ガス**といいます。窒素が50%程度で，一酸化炭素や二酸化炭素を含みます（メタンは含まない）。ダストが多く，高発熱量は3MJ/m^3_N程度です。

チャレンジ問題

問1　　　　　　　　　　　　　　　　　　　　　　　難　中　**易**

水素，メタン及び一酸化炭素を多く含む気体燃料はどれか。

(1) コークス炉ガス　　(2) 高炉ガス　　(3) 乾性天然ガス
(4) 湿性天然ガス　　(5) LPG

解説

(1) コークス炉ガスは，水素，メタン，一酸化炭素を多く含んでいます。
(2) 高炉ガスは一酸化炭素を含んでいますが，メタンは含みません。
(3) 乾性天然ガスは，水素や一酸化炭素を含みません。
(4) 湿性天然ガスは，水素や一酸化炭素を含みません。
(5) LPGは，水素，メタン，一酸化炭素のいずれも含みません。

解答（1）

液体燃料

1 重油

　重油は，主に内燃機関やボイラーなどの燃料として用いられています。JIS（日本工業規格）では，動粘度によって1種（A重油），2種（B重油），3種（C重油）の3種類に分類しています。動粘度とは，流体の粘度と密度との比であり，石油製品の分類や選定基準の重要な要素とされています。

種　類	動粘度 (㎜²/s)	引火点 (℃)	残量炭素分 (質量%)	硫黄分 (質量%)
1種（A重油）	20以下	60以上	4以下	2.0以下
2種（B重油）	50以下		8以下	3.0以下
3種（C重油）	1000以下	70以上	－	3.5以下

①粘度

　送油や燃焼の際のバーナーにおける噴霧性状に影響します。粘度は温度の上昇とともに低下するため，必要に応じて加熱します。また，粘度の低いものほど低沸点炭化水素を多く含みます。

②密度

　密度が大きいほど，粘度や残留炭素分含有率などが高くなり，一般に燃焼性が悪くなります。

③引火点

　引火性の液体の蒸気が空気と混合し，可燃性ガスを生じる最低温度を引火点といいます。一般に引火点が低いほど火災の危険が大きくなります。逆に，引火点が高いと着火が困難になります。

④残留炭素

　空気が十分供給されない所で重油を加熱すると，乾留を受けて炭素分が凝着します。これを残留炭素といいます。残留炭素の多いものほど粘度が高くなり，良質の重油とはいえません。

補足

乾留
空気を遮断して物質を高温で加熱し，分解する操作をいいます。

動粘度
粘性流体の運動は流体の粘度そのものではなく，粘度（η）と密度（ρ）との比（$\nu = \eta / \rho$）に支配されます。このνを動粘度といいます。単位には㎜²/sまたはcSt（センチストークス）を用います。

硫黄分
通常は硫黄分が多いものほど粘度も高くなります。なお，硫黄化合物が完全燃焼するとSO_2を生じます。

1 燃料

2 軽油

軽油は，主にディーゼル機関などの内燃機関燃料として用いられています。JISでは流動点によって，特1号，1号，2号，3号，特3号の5種類に分類しています。流動点とは，軽油が固まって，パイプなどの中を流れなくなる温度のことです。

種類	流動点 （℃）	引火点 （℃）	セタン指数 （セタン価）	動粘度 （mm²/s）	硫黄分 （質量%）
特1号	+5以下	50以上	50以上	2.7以上	0.0010以下
1号	−2.5以下				
2号	−7.5以下	45以上	45以上	2.5以上	
3号	−20以下			2.0以上	
特3号	−30以下			1.7以上	

セタン指数（またはセタン価）とは，軽油の着火性を表す指標であり，これが高いほど自己着火しやすく，燃料として良い軽油であるといえます。

また，軽油中の硫黄分が0.0010質量%（10ppm）以下と規定されていることも確認しておきましょう。

3 灯油

灯油は，用途によって，1号，2号の2種類に分類されています。

種　類	用　途	引火点 （℃）	煙点 （mm）	硫黄分 （質量%）
1号 （白灯油）	灯火用，暖房用・厨房用燃料，燃料電池用	40以上	23以上	0.008以下
2号 （茶灯油）	石油発動機用燃料，溶剤および洗浄用		−	0.50以下

①1号灯油

燃焼ガスを室内に放出する場合が多いため，十分に精製することが要求されます。この種の灯油は白灯油とよばれます。

②2号灯油

動力用に用いられる燃料であり，精製度は1号灯油より低く，黄色を帯びています。この種の灯油は茶灯油とよばれます。

煙点とは，煙が出ない灯芯の長さを示すものです。1号灯油には煙点の規格がありますが，2号灯油にはありません。

4 ガソリン

ガソリンは，自動車や航空機の燃料として用いられています。JISでは，自動車用ガソリンをオクタン価によって1号と2号に分類しています。オクタン価とは，火花着火式エンジン用燃料のアンチノック性を表す尺度であり，オクタン価が高いほどエンジン内でノッキング（エンジン内で生じる異常燃焼）が起きにくくなります。

ガソリンは石油製品のうち最も軽質のものであり，密度は0.72 ～ 0.76 g/cm³の範囲です。また，沸点の範囲は大体30 ～ 200℃です。軽油，灯油と比較してみましょう。

オクタン価
1号（プレミアム・ガソリン）…96以上
2号（レギュラー・ガソリン）…89以上

密度，沸点
軽油，灯油，ガソリンはいずれも純物質ではなく混合物なので，密度や沸点は一定の値をとりません。

	密度（g/cm³）	沸点（℃）
軽 油	0.80 ～ 0.85	200 ～ 350
灯 油	0.78 ～ 0.82	180 ～ 300
ガソリン	0.72 ～ 0.76	30 ～ 200

チャレンジ問題

問1   難 中 **易**

JISにおける液体燃料の規格に関する記述として，誤っているものはどれか。

(1) 自動車用ガソリンは，オクタン価により1号と2号に分類される。

(2) 軽油は，セタン指数（セタン価）により5種類に分類される。

(3) 1号灯油は精製度が高く，白灯油とも呼ばれる。

(4) 重油は，動粘度により1種（A重油），2種（B重油），3種（C重油）に分類される。

(5) 3種重油（C重油）の引火点は，1種重油（A重油）のそれより高い。

解説

軽油は，セタン指数（セタン価）ではなく，流動点によって5種類に分類されています。このほかの肢は，すべて正しい内容です。

解答 (2)

119

固体燃料

1 石炭

石炭は，植物体を根元物質とする，無機物を含んだ複雑な有機化合物です。植物が地中の高温高圧の影響を受けながら，長い時間をかけて石炭に変化していく過程を石炭化といいます。石炭化が進むに従って，可燃分のうち揮発分が減少し，不揮発分（固定炭素）が増大します。石炭化が最も進んだ「無煙炭」の場合，炭素含有量は90％以上になります。

石炭化が進むほど，発熱量，燃料比も増大します。燃料比とは，揮発分に対する固定炭素の比（固定炭素／揮発分）のことです。

	石炭化度	固定炭素	揮発分	発熱量	燃料比	着火温度
無煙炭	高	多	少	大	大	高
歴青炭	↕	↕	↕	↕	↕	↕
亜歴青炭						
褐炭	低	少	多	小	小	低

また，揮発分が少なくなるほど着火しにくくなり，着火温度が高くなります。石炭化が進んだものほど着火温度が高いのはそのためです。

2 コークス

歴青炭など粘結性（高温に加熱すると固結して多孔質の固体となる性質）の強い石炭を約1000℃の高温で乾留して得られる二次燃料をコークスといいます。主成分は炭素であり，揮発分はほとんど含みません。揮発分含有率が低いため，燃焼させても煙を発生しません。

チャレンジ問題

問1   難　中　**易**

液体あるいは固体燃料の性状に関する記述として，誤っているものはどれか。

(1) JISの2号灯油には，煙点の規格がある。

(2) JISでは，軽油の硫黄分は0.0010質量％以下である。

(3) 重油の動粘度は，一般に残留炭素が多いものほど高い。
(4) 石炭は，石炭化が進むにつれて，燃料比が増大する。
(5) 歴青炭の発熱量は，褐炭のそれより大きい。

解説

(1) 1号灯油には煙点の規格がありますが，2号灯油にはありません。
(2) 軽油の硫黄分は0.0010質量%以下と規定されています。
(3) 一般に残留炭素が多いものほど，動粘度は高くなります。
(4) 石炭化が進むに従って燃料比は増大します。
(5) 石炭化が進むに従って発熱量は増大します。歴青炭は褐炭より石炭化度が高いため，発熱量が大きくなります。

解答 (1)

問2　　　　　　難　中　易

燃料性状値の大小の比較として，誤っているものはどれか。

(1) 湿性天然ガスの発熱量（MJ/m^3_N）＞ 乾性天然ガスの発熱量（MJ/m^3_N）
(2) LPG（気体）の発熱量（MJ/m^3_N）＞ LNG（気体）の発熱量（MJ/m^3_N）
(3) 2号灯油（JIS）の硫黄分（質量%）＞ 1号灯油（JIS）の硫黄分（質量%）
(4) 1種重油（JIS）の引火点（℃）＞ 3種重油（JIS）の引火点（℃）
(5) 無煙炭の燃料比 ＞ 歴青炭の燃料比

解説

(1) 湿性天然ガスは，高発熱量の大きいエタンやプロパンが成分に含まれているため，乾性天然ガスより発熱量が大きくなります。
(2) LNG（液化天然ガス）の乾性ガスは約95%がメタンであり，湿性ガスも約75%がメタンから成ります。一方，LPG（液化石油ガス）は，メタンより高発熱量の大きいプロパンやプロピレンなどが主な成分です。このため，LPGのほうがLNGよりも発熱量が大きくなります。
(3) 硫黄分（質量%）は2号灯油が0.50以下，1号灯油は0.008以下です。
(4) 引火点は1種重油が60℃以上，3種重油が70℃以上です。
(5) 石炭化が進むほど燃料比は増大します。無煙炭は歴青炭より石炭化度が高いため，燃料比が大きくなります。

解答 (4)

2 燃焼計算

まとめ&丸暗記

● この節の学習内容のまとめ ●

☐ 燃焼計算の基礎
- 理論空気量（A_0）…燃料単位量を完全燃焼させるために必要な最小の空気量
- 所要空気量（A）　…実際に供給された空気量
- 燃焼ガス量…………燃料単位量当たりの燃焼後の全ガス量
  水蒸気を含めると，湿り燃焼ガス量（G）
  水蒸気を除外すると，乾き燃焼ガス量（G'）

☐ 気体燃料の燃焼計算
- 空気の組成は，酸素21%，窒素79%として扱う
- 燃料の単位体積（$1\mathrm{m}^3_\mathrm{N}$）当たりについて考える
- 燃料ごとの燃焼反応方程式から，完全燃焼に必要な酸素量がわかる
- 燃焼ガス量には，「生成したガス」のほかに「余剰酸素（O_2）」および「反応に関与しない窒素（N_2）」の量が含まれる

☐ 液体・固体燃料の燃焼計算
- 燃料の単位質量（1kg）当たりについて考える
- 燃料中の可燃元素である炭素（C），水素（H），硫黄（S）の燃焼反応を計算の基礎として用いる
- 最大二酸化炭素量（$(CO_2)max$）（%）は，生成した二酸化炭素（CO_2）の量を，理論乾き燃焼ガス量（G_0'）で割ることによって求める
- 高発熱量（H_h）……「燃料中の水分」と「燃焼により生成される水分」の蒸発潜熱を含む燃料単位量当たりの発熱量
- 低発熱量（H_l）……「燃料中の水分」と「燃焼により生成される水分」の蒸発潜熱を高発熱量から差し引いた燃料単位量当たりの発熱量

燃焼計算の基礎

1 燃焼計算とは

燃焼とは，燃料と酸素とが化学反応を起こし，光や熱を発する現象のことをいいます。化学反応であるため，一般の化学反応の原理や法則が適用できます。燃焼計算とは，この法則に従い，燃焼反応系と生成系の間に存在する物質の量的な関係を明らかにすることです。

2 燃焼計算で使う用語

①理論空気量（A_0）

燃料単位量（気体燃料：$1\,m^3_N$，液体・固体燃料： $1\,kg$）を完全燃焼させるために必要な最小の空気量のことです。

②所要空気量（A）

燃料単位量を完全燃焼させるために，実際に供給された空気量のことです。

③空気比（m）

所要空気量（A）と理論空気量（A_0）の比のことです。

$$m = \frac{A}{A_0}, \quad \therefore A = mA_0$$

④湿り燃焼ガス量（G）

燃料単位量当たりの，水蒸気を含めた燃焼後の全ガス量のこと。特に理論空気量で完全燃焼したと仮定した場合には，理論湿り燃焼ガス量（G_0）といいます。

⑤乾き燃焼ガス量（G'）

燃料単位量当たりの，水蒸気を除外した燃焼後の全ガス量のこと。特に理論空気量で完全燃焼したと仮定した場合には，理論乾き燃焼ガス量（G_0'）といいます。

⑥最大二酸化炭素量（$(CO_2)\,max$）

理論空気量で完全燃焼したと仮定したときの乾き燃焼ガス中の二酸化炭素濃度（%）のことです。

完全燃焼
燃料中の炭素，水素，硫黄などの可燃成分が，すべて二酸化炭素，水蒸気，二酸化硫黄等に変換する燃焼をいいます。

所要空気量
燃料を燃焼装置で燃焼させるとき，理論空気量では完全燃焼が困難なため，実際にはより多量の空気（所要空気量）が供給されます。

気体燃料の燃焼計算

1 燃焼に要する空気量

気体燃料を構成する主な単純ガスの燃焼反応方程式は以下のとおりです。

単純ガス	燃焼反応方程式
水素（H_2）	$H_2 + \dfrac{1}{2}O_2 = H_2O$
一酸化炭素（CO）	$CO + \dfrac{1}{2}O_2 = CO_2$
メタン（CH_4）	$CH_4 + 2O_2 = CO_2 + 2H_2O$
エタン（C_2H_6）	$C_2H_6 + \dfrac{7}{2}O_2 = 2CO_2 + 3H_2O$
エチレン（C_2H_4）	$C_2H_4 + 3O_2 = 2CO_2 + 2H_2O$
アセチレン（C_2H_2）	$C_2H_2 + \dfrac{5}{2}O_2 = 2CO_2 + H_2O$
プロパン（C_3H_8）	$C_3H_8 + 5O_2 = 3CO_2 + 4H_2O$
ブタン（C_4H_{10}）	$C_4H_{10} + \dfrac{13}{2}O_2 = 4CO_2 + 5H_2O$
一般炭化水素（C_xH_y）	$C_xH_y + \left(x + \dfrac{y}{4}\right)O_2 = xCO_2 + \dfrac{y}{2}H_2O$

まず，燃焼計算における基本的事項を確認しておきましょう。

- 標準状態（0℃，101.32kPa）における理想気体1molの体積は，（気体の種類に関係なく）22.4ℓである（1kmolでは22.4kℓ（＝22.4㎥））
- 燃焼計算において，空気の組成は，酸素21%，窒素79%として扱う
- 気体燃料の燃焼計算では，一般に燃料の単位体積（1㎥N）当たりについて考える

①単純ガスの燃焼における理論空気量と所要空気量

例）メタン（CH_4）の燃焼

燃焼反応方程式 $CH_4 + 2O_2 = CO_2 + 2H_2O$ より，各成分間の量的な比は，

（メタン）	:	（酸素）	:	（二酸化炭素）	:	（水蒸気）
1 mol	:	2 mol	:	1 mol	:	2 mol
1 ㎥N	:	2 ㎥N	:	1 ㎥N	:	2 ㎥N

この比から，メタン（CH_4）が$1\,\mathrm{m^3_N}$（単位体積）完全燃焼するには，$2\,\mathrm{m^3_N}$の酸素（O_2）が必要であることがわかります（これを必要酸素量といいます）。

空気組成は21%が酸素（O_2）であると考えるので，理論空気量をA_0とすると，A_0の21%が必要酸素量（$2\,\mathrm{m^3_N}$）であればよいことになります。

したがって，$A_0 \times 0.21 = 2\,\mathrm{m^3_N}$

$$A_0 = \frac{2}{0.21} = 9.52\,\mathrm{m^3_N/m^3_N}$$

つまり，メタンを完全燃焼させるには，メタン$1\,\mathrm{m^3_N}$当たり，最小$9.52\,\mathrm{m^3_N}$の空気（理論空気量）が必要であるということです。

さらに，この燃焼のために実際に供給された空気量（所要空気量）を求めてみましょう。理論空気量（A_0）と所要空気量（A）の関係は，P.123でみたとおり，

$A = mA_0$　（mは空気比）です。

したがって，例えば空気比1.1でメタンを完全燃焼した場合の所要空気量は，

$A = 1.1 \times 9.52 = 10.47\,\mathrm{m^3_N/m^3_N}$　となります。

②混合ガスの燃焼における理論空気量と所要空気量

例） 気体燃料$1\,\mathrm{m^3_N}$中に水素20%，一酸化炭素10%，メタン45%，エタン20%，窒素5%が含まれている場合の理論空気量（A_0）を求めてみましょう。

前ページの燃焼反応方程式から，それぞれのガス$1\,\mathrm{m^3_N}$当たりの燃焼に必要な酸素量がわかります。そこで，この気体燃料（混合ガス）中における量的な割合を考慮して個々のガスの必要酸素量を求めると，

水素は $\left(\frac{1}{2} \times 0.20\right)$（$\mathrm{m^3_N}$），一酸化炭素は $\left(\frac{1}{2} \times 0.10\right)$（$\mathrm{m^3_N}$），

メタンは (2×0.45)（$\mathrm{m^3_N}$），エタンは $\left(\frac{7}{2} \times 0.20\right)$（$\mathrm{m^3_N}$）となります。

窒素は不燃物なので無視します。混合ガス全体の$1\,\mathrm{m^3_N}$当たりの必要酸素量はこれらの合計なので，

$\left(\frac{1}{2} \times 0.20\right) + \left(\frac{1}{2} \times 0.10\right) + (2 \times 0.45) + \left(\frac{7}{2} \times 0.20\right)$

$= 0.1 + 0.05 + 0.9 + 0.7 = 1.75\,\mathrm{m^3_N/m^3_N}$　です。

したがって，理論空気量（A_0）は，

$$A_0 = \frac{1.75}{0.21} = 8.33\,\mathrm{m^3_N/m^3_N}$$

さらに，この場合の所要空気量（A）は，例えば空気比1.05であるとすると，

$A = 1.05 \times 8.33 = 8.75\,\mathrm{m^3_N/m^3_N}$　となります。

〈例題〉メタンと一酸化炭素の混合ガスの理論空気量が$6.67 \, \text{m}^3_\text{N}/\text{m}^3_\text{N}$であるとき，混合ガス中のメタン濃度（vol%）はおよそいくらか。

理論空気量が$6.67 \, \text{m}^3_\text{N}/\text{m}^3_\text{N}$ということは，この混合ガス$1 \, \text{m}^3_\text{N}$当たりの燃焼に必要な酸素量は，$6.67 \times 0.21 = 1.4 \, \text{m}^3_\text{N}/\text{m}^3_\text{N}$です。

混合ガス中のメタン濃度をX%とすると，一酸化炭素の濃度は（100−X）%であり，この混合ガス中における量的な割合を考慮して個々のガスの必要酸素量を求めると，

メタンは $\left(2 \times \dfrac{\text{X}}{100}\right)$，一酸化炭素は $\left(\dfrac{1}{2} \times \dfrac{100-\text{X}}{100}\right)$ となります。

これらを合計すると，この混合ガス$1 \, \text{m}^3_\text{N}$当たりの必要酸素量になることから，次の方程式が成り立ちます。

$$\left(2 \times \frac{\text{X}}{100}\right) + \left(\frac{1}{2} \times \frac{100-\text{X}}{100}\right) = 1.4 \qquad \text{これを解いて，X} = 60$$

〈答〉混合ガス中のメタン濃度（vol%）は，およそ60%

2 燃焼ガス量

燃焼ガス量（燃焼後の全ガス量）には，「生成したガス」のほかに「余剰酸素（O_2）」および「反応に関与しない窒素（N_2）」の量が含まれます。

例）プロパン（C_3H_8）を空気比1.05で完全燃焼させたとき

プロパンの燃焼反応方程式は，$C_3H_8 + 5O_2 = 3CO_2 + 4H_2O$なので，プロパンを$1 \, \text{m}^3_\text{N}$（単位体積）完全燃焼するには，$5 \, \text{m}^3_\text{N}$の酸素（$O_2$）が必要であることがわかります（必要酸素量）。

したがって，理論空気量（A_0）は，$\dfrac{5}{0.21} = 23.8 \, \text{m}^3_\text{N}/\text{m}^3_\text{N}$

所要空気量（A）は，空気比1.05なので，$1.05 \times 23.8 = 25.0 \, \text{m}^3_\text{N}/\text{m}^3_\text{N}$です。この所要空気量のうち，消費されるのは必要酸素量の$5 \, \text{m}^3_\text{N}$だけであり，残りの$25.0 - 5 = 20.0 \, \text{m}^3_\text{N}$が「余剰酸素（$O_2$）」および「反応に関与しない窒素（$N_2$）」ということになります。

湿り燃焼ガス量（G）の場合は，水蒸気を含めるため，燃焼後に生成したCO_2（$3 \, \text{m}^3_\text{N}$）だけでなく，H_2O（$4 \, \text{m}^3_\text{N}$）も「生成したガス」として加えます。

$G = 3 \, \text{m}^3_\text{N} + 4 \, \text{m}^3_\text{N} + 20.0 \, \text{m}^3_\text{N} = 27.0 \, \text{m}^3_\text{N}$

乾き燃焼ガス量（G'）は水蒸気を除外するため，燃焼後生成したCO_2（$3 \, \text{m}^3_\text{N}$）だけを「生成したガス」として加えます。

$G' = 3 \, \text{m}^3_\text{N} + 20.0 \, \text{m}^3_\text{N} = 23.0 \, \text{m}^3_\text{N}$

3 燃焼ガスの組成

燃焼ガスの成分を分析することは，燃焼状態の判定にとって非常に重要です。ガス分析の際は，高温の燃焼ガスが常温付近まで冷却されるため，燃焼ガス中の水蒸気（H_2O）はほとんど凝縮しています。そのため，乾き燃焼ガスの成分組成が分析されることになります。

〈例題〉 ブタンを空気比1.08で完全燃焼させたとき，乾き燃焼ガス中のCO_2の濃度（%）はおよそいくらか。

ブタンの燃焼反応方程式は，$C_4H_{10} + \dfrac{13}{2} O_2 = 4CO_2 + 5H_2O$なので，ブタンを$1m^3_N$（単位体積）完全燃焼するための必要酸素量は，$\dfrac{13}{2} = 6.5m^3_N$です。

理論空気量（A_0）は，$\dfrac{6.5}{0.21} = 31.0m^3_N/m^3_N$ となり，所要空気量（A）は，空気比1.08なので，$1.08 \times 31.0 = 33.5m^3_N/m^3_N$となります。

乾き燃焼ガス量（G'）は，所要空気量から必要酸素量を差し引いた$27.0m^3_N$に燃焼後生成したCO_2（$4m^3_N$）を加えるため，

$G' = 4m^3_N + 27.0m^3_N = 31.0m^3_N$

したがって，乾き燃焼ガス中のCO_2の濃度（%）は，

$\dfrac{4}{31.0} \times 100 = 12.9$

〈答〉 およそ13%

チャレンジ問題

問1   難　中　易

メタン75%，エタン14%，プロパン8%，ブタン2%，窒素1%の組成の湿性天然ガスの理論空気量（m^3_N/m^3_N）はおよそいくらか。

(1) 10　　(2) 11　　(3) 12　　(4) 13　　(5) 14

解説

個々の単純ガスの燃焼反応方程式から，それぞれ$1 m^3_N$当たりの完全燃焼に必要な酸素量がわかります（メタンは$2m^3_N$，エタンは$\dfrac{7}{2} m^3_N$，プロパンは$5m^3_N$，エタンは$\dfrac{13}{2} m^3_N$）。窒素は不燃物なので無視します。

そこで，この混合ガス中における量的な割合を考慮して個々のガスの必要酸素量を求めると，メタンは（2×0.75）（m^3_N），エタンは（$\dfrac{7}{2} \times 0.14$）（m^3_N），プロパン

は（5×0.08）（m^3_N），ブタンは（$\frac{13}{2}$×0.02）（m^3_N）となります。

混合ガス全体の1m^3_N当たりの必要酸素量はこれらの合計で，2.52m^3_N/m^3_Nです。

したがって，理論空気量（A_0）は，

$$A_0 = \frac{2.52}{0.21} = 12\,m^3_N/m^3_N$$

解答 （3）

問2　　　　　　　　　　　　　　　　　　　　　　難　中　易

　一酸化炭素とメタンの混合ガスの理論湿り燃焼ガス量が8.61m^3_N/m^3_Nのとき，混合ガス中の一酸化炭素の割合（体積%）はおよそいくらか。

(1) 23　　　(2) 25　　　(3) 27　　　(4) 29　　　(5) 31

解説

　一酸化炭素　$CO + \frac{1}{2}O_2 = CO_2$

　メタン　　　$CH_4 + 2O_2 = CO_2 + 2H_2O$

混合ガス中の一酸化炭素の割合をX%とすると，メタンは（100−X）%です。この量的な割合を考慮して個々のガスの必要酸素量を求めて合計すると，混合ガス1m^3_N当たりの必要酸素量になります。

$$\left(\frac{1}{2} \times \frac{X}{100}\right) + \left(2 \times \frac{100-X}{100}\right) = \left(\frac{200-1.5X}{100}\right)$$

したがって，理論空気量（A_0）は，

$$0.21\,A_0 = \left(\frac{200-1.5X}{100}\right) \text{より，} A_0 = \left(\frac{200-1.5X}{21}\right)$$

理論湿り燃焼ガス量は，このA_0から消費した必要酸素量を差し引いたものに，「生成したガス」の量を加えたものです。「生成したガス」は以下のものです。

　一酸化炭素から，CO_2が（$1 \times \frac{X}{100}$）

　メタンから，CO_2とH_2Oの合計（$3 \times \frac{100-X}{100}$）

したがって，理論湿り燃焼ガス量が8.61m^3_N/m^3_Nとなることから，次の方程式が成り立ちます。

$$\left(\frac{200-1.5X}{21}\right) - \left(\frac{200-1.5X}{100}\right) + \left(1 \times \frac{X}{100}\right) + \left(3 \times \frac{100-X}{100}\right) = 8.61$$

これを解いて，X=25.04…

解答 （2）

液体・固体燃料の燃焼計算

1 燃焼に要する空気量

液体・固体の燃焼計算の基礎を確認しておきましょう。

- 液体・固体燃料の燃焼計算では，燃料の単位質量（1 kg）当たりについて考える
- 燃料中の可燃元素である炭素（C），水素（H），硫黄（S）の燃焼反応を計算の基礎として用いる

炭素，水素，硫黄の燃焼反応は，以下のとおりです。

主要元素の原子量

（g/mol）

C（炭素）＝12
H（水素）＝ 1
O（酸素）＝16
S（硫黄）＝32
N（窒素）＝14

		C	+	O_2	=	CO_2
炭素 （C）		1mol		1mol		1mol
		12g		22.4ℓ		22.4ℓ
		12kg		22.4kℓ =22.4m^3_N		22.4kℓ =22.4m^3_N
		1kg		$\frac{22.4}{12}$ m^3_N =1.87m^3_N		$\frac{22.4}{12}$ m^3_N =1.87m^3_N
水素 （H）		H	+	$\frac{1}{4}O_2$	=	$\frac{1}{2}H_2O$
		1mol		$\frac{1}{4}$ mol		$\frac{1}{2}$ mol
		1g		$\frac{22.4}{4}$ℓ		$\frac{22.4}{2}$ℓ
		1kg		$\frac{22.4}{4}$kℓ =$\frac{22.4}{4}m^3_N$ =5.6m^3_N		$\frac{22.4}{2}$kℓ =$\frac{22.4}{2}m^3_N$ =11.2m^3_N
硫黄 （S）		S	+	O_2	=	SO_2
		1mol		1mol		1mol
		32g		22.4ℓ		22.4ℓ
		32kg		22.4kℓ =22.4m^3_N		22.4kℓ =22.4m^3_N
		1kg		$\frac{22.4}{32}$ m^3_N =0.7m^3_N		$\frac{22.4}{32}$ m^3_N =0.7m^3_N

P.129の表より、1kgの炭素（C）が完全燃焼するためには、1.87㎥$_N$の酸素が必要であることがわかります。このとき、CO_2が1.87㎥$_N$生成されます。

同様に、1kgの水素（H）が完全燃焼するためには5.6㎥$_N$の酸素が必要であり、1kgの硫黄（S）が完全燃焼するためには0.7㎥$_N$の酸素が必要です。このとき、それぞれ水蒸気（H_2O）が11.2㎥$_N$、SO_2が0.7㎥$_N$生成されます。

例） 炭素83.0%、水素16.0%、硫黄1.0%の組成の重油を完全燃焼させたときの理論空気量（A_0）を求めてみましょう。

上に述べた量的関係から、炭素、水素、硫黄のそれぞれ1kg当たりの完全燃焼に必要な酸素量がわかります。そこで、この重油中における量的な割合を考慮して個々の可燃元素について必要酸素量を求めると、

炭素は（1.87×0.83）（㎥$_N$）、水素は（5.6×0.16）（㎥$_N$）、硫黄は（0.7×0.01）（㎥$_N$）となります。

この重油1kg当たりの必要酸素量はこれらの合計なので、

（1.87×0.83）＋（5.6×0.16）＋（0.7×0.01）

＝ 1.55 ＋ 0.90 ＋ 0.007 ＝ 2.457㎥$_N$/kg　です。

空気組成は、気体燃料の燃焼計算の場合と同様、21％を酸素（O_2）として扱うため、理論空気量をA_0とすると、その21％が必要酸素量であればよいことになります。したがって、

$$A_0 \times 0.21 = 2.457㎥_N \quad \therefore A_0 = \frac{2.457}{0.21} = 11.7㎥_N/kg \quad となります。$$

さらに、この場合の所要空気量（A）は、例えば空気比1.3であるとすると、

$A = mA_0$ の関係式より、

A ＝ 1.3 × 11.7 ＝ 15.21㎥$_N$/kg　となります。

2　燃焼ガス量

液体・固体燃料の燃焼ガスには、気体燃料の場合と同様、「生成したガス」のほかに、「余剰酸素（O_2）」および「反応に関与しない窒素（N_2）」が含まれます。液体・固体燃料が完全燃焼した場合、「生成したガス」として二酸化炭素（CO_2）、水蒸気（H_2O）、二酸化硫黄（SO_2）などが生じます。

例） 上の重油（炭素83.0%、水素16.0%、硫黄1.0%、空気比1.3）の例について、湿り燃焼ガス量、乾き燃焼ガス量を求めてみましょう。

所要空気量（A）＝15.21㎥$_N$/kgのうち、消費されるのは必要酸素量の2.457㎥$_N$/kgだけであり、残りの12.753㎥$_N$が「余剰酸素（O_2）」および「反応に関与しな

い窒素（N_2）」ということになります。

湿り燃焼ガス量（G）は，水蒸気を含めるため，燃焼後に生成したCO_2，H_2O，SO_2の量を「生成したガス」として加えます。それぞれの生成量は次のとおりです。

CO_2は，$(1.87×0.83)＝1.55\,\mathrm{m^3_N}$

H_2Oは，$(11.2×0.16)＝1.79\,\mathrm{m^3_N}$

SO_2は，$(0.7×0.01)＝0.007\,\mathrm{m^3_N}$

$\therefore\ G＝12.753\,\mathrm{m^3_N}＋1.55\,\mathrm{m^3_N}＋1.79\,\mathrm{m^3_N}＋0.007\,\mathrm{m^3_N}$

$＝16.1\,\mathrm{m^3_N}$

乾き燃焼ガス量（G'）は，水蒸気を除外するため，CO_2とSO_2だけを「生成したガス」として加えます。

$\therefore\ G'＝12.753\,\mathrm{m^3_N}＋1.55\,\mathrm{m^3_N}＋0.007\,\mathrm{m^3_N}$

$＝14.31\,\mathrm{m^3_N}$

〈例題1〉 炭素86.0％，水素14.0％の軽油を空気比1.1で完全燃焼させたとき，乾き燃焼ガス中のCO_2の濃度（％）はおよそいくらか。

個々の可燃元素について必要酸素量を求めると，

炭素は $(1.87×0.86)$（$\mathrm{m^3_N}$），水素は $(5.6×0.14)$（$\mathrm{m^3_N}$）なので，この軽油1kg当たりの必要酸素量は，

$(1.87×0.86)＋(5.6×0.14)$

$＝1.61＋0.78＝2.39\,\mathrm{m^3_N/kg}$　です。

理論空気量をA_0とすると，

$$A_0＝\frac{2.39}{0.21}＝11.4\,\mathrm{m^3_N/kg}$$

所要空気量（A）は，空気比1.1より，

$A＝1.1×11.4＝12.54\,\mathrm{m^3_N/kg}$　となります。

乾き燃焼ガス量（G'）は，所要空気量から必要酸素量を差し引いた$10.15\,\mathrm{m^3_N}$に，燃焼後生成したCO_2の量を加えます。

CO_2の生成量は $(1.87×0.86)＝1.61\,\mathrm{m^3_N}$です。

$\therefore\ G'＝10.15\,\mathrm{m^3_N}＋1.61\,\mathrm{m^3_N}＝11.76\,\mathrm{m^3_N}$

したがって，乾き燃焼ガス中のCO_2の濃度（％）は，

$$\frac{1.61}{11.76}×100＝13.69\cdots$$

〈答〉 13.7％

燃料中の窒素
燃料中の窒素は，実際には一部分が燃焼反応によって一酸化窒素（NO）になりますが，燃焼計算ではすべてが窒素ガス（N_2）になるものとして扱います。

燃料中の硫黄
燃料中の硫黄は，燃焼によってほとんどすべてが二酸化硫黄（SO_2）に変化します。

2
燃焼計算

〈例題2〉 炭素83.0%，水素16.0%，硫黄1.0%の組成の重油を完全燃焼させたとき，乾き燃焼ガス中のSO₂濃度が490ppmであった。空気比はおよそいくらか。ただし，重油中の硫黄分はすべてSO_2になるものとする。

重油の組成がP.130の例）とまったく同じなので，

この重油1kg当たりの必要酸素量 $= 2.457\,m^3_N/kg$

理論空気量 $(A_0) = \dfrac{2.457}{0.21} = 11.7\,m^3_N/kg$　となります。

所要空気量 (A) は，空気比をmとすると，$A = mA_0 = 11.7m$ と表せます。

乾き燃焼ガス量 (G') は，所要空気量から必要酸素量を差し引き，これに燃焼後生成したCO_2とSO_2の量を加えたものです。

燃焼後，CO_2は $(1.87 \times 0.83) = 1.55\,m^3_N$，$SO_2$は $(0.7 \times 0.01) = 0.007\,m^3_N$ 生成するので，

$G' = 11.7m - 2.457 + 1.55 + 0.007$

$\quad = 11.7m - 0.9$

したがって，乾き燃焼ガス中のSO₂濃度が490ppmであることから，

$\dfrac{0.007}{11.7m - 0.9} = \dfrac{490}{1000000}$　（ppmは100万分の1を表す）

この式をmについて解くと，$m = 1.29\cdots$　　　　〈答〉空気比はおよそ1.3

3 最大二酸化炭素量（$(CO_2)_{max}$）

燃焼ガス中の二酸化炭素（CO_2）の量が最大となるのは，燃料中の炭素（C）がすべてCO_2となり，乾き燃焼ガス量（G'）が最小になるときです。すなわち，理論空気量（A_0）で完全燃焼が行われたときであり，これを最大二酸化炭素量（$(CO_2)_{max}$）といいます。式で表すと，次のようになります。

$(CO_2)_{max} = \dfrac{1.87c}{G_0'} \times 100$　（%）

cは，液体または固体燃料1kg中の炭素（kg）

G_0'は，理論乾き燃焼ガス量

4　発熱量

発熱量とは，燃料単位量（気体燃料 1 ㎥$_N$，液体・固体燃料 1 kg）が完全燃焼するときに発生する熱量のことです。

高発熱量と低発熱量の 2 種類があります。

①高発熱量（H_h）

「燃料中の水分」および「燃焼により生成される水分」の蒸発潜熱を含む燃料単位量当たりの発熱量。総発熱量ともいいます。

②低発熱量（H_l）

「燃料中の水分」および「燃焼により生成される水分」の蒸発潜熱を高発熱量から差し引いた燃料単位量当たりの発熱量です。真発熱量ともいいます。

〈例題〉A重油80％と水20％を混合したエマルション燃料の低発熱量（MJ/kg）はおよそいくらか。ただし，A重油の低発熱量は38.1MJ/kg，水の蒸発潜熱は発生する水蒸気当たり1.98MJ/㎥$_N$とする。

水分を含むエマルション燃料の低発熱量を求めるには，①「燃料（A重油）分の低発熱量」から②「水分量に基づく蒸発潜熱」を差し引きます。

● A重油はエマルション燃料 1 kg中80％なので，低発熱量は，$38.1 \times 0.80 = 30.48$（MJ/kg）…①

● 水分はエマルション燃料 1 kg中20％ですが，設問の蒸発潜熱の単位がMJ/㎥$_N$なので，MJ/kgに換算します。

まず，HとOの原子量から水（H_2O）の分子量を求めると，H（1×2）＋O（16）＝18（g/mol）です。

つまり，1 mol（22.4L）当たり18gなので，18kgでは

22.4kL＝22.4㎥$_N$です。　∴ 1 kgでは，$\dfrac{22.4}{18} = 1.24$㎥$_N$

これにより，1 kg当たりの蒸発潜熱は，

$1.98\text{MJ/㎥}_N \times 1.24\text{㎥}_N = 2.46$（MJ/kg）となり，

その20％相当なので，$2.46 \times 0.2 = 0.49$（MJ/kg）…②

∴ ①－②＝$30.48 - 0.49 = 29.99$　　〈答〉およそ30MJ/kg

炭素86.0％，水素13.0％，硫黄1.0％の組成の重油を完全燃焼させたとき，乾き燃焼ガス中のSO_2濃度は500ppmであった。空気比はおよそいくらか。

ただし，重油中の硫黄分はすべてSO_2になるものとする。

(1) 1.1　　(2) 1.2　　(3) 1.3　　(4) 1.4　　(5) 1.5

解説

この重油中における量的な割合を考慮して個々の可燃元素の必要酸素量を求めると，炭素は（1.87×0.86）（m^3_N），水素は（5.6×0.13）（m^3_N），硫黄は（0.7×0.01）（m^3_N）となります。この重油1kg当たりの必要酸素量はこれらの合計なので，

（1.87×0.86）＋（5.6×0.13）＋（0.7×0.01）

＝ 1.61 ＋ 0.728 ＋ 0.007 ＝ 2.345m^3_N/kg

∴ 理論空気量（A_0）＝ $\dfrac{2.345}{0.21}$ ＝ 11.2m^3_N/kg　となります。

所要空気量（A）は，空気比をmとすると，

$A = mA_0 = 11.2m$と表せます。

乾き燃焼ガス量（G'）は，所要空気量から必要酸素量を差し引き，これに燃焼後生成したCO_2とSO_2の量を加えたものです。

燃焼後，CO_2は（1.87×0.86）＝1.61m^3_N，SO_2は（0.7×0.01）＝0.007m^3_N生成するので，

$G' = 11.2m - 2.345 + 1.61 + 0.007$

　　$= 11.2m - 0.728$

したがって，乾き燃焼ガス中のSO_2濃度が500ppmであることから，

$\dfrac{0.007}{11.2m - 0.728} = \dfrac{500}{1000000}$　（ppmは100万分の1を表す）

この式をmについて解くと，$m = 1.315\cdots$

解答 (3)

炭素86％，水素14％の組成の灯油の（CO_2）max（％）はおよそいくらか。

(1) 12　　(2) 13　　(3) 14　　(4) 15　　(5) 16

2
燃焼計算

解説

最大二酸化炭素量（$(CO_2)max$）（%）は，生成した二酸化炭素（CO_2）の量を，理論乾き燃焼ガス量（G_0'）で割ることによって求められます。

まず，個々の可燃元素について必要酸素量を求めると，

炭素は（1.87×0.86）（m^3_N），水素は（5.6×0.14）（m^3_N）なので，この灯油1kg当たりの必要酸素量は，

（1.87×0.86）＋（5.6×0.14）＝ $1.61 + 0.78 = 2.39 m^3_N/kg$　です。

理論空気量をA_0とすると，

$$A_0 = \frac{2.39}{0.21} = 11.38 m^3_N/kg$$

理論乾き燃焼ガス量（G_0'）は，理論空気量（A_0）から必要酸素量を差し引いて，これに燃焼後生成したCO_2の量を加えます。

CO_2の生成量は（1.87×0.86）＝$1.61 m^3_N$なので，

$$G_0' = 11.38 m^3_N - 2.39 m^3_N + 1.61 m^3_N = 10.6 m^3_N$$

したがって，最大二酸化炭素量（$(CO_2)max$）（%）は

$$(CO_2)max （\%） = \frac{1.61}{10.6} = \times 100 = 15.18\cdots　およそ15\%となります。$$

解答 （4）

3 燃焼方法および装置

まとめ&丸暗記

● この節の学習内容のまとめ ●

□ 燃料ごとの燃焼と燃焼装置

気体燃料	● 予混合燃焼と拡散燃焼 ● 拡散燃焼形バーナーはボイラー用に広く用いられている
液体燃料	● 油圧式バーナーの火炎は，広角で比較的短い ● 高圧気流式バーナーの火炎は，最も狭角で長い
固体燃料	● 石炭は，固定層燃焼，流動層燃焼，微粉炭燃焼の3種類 ● 微粉炭燃焼は燃焼効率が高く，負荷変動に対する追従が容易

□ ディーゼル機関とガスタービン

ディーゼル機関	高温高圧の圧縮空気に燃料を噴霧して自然着火する
ガスタービン	圧縮機・燃焼器・タービンの3つの要素からなる

□ すすの発生とその予防

● すすは，燃料の炭素・水素比（C/H）が大きいほど発生しやすい
● 重油燃焼のすすは，気相反応によるものとセノスフェアの両方

□ 伝熱面の腐食とその防止対策

低温腐食	三酸化硫黄（SO_3）が水蒸気と反応して生成する硫酸が原因
高温腐食	重油中に含まれるバナジウム，ナトリウムなどが原因

□ 燃焼管理用計測器とその主な妨害成分

磁気式O_2計	NO	電気式（熱伝導式）CO_2計	H_2
ジルコニア式O_2計	CO，CH_4，SO_2	赤外線吸収式CO_2計	H_2O
電極方式O_2計	SO_2，CO_2	放射温度計	H_2O，CO_2

燃料ごとの燃焼と燃焼装置

1 気体燃料の燃焼とその装置

　気体（ガス）燃料の燃焼は，①予混合燃焼と②拡散燃焼の2つの形式に大きく分けられます。

①予混合燃焼

　予混合燃焼とは，気体燃料と空気をあらかじめ混合させておき，その混合気（混合ガス）をバーナーから燃焼室内に噴出し，燃焼させるという方法です。ただし，混合気には燃料と空気の混合割合によって燃焼し得る限界があり，これを可燃限界といいます。

　予混合燃焼では，火炎面は噴射孔の部分にできますが，すでに燃焼している部分から未燃焼混合気のほうへ，ある速度（燃焼速度という）で移動します。燃焼速度はガスの温度が高くなるほど増大しますが，混合気の噴出する速度と燃焼速度が平衡状態にあるときは，火炎面は静止しているように見えます（混合気の噴出速度より燃焼速度のほうが大きくなると，逆火が起こります）。

②拡散燃焼

　拡散燃焼とは，燃料と空気を別々に燃焼室内に噴出し，拡散によって燃料と空気を混合させながら燃焼させるという方法です。気体燃料だけを静止空気中に噴出したときは拡散燃焼（拡散炎）となります。噴出の速度が小さいときは流れが層流であり，この状態での火炎を層流拡散炎といいます。層流域では噴出速度の増加にほぼ比例して拡散炎が長くなります。さらに噴出速度が大きくなると，乱れてはいるが安定な乱流拡散炎の状態になります。乱流域では火炎の長さは噴出速度に関係なく，ほぼ一定です。

　拡散燃焼形バーナーは燃料と空気を別々に噴出し，拡散混合しながら燃焼させるバーナーです。操作範囲が広く，また逆火の危険性が低いことから，ボイラー用として広く用いられています。

補　足

燃料と空気比
過剰空気量が多くなると排ガス量が増大し，熱損失が大きくなります。このため，なるべく少ない過剰空気で完全燃焼させることが望ましいといえます。気体燃料は空気との混合が急速に行われるため，固体や液体の燃料よりも一般に空気比が低く，少ない過剰空気で完全燃焼することができます。

燃焼室熱負荷
燃焼室単位容積・単位時間当たりに燃焼させることができる発生熱量（10^4 W/㎥）をいいます。この値が大きいほど燃焼室が小さくてすみます。燃料の種類別にみた燃焼室熱負荷は以下のとおりです。
- **ガス**
  11.6 ～ 58.2
- **重油**
  11.6 ～ 232.6
- **微粉炭**
  11.6 ～ 34.9

2　液体燃料の燃焼とその装置

　液体燃料のうち，ガソリン，灯油，軽油などの蒸留油は，液面から蒸発燃焼させることができます。これに対し，重油のような残留油は蒸発燃焼が困難であるため，油を噴霧して微小な油滴群にしてから燃焼する噴霧燃焼という方法が多く用いられます。

　燃料油を完全に燃焼させるのに必要な機器全般を油燃焼装置といいます。このうち，油バーナーが特に重要です。油バーナーには蒸発式のものと噴霧式のものがありますが，多くは噴霧式であり，これには次のような形式があります。

①油圧式バーナー

　燃料油自体を加圧し，細孔から噴出させて霧化します。戻り油形と非戻り油形があり，戻り油形はパッケージボイラー，非戻り油形は大型ボイラーやセメントキルン用バーナーとして用いられます。

②回転式バーナー（ロータリーバーナー）

　回転する霧化筒の中で油を遠心力によって飛散させ，高速の空気流で微粒化します。比較的小形のボイラー用バーナーとして多く用いられます。

③高圧気流式バーナー

　高圧（100 〜 1000kPa）の空気または蒸気の高速流によって油を霧化します。油量調節範囲が最も広いバーナーであり，製鋼用平炉，ガラス溶融炉その他均一の加熱が必要な高温加熱炉で用いられます。

④低圧空気式バーナー

　噴霧媒体として空気を利用します。特に，比例調節式バーナーは自動燃焼制御が容易で，油量の微量調節が可能です。小規模な加熱装置などに用いられます。

　油バーナーの形式ごとに特性をまとめておきましょう。

■ 油バーナーの油量調節範囲と火炎の形状

バーナー形式	油量調節範囲	火炎の形状
油圧式	戻り油形　　1：3.0 非戻り油形　1：1.5	広角の火炎である。火炎の長さは空気の供給によって変化するが，比較的短い
回転式	1：5	比較的広角の火炎である。火炎の長さは空気の供給によって変化する
高圧気流式	1：10	最も狭角で，長い火炎である
低圧空気式	1：8	比較的狭角で，短い火炎である

　　噴霧式の燃焼装置の管理・取扱いについては，以下の点に注意しなければなりません。

①霧化状態を良好に保つこと

②燃焼用空気は，一般にバーナーの周囲から供給するが，適切でない場合は着火が悪く，火炎が不安定になる

③火炎の不安定は，燃料中のスラッジ（不純物）などによる不適正な噴霧や，燃焼用空気の過多による炉内温度の低下などを招く

④燃焼用空気の供給方法や量によって火炎の状態は大きく変化し，燃焼用空気が少なすぎる場合は火炎が長く伸びてしまう（空気過剰率は一般に10〜20%が適当）

⑤炭化物等の異物がバーナーチップ（燃料噴出ノズル）に付着すると，不完全燃焼の原因となる（油圧式バーナーで発生しやすい）

⑥燃焼室の側壁への炭化物の付着は，バーナーの霧化不良が原因であることが多い

3　固体燃料の燃焼とその装置

　　固体燃料である石炭の燃焼方法は，ガス流速によって，固定層燃焼，流動層燃焼，微粉炭燃焼の3種類に大別することができます。流動層燃焼はさらに，気泡流動層燃焼や循環流動層燃焼などに分かれます。

①固定層燃焼

　　固定層燃焼の代表的な装置がストーカー燃焼装置です。これは，直径30mm程度の石炭を機械的に連続して火格子（ストーカー）の上に供給し，燃焼させる装置です。燃焼効率が低いため，最近では流動層燃焼ボイラーなどに置き換えられています。

②流動層燃焼

　　多孔板の上に固体粒子を置き，その下から加圧した空気を上向きに吹き上げ，空気の流速を上げていくと，粒子は浮遊流動化します。この流動化した固体粒子の層を流動層といいます。石炭と石灰石（炭酸カルシウム，$CaCO_3$）の

補足

各燃焼方法のガス流速
- **固定層燃焼**
  0.8〜1.5m/s
- **気泡流動層燃焼**
  1〜2m/s
- **循環流動層燃焼**
  4〜8m/s
- **微粉炭燃焼**
  10〜15m/s

火格子（ストーカー）
燃焼用空気を通す多数の隙間がある鋳物製等の格子状の板のことをいいます。

粒子を流動層にして燃焼させる方法を流動層燃焼といい，これをボイラーに応用したものが流動層燃焼ボイラーです。次のような種類があります。

■流動層燃焼ボイラーの種類と特徴

気泡流動層燃焼ボイラー	炉内に水平に設けた多孔板上に，粒子径1～5mm程度の粗粒炭および石灰石粒子を供給し，上向きの通風で吹き込まれた空気により流動化して石炭を燃焼させる。同時に石灰石による脱硫が行われる
循環流動層燃焼ボイラー	気泡流動層燃焼ボイラーより粒子の滞留時間を長くするために考案された。高ガス流速域で操作し，粒子を強制的に循環させるため，高温サイクロン等が付設される
加圧流動層燃焼ボイラー	流動層高約4mの高い流動層を形成し，約850℃，6～20気圧の加圧下で石炭を燃焼させる。複合サイクル発電が可能であり，また，高い効率でSO_2を除去することができる

③微粉炭燃焼

微粉炭燃焼は，石炭を極めて微細な粒子にまで粉砕し，これを燃焼室内に吹き込んで燃やす燃焼方法です。固体燃料というより，むしろ気体や液体燃料の燃焼に近いものといえます。一般の微粉炭燃焼において，微粉炭の粒度は200メッシュふるい通過（74μm以下）80％程度が標準とされています。微粉炭の粒度は，細かくするほど燃焼に有利といえますが，粉砕に費用がかかるため，一般に，揮発分の多い石炭は粗く，揮発分の少ない石炭は細かく粉砕します。

微粉炭燃焼の装置は付帯設備が大きくなり，維持費がかかるという欠点がありますが，大型になれば高い燃焼効率のほか，負荷変動に対する追従の容易さなどの長所が欠点をカバーできるため，現在では発電用ボイラーなど大型ボイラーの主流となっています。

4 ディーゼル機関とガスタービン

①ディーゼル機関

ディーゼル機関とは，空気だけをシリンダー内に吸入して圧縮し，高温高圧となった圧縮空気の中に燃料を噴霧して自然着火させる，圧縮点火方式の内燃機関です。燃料の自然着火温度以上になるまで空気を圧縮し，着火に外部エネルギーを用いません。燃料として高沸点の石油，重油（A重油，C重油）が使用でき，燃料費が安いという利点があります。

ディーゼル機関から排出されるばい煙（NOx，SOx，ばいじん）の低減対策と

しては，燃料の変更や燃焼方法の改善，排気系の後処理が
あり，施設規模や燃料の種類に応じた対策を適切に実施し
ていくことが重要です。

②ガスタービン

ガスタービンとは，圧縮された空気等の動作流体を高温
に加熱し，これによってタービンを回転させる原動機をい
います。空気等を圧縮するための圧縮機，高温に加熱する
ための燃焼器，およびタービンの3つの要素から構成され
ます。燃料は，都市ガスやLNG（液化天然ガス），灯油，
軽油，A重油のほか，メタノールなどといった多様なもの
に適応することが可能です。

**ガスタービンの
ばい煙低減対策**
ガスタービンから排出
されるNOx濃度などは
ディーゼル機関と比べ
ると小さいといえます
が，ディーゼル機関と
同様，燃料の良質化や
燃焼方法の改善などの
対策が重要です。

5 すすの発生とその予防

さまざまな燃料が燃焼を完了した後にできる炭素粒子の
ことを「すす」といいます。炎の中で生成した炭素とすす
は，ほとんど同一の性質のものといえます。気相炭化水素
の燃焼による炎の中では，炭素はほぼ球状ですが，これら
が集まってひも状になることもあります。炭素の大きさは
$1 \sim 100$nm程度で，質量割合で$1 \sim 6$％ほどの水素を含
んでいます。

炭素・すすの生成には燃料の性質が大きく影響しており，
次の点が重要です。

スノーマット
燃料の燃焼により発生
したすすが核となり，
燃料中の硫黄から生じ
た硫酸を吸着して露天
温度付近で雪状に成長
したものをいいます。
質量が大きく，煙突か
ら排出されると周辺に
落下して被害を及ぼし
ます。

- 燃料の炭素と水素の比（C/H）が大きいものほど，すすが
  発生しやすい
- $-C-C-$の炭素結合を切断するよりも，脱水素の容易な燃
  料のほうが，すすが発生しやすい
- 脱水素，重合，環状化等の反応が起こりやすい炭化水素ほ
  ど，すすが発生しやすい
- 分解や酸化しやすい炭化水素は，すすの発生が少ない

燃料の種類でいうと，天然ガスやLPG（液化石油ガス）
などは比較的すすが発生しにくく，逆にタールや重油など
は発生しやすいといえます。

燃焼の種類ごとに，すすの生成の特徴をみておきましょう。

①気体（ガス）燃焼におけるすす

ガス燃焼は，液体燃料や固体燃料の燃焼と比べて，すすの生成が最も少ないといえます。特に，予混合燃焼では火炎面の温度がかなり高く，燃料と空気の接触も十分であるため，ほとんど炭素が生成されません。一方，拡散燃焼の場合は，炎の中に中間生成物の滞留する時間が長いため，炭素が生成されやすく，すすが発生しやすくなります。

②液体（油）燃焼におけるすす

重油の噴霧燃焼で発生するすすは，気相反応によるものとセノスフェアの両方から成ります。セノスフェアとは，噴霧燃焼で油滴が蒸発した後に残るコークスのことであり，気相反応で生成される炭素よりもはるかに大きなものです。

ボイラーによる重油燃焼の場合，起動時には燃焼室内温度が低いため，すすが発生しやすくなります。また，中形・小形ボイラーでは，燃焼室内で炎が低温の水冷壁に当たって急冷されたり，噴霧油滴が壁面に付着したりすることが，すすの発生原因になることがあります。

③固体（石炭）燃焼におけるすす

石炭燃焼の場合，すすは，石炭に含まれる揮発分中の炭化水素の不完全燃焼によって発生するため，揮発分が少ない石炭ほどすすの発生は少ないといえます。

チャレンジ問題

> 問1　　　　　　　　　　　　　　　　　　　難　中　易

気体及び液体燃焼に関する記述として，誤っているものはどれか。

(1) 気体燃料と空気の混合気では，その混合割合によって，燃焼し得る限界がある。

(2) 層流域では，気体燃料の拡散炎の長さは，噴出速度にほぼ比例する。

(3) 高圧気流式バーナー火炎の形状は，狭角で，長炎である。

(4) 油圧式バーナー火炎の形状は，広角で，比較的短炎である。

(5) 燃料の炭素・水素比（C/H）が小さいものほど，すすが生成しやすい。

解説

(1) この限界を可燃限界といいます。

(2) 層流域では噴出速度の増加にほぼ比例して拡散炎が長くなります。

(3) 高圧気流式バーナーの火炎は，最も狭角で長い火炎になります。

(4) 油圧式バーナーの火炎は，広角であり，比較的短い火炎になります。

(5) すすは，燃料の炭素・水素比（C/H）が大きいものほど発生しやすいとされています。

解答 (5)

問 2 　難　中　**易**

噴霧燃焼装置の管理に関する記述として，誤っているものはどれか。

(1) 霧化状態を良好に保つ。

(2) 燃焼用空気は，一般に，バーナー周囲から供給する。

(3) 燃焼用空気が少な過ぎると，火炎が短くなる。

(4) バーナーチップへの炭化物等の異物の付着は，不完全燃焼を起こすことがある。

(5) 燃焼室側壁への炭化物の付着は，霧化不良が原因であることが多い。

解説

---

(3) 燃焼用空気が少なすぎる場合，火炎は長く伸びます。したがって，火炎が短くなるというのは誤りです。

このほかの肢は，すべて正しい記述です。

解答 (3)

問 3 　難　**中**　易

燃焼装置及び原動機に関する記述として，誤っているものはどれか。

(1) ボイラー用として広く用いられているガスバーナーは，拡散燃焼形である。

(2) 油量の微量調節が可能な比例調節式バーナーは，低圧空気式バーナーの一種である。

(3) 微粉炭燃焼ボイラーでは，負荷変動への追従性に問題がある。

(4) ディーゼル機関では，高温高圧になった圧縮空気の中に燃料を噴霧して自然着火させる。

(5) ガスタービンは，圧縮機，燃焼器，タービンの三つの要素から成っている。

解説

---

(1) 拡散燃焼形ガスバーナーは，操作範囲が広く，逆火の危険性が低いことから，

ボイラー用として広く用いられています。

(2) 比例調節式バーナーは，低圧空気式バーナーの一種であり，油量の微量調節が可能とされています。

(3) 微粉炭燃焼ボイラーは，負荷変動に対する追従の容易さが長所とされています。したがって，負荷変動への追従性に問題があるというのは誤りです。

(4) ディーゼル機関は，圧縮点火方式の内燃機関であり，着火に外部エネルギーを用いません。

(5) ガスタービンは，圧縮機・燃焼器・タービンの3要素から構成されています。

解答 (3)

問4　　　　　　　　　　　　　　　　　　　　　難 | 中 | 易

　ガス燃焼及び油燃焼におけるすすの発生に関する記述として，誤っているものはどれか。

(1) ガス燃焼は，油燃焼に比べて，すすの発生は少ない。

(2) ガスの拡散燃焼は，予混合燃焼に比べて，すすが発生しやすい。

(3) 重油燃焼では，燃焼室内で火炎が低温の水冷壁に当たると，すすの発生原因となることがある。

(4) 重油燃焼では，起動時にすすが発生しやすい。

(5) 重油燃焼で発生するすすは，すべて気相反応によるものである。

解説

(1) ガス燃焼は，液体燃料や固体燃料の燃焼と比べて，すすの生成が最も少ないとされています。

(2) 予混合燃焼では炭素はほとんど生成されませんが，拡散燃焼では炎中における中間生成物の滞留時間が長いため炭素が生成されやすく，すすが発生しやすくなります。

(3) 炎が低温の水冷壁に当たって急冷されると，すすの発生原因になることがあります。

(4) ボイラーの起動時は燃焼室内温度が低いため，すすが発生しやすくなります。

(5) 重油の噴霧燃焼で発生するすすは，気相反応によるものとセノスフェアの両方から成ります。したがって，すべて気相反応によるものであるというのは誤りです。

解答 (5)

伝熱面の腐食と防止対策

1 低温腐食とその防止対策

排ガス中に生成する二酸化硫黄（SO2）のうち，1〜5％は三酸化硫黄（SO3）になります。SO3は水蒸気と反応して硫酸（H2SO4）を生成し，ガス状の硫酸が液体の硫酸となる温度（酸露点）を高めます。酸露点は，燃料中の硫黄分や過剰空気量，水蒸気量，燃焼方法などによって変化しますが，最高160℃くらいまで上昇し，排ガスの温度に近づきます。そして，排ガス温度が酸露点以下になると，硫酸はガス状から液体となり（凝縮），伝熱面を腐食するようになります。この現象を低温腐食といいます。

低温腐食に対する防止策は以下のとおりです。

- 硫黄分の少ない燃料を用いる
- 空気予熱器やエコノマイザー（節炭器）の表面温度が，酸露点以下にならないようにする
- 熱交換器内のガスの流れを一様にする
- 粉末状の酸化マグネシウムやドロマイトなどを二次空気に混ぜ，燃焼室内に吹き込む
- 過剰空気が少ないほど排ガス中の酸素量が減り，SO2からSO3になる量を低減できることから，なるべく空気比の小さい（理論空気量に近い）空気で完全燃焼させる

ガスの流れを一様に
熱交換器内のガスの流れが一様でないときはガスの温度が局部的に酸露点以下となってしまうことがあります。

粉末状の酸化マグネシウムやドロマイトなど
これらは燃焼ガス中のSO3を吸収したり化学的に中和したりすることができます。

2 高温腐食とその防止対策

高温腐食とは，重油中に含まれるバナジウム，ナトリウムなどの金属化合物が腐食性成分として灰分中に残留し，過熱器や再熱器などの高温伝熱面に付着・たい積して腐食を生じさせる現象をいいます。特に，バナジウムを多く含む灰は，高温伝熱面に溶融状態で付着して，腐食を進行させます。

高温腐食に対する防止策は以下のとおりです。

- バナジウム，ナトリウムの少ない重油を使用する
- 高温部の過熱器，再熱器の伝熱面の表面温度を下げるよう，配置を考慮する
- スートブロワー（送風機）で伝熱面の付着物を落とすようにする
- ドロマイトなどの添加物を注入して灰の融点上昇を図り，付着物を減らす
- 定期点検のときなどにスケール（付着したたい積物）の除去を行う

チャレンジ問題

難 | 中 | 易

問 1

燃焼排ガスによる低温腐食の防止対策として，誤っているものはどれか。

(1) 硫黄分の少ない燃料を用いる。

(2) 空気予熱器や，エコノマイザーの表面温度を酸露点以下にならないようにする。

(3) 熱交換器内のガスの流れを一様にする。

(4) 粉末状の酸化マグネシウムやドロマイトなどを二次空気に混ぜ，燃焼室内に吹き込む。

(5) 過剰空気量を多くして，完全燃焼させる。

解説

(5) なるべく小さい空気比で完全燃焼させ，SO_2からSO_3になる量を低減する必要があります。過剰空気量を多くするというのは誤りです。

このほかの肢は，すべて正しい記述です。

解答 (5)

燃焼管理用計測器

1 酸素計（O₂計）

　排ガス中の酸素の分析方法には，化学分析と連続分析がありますが，ここではJISに規定されている連続分析方法による酸素計（O₂計）について学習します。

①磁気式O₂計

　磁気式O₂計は，酸素分子（O₂）が強い常磁性体であることを応用したもので，O₂が磁界内で磁化された際に生じる吸引力を利用してO₂濃度を連続的に求めます。

　磁気式O₂計には磁気風方式と磁気力方式がありますが，どちらも体積磁化率の大きい一酸化窒素（NO）の影響を無視できる場合に適用します。

②電気化学式O₂計

　電気化学式O₂計は，酸素分子（O₂）の電気化学的酸化還元反応を利用してO₂濃度を連続的に求めるものです。次の２つの方式があります。

■ 電気化学式O₂計の2つの方式

ジルコニア方式	● 高温に加熱されたジルコニア素子の両端に電極を設け，一方に試料ガス，他方に比較ガスを流し，O₂濃度差によって生じる起電力を検出してO₂濃度を求める ● 高温でO₂と反応する一酸化炭素（CO）やメタン（CH₄），ジルコニア素子を腐食する二酸化硫黄（SO₂）の影響を無視または除去できる場合に適用する
電極方式	● 電解槽中に拡散吸収されたO₂が固体電極表面上で還元される際に生じる電解電流を検出してO₂濃度を求める ● 酸化還元反応を起こす二酸化硫黄（SO₂）や二酸化炭素（CO₂）の影響を無視または除去できる場合に適用する

**排ガス中の
酸素分析方法の種類**
● **化学分析方法**
　オルザット方式
　ヘンペル方式
● **連続分析方法**
　（磁気式）
　磁気風方式
　磁気力方式
　（電気化学式）
　ジルコニア方式
　電極方式

ジルコニア
ジルコニウムの酸化物です。固体電解質であるジルコニア素子には高温で酸素分子だけをイオンの形に移す性質（イオン電導性）があります。

2　二酸化炭素計（CO₂計）

　二酸化炭素計（CO₂計）には，次のような種類があります。

①電気式（熱伝導式）CO₂計

　電気式（熱伝導式）CO₂計は，二酸化炭素（CO_2）の熱伝導率が空気と比べて非常に小さいことを応用したものです。この方式の場合，空気と比べて熱伝導率の高い水素（H_2）が少量でも混入すると，指示値が下がってしまいます。

②赤外線吸収式CO₂計

　赤外線吸収式CO₂計は，二酸化炭素（CO_2）の赤外線領域における特定波長の光吸収を利用し，試料ガス中のCO₂濃度を測定します。この方式では，赤外線を吸収する水分（H_2O）などが妨害成分となります。

3　温度計

　温度の測定方法には，測定対象の物体に温度計の検出素子を接触させて温度を測る接触方式と，測定対象である高温物体からの放射エネルギーを利用し，その物体から離れて温度を測る非接触方式があります。各方式の特徴およびそれぞれに分類される主な温度計の種類，その測定できる温度範囲などをまとめておきましょう。

■ 温度計の方式別の特徴など

	接触方式	非接触方式
特徴	● 測定箇所を任意に指定できる ● 運動している物体の温度は測定しにくい ● 熱容量の小さい測定対象では検出素子の接触による測定量の変化が生じやすい ● 一般に応答の遅れが大きい ● 1000℃以下の測定が容易	● 一般に表面温度を測る ● 運動している物体の温度でも測定できる ● 測定対象と接触しないため，測定によって測定量が変化することは一般にない ● 一般に応答の遅れが小さい ● 一般に高温の測定に適する
温度計の種類と測定できる温度範囲（℃）	● 電気抵抗温度計 　白金抵抗（−190 〜 660） 　サーミスター（−50 〜 350） ● 熱電温度計（−200 〜 1700）	● 光高温計（700 〜 3000） ● 放射温度計 　サーモパイル形（200 〜 2000） 　サーミスターボロメーター形 　　　　　　（−50 〜 3200）

　接触方式の熱電温度計，非接触方式の放射温度計について，学習しておきましょう。

3
燃焼方法および装置

①熱電温度計

　熱電温度計は，2種類の金属の両接点の温度差によって生じる起電力を測定して温度を求めます。つまり，一方の接点を一定の温度に保ちながら他方の接点を各種温度にしたときの起電力があらかじめわかっていれば，その起電力から他方の接点の温度を求めることができます。一定温度に保つほうの接点は，通常，氷槽に入れて0℃に保つことから，冷接点とよばれます。

　2種の金属の組合せは**熱電対**といい，B熱電対，K熱電対などいくつかの種類があります。主な熱電対の種類ごとに，その構成材料などをみておきましょう。

■**主な熱電対の種類と構成材料**（「JIS C1602」より）

	構成材料	
	＋脚	−脚
B熱電対	ロジウム30%を含む白金ロジウム合金	ロジウム6%を含む白金ロジウム合金
R熱電対	ロジウム13%を含む白金ロジウム合金	白金
K熱電対	ニッケルおよびクロムを主とした合金	ニッケルを主とした合金

■**主な熱電対の素線径と常用限度**（「JIS C1602」より）

	素線径（mm）	常用限度（℃）
B熱電対	0.50	1500
R熱電対	0.50	1400
K熱電対	0.65 1.60 3.20	650 850 1000

②放射温度計

　放射温度計は，物体から放出される**放射熱**（輻射熱）が絶対温度の4乗に比例することを応用し，放射熱をサーモパイルやサーミスターボロメーターなどで測定して温度を求めます。測定対象である物体と計器との間に，**水蒸気**や煙，**二酸化炭素**（CO_2）があると誤差を生じます。

冷接点を用いる場合の結線
熱電対から冷接点までは補償導線，冷接点から指示計までは銅導線を用いて結線します。

B熱電対
B熱電対はJISが規定している熱電対の中で常用限度（℃）が最も高い熱電対です。

常用限度
空気中で連続使用できる温度の限度をいいます。これに対し，必要上やむを得ない場合に短時間使用できる温度の限度を過熱使用限度といい，常用限度よりやや高めの温度になります。

ここでは，フロート形面積流量計とピトー管について学習します。

①フロート形面積流量計

　垂直なテーパー管内にフロート（浮子）を入れたもので，管の断面積は上端が下端よりも拡がっています（テーパーとは円錐状に加工された状態をいいます）。テーパー管の下方から上方へと流れ込む流量の大小に応じてフロートが回転しながら上下し，その釣り合う位置を読み取って流量を求めます。管路断面積と流量とが一定の関係にあることを応用しており，ロータメーターともよばれます。

　この測定では，流体の密度と粘度がわかっていることと，流体が管内を満たして流れ，その流れが定常流であることが必要とされます。

②ピトー管

　ピトー管は差圧計の一種であり，流れに対して正面と直角方向に小孔をもち，それぞれの孔から別々に圧力を取り出す細管が内蔵されています。管内を流れる流体の圧力差（全圧と静圧の差＝動圧）から流速を求め，さらに，その流速から流量を求めます（全圧は流れの方向，静圧は流れとは直角の方向の圧力です）。

チャレンジ問題

問 1　　　　　　　　　　　　　　　　　　　難　中　**易**

　燃焼管理用計測器に関する記述として，誤っているものはどれか。

(1) 磁気式O_2計では，体積磁化率の大きいNOは測定に影響を及ぼす。

(2) ジルコニア方式O_2計では，CO，CH_4等の可燃性ガスは測定に影響を及ぼす。

(3) JISのR熱電対は，K熱電対より高温度の測定ができる。

(4) フロート形面積流量計は，フロートが回転しながら流量に応じて上下するもので，ロータメーターとも呼ばれる。

(5) ピトー管では，流体の全圧と動圧の差から流速を求める。

解説

(1) 一酸化窒素（NO）は，磁気式O_2計にとっての妨害成分です。

(2) 一酸化炭素（CO）やメタン（CH_4）等の可燃性ガスは，ジルコニア方式O_2計にとっての妨害成分です。

(3) 一般に，同種類の熱電対では素線径が大きいものほど常用限度（℃）が高くなります。JISの規格上，K熱電対では素線径が最大の3.20mmのとき常用限度が1000℃です。これに対し，R熱電対の常用限度は1400℃です。したがって，R熱電対はK熱電対より高温度の測定ができます。

(4) フロート形面積流量計は，ロータメーターともよばれ，流量に応じてフロートが回転しながら上下します。

(5) ピトー管では，流体の全圧と静圧の差から流速を求めます（全圧＝動圧＋静圧なので，全圧と静圧の差とは動圧を意味します）。全圧と動圧の差（＝静圧）から流速を求めるというのは誤りです。

解答 (5)

問2   難　中　**易**

　熱電温度計と放射温度計との比較に関する記述として，誤っているものはどれか。

(1) 放射温度計は，一般には表面温度を測定する。

(2) 放射温度計は，運動している物体の温度も測定できる。

(3) 一般に，応答の遅れは，放射温度計のほうが小さい。

(4) 熱電温度計のほうが，高温度の測定ができる。

(5) 放射温度計は，被測温体と計器との間に水蒸気やCO_2があると，測定に誤差を生じる。

解説

(4) 測定できる温度の範囲は，熱電温度計が−200 〜 1700℃，放射温度計はサーモパイル形が200 〜 2000℃，サーミスターボロメーター形が−50 〜 3200℃とされており，放射温度計のほうが高温度の測定ができます。

このほかの肢は，すべて正しい記述です。

解答 (4)

4 排煙脱硫技術

まとめ&丸暗記

● この節の学習内容のまとめ ●

☐ 排煙脱硫プロセス
- 湿式…石灰スラリー吸収法，水酸化マグネシウムスラリー吸収法 等
- 半乾式…スプレードライヤー法 等
- 乾式…活性炭吸着法 等

☐ 石灰スラリー吸収法
- 石灰石（$CaCO_3$）等の混合物（スラリー）を吸収剤として二酸化硫黄（SO_2）を吸収し，石こう（$CaSO_4$）を生成する脱硫システム
- 電気事業用大型ボイラーの主流
- 吸収工程…吸収剤でSO_2を吸収し，亜硫酸カルシウム（$CaSO_3$）を生成
- 酸化工程…亜硫酸カルシウムを酸化して，石こうを生成
- 脱硫装置の方式

スート混合方式	吸収塔が，SO_2の吸収とダスト等の除去を行う → 冷却除じん塔が不要
吸収塔酸化方式	吸収塔が，SO_2の吸収と亜硫酸カルシウムの酸化を行う → 酸化塔が不要
一塔式	吸収塔が，冷却＋除じん，吸収，酸化のすべてを行う

- スケーリングの防止と脱硫性能の維持
  吸収工程では，スラリーのpHを6程度に調整することが重要

☐ 水酸化マグネシウムスラリー吸収法
- 水酸化マグネシウム（$Mg(OH)_2$）を5 〜 10％含むスラリーを吸収剤として二酸化硫黄（SO_2）を吸収し，硫酸マグネシウム（$MgSO_4$）などを生成する脱硫システム
- 一般産業用の中・小形ボイラーの主力
- スケーリングの心配がなく，維持管理が容易

排煙脱硫プロセス

1 排煙脱硫プロセスの種類

　排ガス中の二酸化硫黄（SO_2）を除去する排煙脱硫技術には，湿式，半乾式，乾式の３つの方式があります。それぞれに分類される脱硫プロセスをみておきましょう。

■排煙脱硫プロセスの分類

脱硫の方式	脱硫プロセス
湿式	石灰スラリー吸収法
	水酸化マグネシウムスラリー吸収法
	アルカリ溶液吸収法
	ダブルアルカリ法
	酸化吸収法
半乾式	スプレードライヤー法
	炉内脱硫＋水スプレー法
乾式	活性炭吸着法
	炉内・煙道石灰吹き込み法

2 実用化の状況

　わが国で実用されている排煙脱硫技術の大部分は，湿式です。特に石灰スラリー吸収法が電気事業用大型ボイラーの主流となっており，一般産業用の中・小形ボイラーでは水酸化マグネシウムスラリー吸収法が最近の主力です。

　また，これら高効率な脱硫を行う湿式のプロセスと比べて脱硫率は低いものの，コストのかからない簡易なプロセスとして半乾式のスプレードライヤー法，炉内脱硫＋水スプレー法などの技術開発が推進されており，一部は政府のグリーンエイドプランの一環として開発途上国へ技術移転が行われています。

　さらに，活性炭吸着法などの乾式の同時脱硫・脱硝法の技術開発も進み，実用化されています。

アルカリ溶液吸収法
吸収剤として水酸化ナトリウム溶液やアンモニア水等を使用します。アンモニア水による場合は，循環吸収液のpHを６程度に保ちます。

スプレードライヤー法
水酸化カルシウム等を吸収剤として噴霧し，生成したSO_2吸収物をガスの熱や反応熱で乾燥させ，粉末状になったものを集じん装置で捕集します。

石灰スラリー吸収法

1 石灰スラリー吸収法とその排煙脱硫装置

　石灰スラリー吸収法では，**石灰石**（炭酸カルシウム$CaCO_3$），**消石灰**（水酸化カルシウム$Ca(OH)_2$），ドロマイト，フライアッシュ等の混合物を吸収剤とし，その**スラリー**（固体粒子が液体と混じって泥状になった流動体）で二酸化硫黄（SO_2）を吸収します。副生物として**石こう**（硫酸カルシウム$CaSO_4$）を生じます。

■石灰スラリー吸収法による脱硫プロセスの大まかなフロー

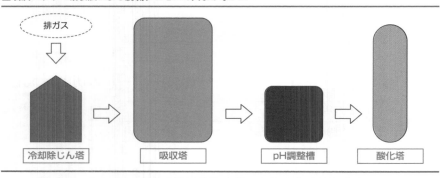

　この脱硫プロセスは，吸収工程と酸化工程に大きく分けられます。

①**吸収工程**

　高温の排ガスは，**冷却除じん塔**で，吸収に適した温度（50〜60℃）まで冷却されるとともに，ダストや硫酸ミストなどが除去されます。次に，**吸収塔**に入り，排ガス中の二酸化硫黄（SO_2）が吸収液（スラリー）と反応して亜硫酸カルシウム（$CaSO_3 \cdot 1/2H_2O$）が生成されます（吸収工程では，**吸収液のpHを6程度に調整することが重要です** ○P.156参照）。

$$CaCO_3 + SO_2 + \frac{1}{2}H_2O \longrightarrow CaSO_3 \cdot \frac{1}{2}H_2O + CO_2$$

②**酸化工程**

　亜硫酸カルシウムを含んだ吸収液は，**pH調整槽**でpH4以下に調整された後，**酸化塔**で空気と接触して酸化され，石こうスラリーとなります。これを濃縮して遠心分離器にかけ，最終的に石こう粉末（$CaSO_4 \cdot 2H_2O$）として回収します。

$$CaSO_3 \cdot \frac{1}{2}H_2O + \frac{1}{2}O_2 + \frac{3}{2}H_2O \longrightarrow CaSO_4 \cdot 2H_2O$$

③スート分離方式とスート混合方式

　スート分離方式とは，前ページの図のように，吸収塔の前に冷却除じん塔を設置する方式をいいます。あらかじめ吸収に適した温度にするとともに，ダストなどを除去しておくため，不純物の混入が少なく，高純度の石こうを得ることができます。一方，スート混合方式は，吸収塔で二酸化硫黄の吸収とダストなどの除去を同時に行う方式です。冷却除じん塔が不要なため，コストが安くてすみます。

④別置き酸化塔方式と吸収塔酸化方式

　別置き酸化塔方式とは，前ページの図のように，吸収塔の後に酸化塔を別個に設置する方式をいいます。

　吸収塔酸化方式は，吸収塔内で吸収と酸化を同時に行う方式です。装置が簡単なうえ，電力費が節約できることなどから，多く採用されています。

　さらに，冷却＋除じん，吸収，酸化の工程をすべて吸収塔で行う一塔式の排煙脱硫システムが実用化されており，近年主流となっています。

2　スケーリング防止策

　亜硫酸カルシウムや石こうは，水への溶解度が小さいため，吸収液中で結晶として析出します。スケーリングとはこれらの結晶の一部が，吸収塔，デミスター，配管などの装置材料面に固結する現象をいいます。

　吸収塔酸化方式では，石こうに対するスケーリング防止策として次のような方法をとっています。

- ●吸収塔内部を，液のよどみの少ない単純構造とし，表面の滑らかな材料を用いる
- ●吸収液に石こうの種結晶を加えておき，酸化反応で生成する硫酸カルシウム（$CaSO_4$）をこの種結晶表面に析出させることによって，装置材料への付着を減らす
- ●吸収液の石こう過飽和度を常に低く保つため，吸収塔の下部に滞留時間の大きな反応槽を設ける
- ●デミスターは，定期的に水洗するようにする

補　足

ドロマイト
カルシウムやマグネシウムの炭酸塩からなる鉱物をいいます。

フライアッシュ
石炭火力発電所で微粉炭を燃焼した際に発生する石炭灰のうち，集じん器で採取された灰のことをいいます。

副生物の石こう
建材用石こうボードやセメント添加剤として大きな需要があることから，副生物の石こうにも品質の高さが求められます。

スート
すすを含むばいじんを意味します。

亜硫酸カルシウムの溶解度
吸収液が酸性の場合には溶解度が大きいですが，アルカリ性の場合には著しく溶解度が小さくなってしまいます。

デミスター
不純物を除去するための分離装置です。

4
排煙脱硫技術

①脱硫性能の維持

脱硫性能の維持にとって，次の点が重要です。

- 吸収液（スラリー）がpH5より低いと脱硫率が低下し，逆にpH7以上では脱硫率は高くなるものの，亜硫酸カルシウム（$CaSO_3$）の溶解度が著しく低下してスケーリングの原因となるため，**吸収液のpHは6程度（弱酸性）に調整する**
- 気液接触効率が脱硫性能に影響を与えるため，**吸収液噴射ノズル**が異物混入などによって閉塞しないよう注意する
- 配管や反応槽内に**スケール（固着物）**が付着すると，一部が剥離してノズルの閉塞が起こりやすくなるため，スケーリング防止に留意した運転を行う

②酸化反応用空気流量

空気流量に留意した運転が大切です。空気供給量が不足すると酸化反応速度が低下し，亜硫酸カルシウムが残留することから脱硫性能が低下します。また空気流量が低下すると，粒子を含んだ吸収液の逆流が起こり，酸化反応用空気ノズルが詰まりやすくなります。

③装置材料

吸収液等で常時湿潤している部位に，樹脂やゴムといった耐熱性に乏しい材料が使用されていることが多いため，このような材料を保護し，装置に損傷を与えないよう，該当部位の温度に注意する必要があります。

チャレンジ問題

問1　　　　　　　　　　　　　　　　　　　　　　　難｜中｜**易**

石灰スラリー吸収法による排煙脱硫システムに関する記述として，誤っているものはどれか。
(1) スート分離方式では，吸収塔の前に冷却除じん塔が設置される。
(2) スート混合方式では，スート分離方式より高純度の石こうが得られる。
(3) 別置き酸化塔方式では，吸収塔の後に酸化塔が設置される。
(4) 吸収塔酸化方式では，吸収塔内で硫黄酸化物の吸収と亜硫酸カルシウムなどの酸化が行われる。
(5) 冷却除じん，吸収，酸化の工程を一塔で行う排煙脱硫システムが実用化されている。

4

解説

(2) スート混合方式では，石こう中に不純物が混入しやすくなります。スート分離
方式よりも高純度の石こうが得られるというのは誤りです。

解答 (2)

問2　　　　　　　　　　　　　　　　難 | 中 | **易**

石灰スラリー吸収法に関する記述中，下線を付した箇所のうち，誤っているものはどれか。

(1)別置き酸化塔方式の脱硫プロセスにおいて，(2)吸収塔では$CaCO_3$スラリーはSO_2を吸収して，主に$CaSO_3$を生成する。スラリーのpHを高くすると脱硫率は(3)高くなるが，$CaSO_3$の溶解度が著しく(4)低下し，スケーリングの原因となる。高脱硫率の維持及びスケーリング防止の両面から，スラリーのpHは(5)4程度に調整される。

解説

(5) 吸収工程においては，スラリーのpHは6程度に調整します。pH4程度というのは誤りです。

解答 (5)

問3　　　　　　　　　　　　　　　　難 | 中 | **易**

石灰スラリー吸収法による排煙脱硫装置の維持管理に関する記述として，誤っているものはどれか。
(1) 吸収液噴射ノズルの閉塞に注意する。
(2) 吸収塔内部に設ける構造物は単純構造とし，表面の滑らかな材料を用いる。
(3) 吸収液の石こう過飽和度を常に高い状態に保つ。
(4) デミスターは定期的に水洗する。
(5) 耐熱性に乏しい耐食材料の保護のため，該当部位の温度に注意する。

解説

(3) 吸収液の石こう過飽和度は，常に低く保つことがスケーリング防止につながります。高い状態に保つというのは誤りです。

解答 (3)

水酸化マグネシウムスラリー吸収法

1 水酸化マグネシウムスラリー吸収法における反応

水酸化マグネシウムスラリー吸収法では，水酸化マグネシウム（Mg(OH)$_2$）を5〜10％含むスラリーで二酸化硫黄（SO$_2$）を吸収します。硫酸マグネシウム（MgSO$_4$）や石こう（CaSO$_4$）が副生物として生成されます。

水酸化マグネシウムスラリー吸収法による排煙脱硫装置の中で起こる反応を，吸収工程と酸化工程に分けてみておきましょう。

①吸収工程

吸収塔において，次の反応が起こります。

$$SO_2 + H_2O \longrightarrow H_2SO_3$$
$$H_2SO_3 + Mg(OH)_2 \longrightarrow MgSO_3 + 2H_2O$$
$$MgSO_3 + H_2SO_3 \longrightarrow Mg(HSO_3)_2$$
$$Mg(HSO_3)_2 + Mg(OH)_2 \longrightarrow 2MgSO_3 + 2H_2O$$

吸収塔から取り出されたスラリーには，亜硫酸マグネシウム（MgSO$_3$）および亜硫酸水素マグネシウム（Mg(HSO$_3$)$_2$）が残存することがわかります。しかし，これらをそのまま水域に放流すると，化学的酸素消費量（COD）を増大させてしまうため，次の酸化工程が必要となります。

②酸化工程

酸化塔において，次の反応が起こります。

$$Mg(HSO_3)_2 + O_2 \longrightarrow MgSO_4 + H_2SO_4$$
$$MgSO_3 + \frac{1}{2}O_2 \longrightarrow MgSO_4$$
$$H_2SO_4 + Mg(OH)_2 \longrightarrow MgSO_4 + 2H_2O$$

生成された硫酸マグネシウム（MgSO$_4$）は無害であるため，そのまま廃液として海に放流できます。また，硫酸マグネシウムに水酸化カルシウム（Ca(OH)$_2$）を加えて，水酸化マグネシウムを再生するとともに，石こう（CaSO$_4$）を回収することもできます。

$$MgSO_4 + Ca(OH)_2 + 2H_2O \longrightarrow Mg(OH)_2 + CaSO_4 \cdot 2H_2O$$

水酸化マグネシウムスラリー吸収法の特徴をまとめておきましょう。

- 設備が複雑でないため，設備費があまりかからない
- 水酸化マグネシウムは弱アルカリ性で，**毒性や腐食性**がほとんどなく，取扱いが容易である
- アルカリ溶液吸収法で用いる水酸化ナトリウム（NaOH）と比べ，水酸化マグネシウムは**薬品単価が安い**
- 生成する亜硫酸マグネシウム（$MgSO_3$）や硫酸マグネシウム（$MgSO_4$）は，溶解度が水酸化マグネシウムよりも大きいため**スケールが生じにくく**，石灰スラリー吸収法のような閉塞の心配がない

補足

熱分解工程

排煙脱硫装置の中での反応とは別に，亜硫酸マグネシウムと硫酸マグネシウムを含む溶液から両者を分解・乾燥し，熱分解によって酸化マグネシウム（MgO）を得る工程です。MgOに水を加えると水酸化マグネシウムを再生することができます。

4　排煙脱硫技術

チャレンジ問題

問1

難　中　**易**

　水酸化マグネシウムスラリー吸収法に関する記述として，**誤っているもの**はどれか。

(1) アルカリ溶液吸収法で使用するNaOHに比べ，$Mg(OH)_2$の薬品単価が安い。

(2) $Mg(OH)_2$は弱アルカリ性で，毒性，腐食性もほとんどない。

(3) 反応後の生成塩の溶解度は，$Mg(OH)_2$に比べて小さい。

(4) $MgSO_3$，$Mg(HSO_3)_2$を含むスラリーをそのまま放流すると，水域の化学的酸素消費量を増大させる。

(5) 中小形産業用ボイラーに適している。

解説

(3) 反応後の生成塩である亜硫酸マグネシウム（$MgSO_3$）や硫酸マグネシウム（$MgSO_4$）の溶解度は，水酸化マグネシウム（$Mg(OH)_2$）に比べて大きいため，スケールが生じにくいとされています。$Mg(OH)_2$に比べて溶解度が小さいというのは誤りです。

解答 (3)

5 窒素酸化物排出防止技術

まとめ＆丸暗記

● この節の学習内容のまとめ ●

☐ **窒素酸化物の生成機構**

- 燃料の燃焼によって発生する一酸化窒素（NO）と二酸化窒素（NO_2）を一般にNOxとよぶ（燃焼ガス中，NOxの90％以上はNO）
- **サーマルNO**
  燃焼用空気中に含まれている窒素（N_2）と酸素（O_2）が，高温状態で反応して生成するNOのこと。燃焼温度が高いほど発生しやすい
- **フューエルNO**
  燃料中に含まれている窒素分（N）が燃焼中に酸化されて生成するNOのこと。燃料中の窒素分が多いほど多く発生する

☐ **低NOx燃焼技術**

　燃焼改善 ─── 運転条件の変更…低空気比燃焼 等

　　　　　　└── 燃焼装置の改造…二段燃焼，排ガス再循環燃焼，
　　　　　　　　　　　　　　　　　炉内脱硝法，低NOxバーナー 等

　燃料改善 ─── 燃料転換，燃料脱硝，エマルション燃料

☐ **排煙脱硝技術**

- アンモニア接触還元法が，処理能力で全体の90％以上を占めている
- アンモニア接触還元法は，排ガス中に還元剤のアンモニア（NH_3）を注入し，脱硝触媒の作用によって，NOxを窒素と水蒸気に還元する
- 現在は，酸化バナジウム（Ⅴ）を活性金属とし，酸化チタン（Ⅳ）を担体とする脱硝触媒がよく使用されている
- 触媒寿命の長さ…石炭燃焼＜油燃焼＜ガス燃焼

窒素酸化物の生成機構

1 サーマルNOとフューエルNO

　燃焼によって生成する窒素酸化物（NOx）は，90％以上が一酸化窒素（NO）です。NOは生成機構の違いにより，サーマルNOとフューエルNOに分けられます。

①サーマルNO

　燃焼用空気中に含まれている窒素（N_2）と酸素（O_2）が高温状態で反応して生成するNOをサーマルNOといいます（また，この場合のNOxをサーマルNOxといいます）。

　サーマルNOは燃焼温度が高いほど発生しやすく，逆に燃焼温度や燃焼域での酸素濃度が低いほど，また高温域での燃焼ガスの滞留時間が短いほど，発生しにくくなります。

②フューエルNO

　燃料中に含まれている窒素分（N）が燃焼中に酸化されて生成するNOをフューエルNOといいます（また，この場合のNOxをフューエルNOxといいます）。

　アンモニアやシアンなどの中間生成物を経て生成され，燃料中の窒素分が多いほど多く発生します。

2 NOx発生の抑制原理

　NOの生成機構から，NOx発生の抑制原理が導かれます。

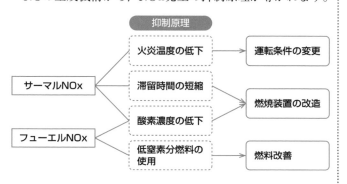

Zeldovich機構
サーマルNOの生成には次の反応が関与していると考えられます。
$$N_2+O \rightleftarrows NO+N$$
$$N+O_2 \rightleftarrows NO+O$$
これをZeldovich（ゼルドビッチ）機構といいます。また次の反応を含めて「拡大Zeldovich機構」といいます。
$$N+OH \rightleftarrows NO+H$$

プロンプトNO
拡大Zeldovich機構とは別に，シアン化水素などが生成に関与するNOをプロンプトNOといいます。炭化水素系燃料に特有のものであり，COやH_2の燃焼にはみられません。

低NOx燃焼技術

1 燃焼技術の改善（燃焼改善）

　燃焼技術の改善によるNOxの抑制対策には，運転条件の変更によるものと，燃焼装置の改造によるものがあります。

①運転条件の変更

　燃焼装置の改造と比べて，設備投資は少なくてすみますが，NOxの抑制効果が少なく，弊害もあります。

低空気比燃焼	可能な限り過剰空気量を少なくし，空気比1.0に近づけて燃焼させる。ただし，空気比を下げ過ぎるとすすが発生しやすくなる
燃焼室熱負荷の低減	燃焼室熱負荷の低減により，火炎温度を低下させることができるが，ボイラーの出力等の低下につながるため実施が困難である
空気予熱温度の低下	燃焼用空気の予熱温度を低下させることは火炎温度の低下に結びつくが，燃焼室熱負荷の低減と同様の弊害がある

②燃焼装置の改造

　燃焼装置の改造による，NOx低減のための新しい燃焼方法です。

二段燃焼	第1段の供給空気量を理論空気量の80～90％に制限し，第2段で不足の空気を補って系全体で完全燃焼させる。急激な燃焼反応を抑えて火炎温度の上昇を防ぐとともに，酸素濃度も低下させる。サーマルNOx，フューエルNOxともに低減効果がある
排ガス再循環燃焼	排ガスの一部を燃焼用空気に混入させて燃焼温度を低下させる。NOx低減効果の面から，排ガス循環率は10～20％程度とする
濃淡燃焼	燃料過剰と空気過剰の複数のバーナーを使用し，燃料過剰の部分で酸素濃度の低下，空気過剰の部分では火炎温度の低下を図る。負荷変動の大きい施設では燃焼管理が複雑化し，適用が難しい
水蒸気または水吹き込み	燃焼火炎中に水蒸気または水を吹き込み，その潜熱・顕熱を利用して火炎温度を低下させる。水処理装置等が必要で採用が難しい
炉内脱硝法	炭化水素系燃料や石炭にNOxの還元性があることを利用し，主燃料の一部をバイパスさせて脱硝用燃料として用いることによって炉内で脱硝反応を完了させる。サーマルNOx，フューエルNOxともに低減効果がある
低NOxバーナー	抑制原理を組み合わせ，バーナーに取り入れたもの（◐P.163参照）

③低NOxバーナー

現在，実用化の段階にあるものをみておきましょう。

急速燃焼形	燃料と空気をほぼ直角に衝突させることで急速に混合させ，頂角の大きい円錐状の薄い火炎を形成し，火炎温度の低下と燃焼ガスの高温部での滞留時間短縮を図る
緩慢燃焼形	燃焼域または火炎表面積の拡大により，火炎温度および酸素分圧の低下を図る
分割火炎形	火炎を複数の独立した小火炎に分割することによって，放熱性をよくして火炎温度を低下させ，火炎層を薄くして高温域でのガスの滞留時間を短縮させる
自己再循環形	バーナー内部で燃焼ガスの再循環を強制的に行わせ，循環域での酸素濃度を低下させるとともに，燃料のガス化を促進して燃焼温度を低下させる
段階的燃焼組込形	バーナー内に，二段燃焼や濃淡燃焼等の原理を組み込んだもの

2 燃料改善

①燃料転換および燃料脱硝

　窒素分の少ない良質燃料への転換（**燃料転換**）や，燃料中の窒素分の除去（**燃料脱硝**）は，フューエルNOを減少させることから，有効なNOx低減対策となります。

②エマルション燃料

　石油系燃料に**水**と微量の**界面活性剤**を加え，混合撹拌して作られる燃料です。次のような特徴があります。

- 燃料中の水分の蒸発潜熱により，**燃焼温度が低下**する
- 水分が燃料中に微粒子状で均一分散しているため，火炎中に局所高温部が生じることを抑制できる
- 水滴の蒸発による体積膨張で燃料粒子がはじき飛ばされ，**油滴の微粒化**が一層促進されることにより，空気との接触面積が増大して**低空気比燃焼**が可能となる

　以上の特徴から，エマルション燃料は，サーマルNOxに対しては抑制効果が大きいが，フューエルNOxに対してはあまり大きな抑制効果がないと考えられます。また，熱効率の低下が避けられないことや，長期運転による腐敗への配慮が必要になるといった問題があります。

補足

燃焼改善の抑制効果
①サーマルNOxに対して抑制効果が大きい
- 二段燃焼
- 排ガス再循環燃焼
- 炉内脱硝法

②フューエルNOxに対し抑制効果が大きい
- 低空気比燃焼
- 二段燃焼
- 炉内脱硝法
- 段階的燃焼組込形の低NOxバーナー

補足

エマルション
液体中に，これと混じり合わないほかの液体の小滴が微粒子状で均一に分散している状態をいいます。

5

窒素酸化物排出防止技術

問1　　　　　　　　　　　　　　　　　　　　　　難　**中**　易

　低NOx燃焼法に関する記述として，誤っているものはどれか。

(1) 低空気比燃焼では，可能な限り過剰空気量を少なくして燃焼させる。

(2) 排ガス再循環燃焼では，通常，排ガス循環率を10 〜 20%程度にする。

(3) 重油燃焼に二段燃焼を適用する場合には，第1段階の供給空気量を理論空気量の80 〜 90%程度に制限し，系全体で完全燃焼させる。

(4) 水蒸気吹き込みでは，主に火炎温度の低下によってフューエルNOxの低減を図る。

(5) 濃淡燃焼では，燃料過剰と空気過剰の組合せによってNOxの抑制を図る。

解説

(4) 水蒸気吹き込みのように火炎温度を低下させるものは，サーマルNOxの低減に結びつきます。フューエルNOxの低減を図るというのは誤りです。

解答 (4)

問2　　　　　　　　　　　　　　　　　　　　　　難　中　**易**

　フューエルNOxに対する抑制効果が大きい低NOx燃焼法として，誤っているものはどれか。

(1) 低空気比燃焼

(2) 二段燃焼

(3) 炉内脱硝

(4) 段階的燃焼組込み形低NOxバーナー

(5) エマルション燃料の使用

解説

(5) エマルション燃料は，サーマルNOxに対しては抑制効果が大きいが，フューエルNOxに対してはあまり大きな抑制効果がないとされています。

解答 (5)

排煙脱硝技術

1 排煙脱硝技術の種類

排ガス中の窒素酸化物（NOx）を除去する排煙脱硝技術には乾式と湿式の２つの方式があります。それぞれに分類される脱硝プロセスをみておきましょう。

■排煙脱硝プロセスの分類

脱硝の方式	脱硝プロセス
乾式	アンモニア接触還元法
	無触媒還元法
	活性炭法
湿式	酸化還元法

わが国で実用化されているものの大部分は乾式であり，特に，アンモニア接触還元法が処理能力で全体の90％以上を占めています。また，活性炭法は同時脱硫・脱硝が可能であり，最近では事業用発電ボイラー等に採用されています。

2 アンモニア接触還元法の基本

アンモニア接触還元法とは，排ガス中に，還元剤としてアンモニア（NH_3）を注入し，脱硝触媒の作用によって，窒素酸化物（NO，NO_2）を窒素と水蒸気に還元する方法をいいます。次のような特徴があります。

- 排ガス中にアンモニアを注入するだけの簡単なプロセスでありながら，90％以上の脱硝率が得られる
- 脱硝反応後は，無害な窒素（N_2）と水蒸気（H_2O）しか生じないため，二次公害が発生しにくい
- 適切なガス温度ならば，多種多様な排ガスに適用できる
- 負荷変動時，アンモニアの添加量を自動的に制御することによって，良好な追従性を発揮できる
- 運転操作が簡単で，メンテナンスも容易である

活性炭法
活性炭または活性コークスによって排ガス中のSOxを吸着するとともに，NOxについては活性炭の触媒作用によりNH₃で窒素に還元させます。脱硫と脱硝を同時に行うことから，同時脱硫・脱硝技術とよばれます。

アンモニア接触還元法の基本反応
- $4NO+4NH_3+O_2$
  $\rightarrow 4N_2+6H_2O$
- $NO+NO_2+2NH_3$
  $\rightarrow 2N_2+3H_2O$

反応温度は250〜450℃です。

①脱硝触媒の形状

　以前はペレット状（粒状）やリング状でしたが，触媒層のダストによる**閉塞**の防止および圧力損失の低減のため，現在では主に**ハニカム状（格子状）**あるいは**プレート状（板状）**の並行流形が使用されています。

②脱硝触媒の組成

　触媒は，触媒作用をもつ「**活性金属**」と，活性金属を適切に分散させて保持する「**担体**」などから構成されます。

活性金属	● 白金（Pt），酸化バナジウム（V）（V_2O_5）などがある ● 白金系触媒は活性が高く，比較的低い温度でも高い脱硝率が得られるが，SO_xによる被毒が著しく，また価格が高いため，実際には使われていない ● 酸化バナジウム（V）は，SO_x存在下でも高い活性を示す
担体	● 酸化アルミニウム（Al_2O_3），酸化チタン（Ⅳ）（TiO_2）などがある ● 酸化アルミニウムは，SO_xと反応して硫酸アルミニウムを生成し，活性が低下してしまう ● 酸化チタン（Ⅳ）は，硫酸塩化されにくい担体として開発された

　現在，主に使用されている脱硝触媒は，**酸化バナジウム（V）**を活性金属とし，**酸化チタン（Ⅳ）**を担体とするものです。

　ただし，酸化バナジウム（V）は二酸化硫黄（SO_2）を三酸化硫黄（SO_3）に酸化します。ガス温度が約250℃以下に低下すると，このSO_3が排ガス中の未反応NH_3と反応して**硫酸水素アンモニウム（NH_4HSO_4）**を生成し，これが熱交換器に付着して腐食を起こしたり通風抵抗を増加させたりします。このため，触媒中の酸化バナジウム（V）を減らし，**酸化タングステン（Ⅵ）（WO_3）**などを加えた触媒によってSO_3への酸化を抑制します。

　また，脱硝反応では排ガス中のNO_xと注入したNH_3が**モル比1：1**で反応するため，NH_3注入量に対応した脱硝率が得られますが，注入量の増加が余剰アンモニア（リークアンモニア）の増加につながるため，重油ボイラー排ガスの処理ではNH_3/NO_xモル比を0.85程度に下げるといった解決法がとられます。

③触媒寿命

　触媒はある程度の期間が経過すると活性が低下するため，交換しなければなりません。この期間を**触媒寿命**といい，石炭燃焼ボイラーで5～6年，油燃焼ボイラーで7～8年，ガス燃焼ボイラーで8～10年程度とされています。

④その他の技術的問題点

フライアッシュ等による摩耗を防ぐため，触媒のガス入口部分を硬くします。また，使用済み触媒から重金属を回収して汚染を防ぐといった配慮も必要です。

チャレンジ問題

問1

難 | 中 | **易**

アンモニア接触還元法で用いられる化学物質に関する記述として，誤っているものはどれか。

(1) アンモニアは，NO_xの還元剤である。
(2) 酸化チタン（Ⅳ）は，硫酸塩化されにくい触媒担体である。
(3) 酸化バナジウム（Ⅴ）は，よく用いられる触媒中の活性金属である。
(4) 酸化タングステン（Ⅵ）は，SO_2の酸化を抑制するために使用される。
(5) 白金系触媒は，SO_xによる被毒を受けにくい。

解説

(5) 白金系の触媒はSO_xによる被毒が著しいため，SO_x存在下でも高い活性を示す酸化バナジウム（Ⅴ）（V_2O_5）が活性金属として用いられています。

解答 (5)

問2

難 | 中 | **易**

アンモニア接触還元法による排煙脱硝において使用される触媒として，誤っているものはどれか。

(1) 活性金属として，V_2O_5がよく使われる。
(2) SO_xによる被毒を防ぐための担体として，Al_2O_3がよく使われる。
(3) ダストによる閉塞を防ぐためには，ハニカム状のものがよく使われる。
(4) フライアッシュによる摩耗を防ぐためには，ガス入口部分をかたくする。
(5) 寿命は，石炭燃焼ボイラーへの適用のほうが，ガス燃焼ボイラーへの適用より短い。

解説

(2) 酸化アルミニウム（Al_2O_3）は，SO_xと反応して硫酸塩を生成してしまいます。SO_xによる被毒を防ぐための担体として使われるのは酸化チタン（Ⅳ）です。

解答 (2)

5
窒素酸化物排出防止技術

6 測定関係

まとめ & 丸暗記

● この節の学習内容のまとめ ●

☐ 燃料試験方法

- 気体燃料…一般成分の分析は，ガスクロマトグラフ法による
- 液体燃料（硫黄分と窒素分の定量方法）

硫黄分 （自動車ガソリン, 灯油, 軽油に適応）	● 酸水素炎燃焼式ジメチルスルホナゾⅢ滴定法 ● 微量電量滴定式酸化法　　● 紫外蛍光法 ● 波長分散蛍光X線法（検量線法）
窒素分	● マクロケルダール法　　● 微量電量滴定法　　● 化学発光法

- 固体燃料（元素の定量方法）

炭素および水素	リービッヒ法，シェフィールド高温法
全硫黄	エシュカ法，高温燃焼法
窒素	セミミクロケルダール法

☐ 排ガス試料採取方法

- 採取位置はダクトの屈曲部分などを避ける。採取点は1点でもよい
- 採取管・導管，ろ過材等には，化学反応の影響のない材質を使用する
- SO_2の連続分析の場合，採取管・導管は150℃以上に加熱する

☐ 排ガス中のSOx自動計測器の種類と妨害成分

溶液導電率方式	二酸化炭素，アンモニア，塩化水素，二酸化窒素
赤外線吸収方式	二酸化炭素，炭化水素
紫外線吸収方式	二酸化窒素
紫外線蛍光方式	芳香族炭化水素
干渉分光方式	水分，二酸化炭素，炭化水素

☐ 排ガス中のNOx自動計測器とコンバーター

- 化学発光方式と赤外線吸収方式…コンバーター必要
- 紫外線吸収方式と差分光吸収方式…コンバーター不要

燃料試験方法

1 気体燃料試験方法

　JIS K 2301では，燃料ガスおよび天然ガスの一般成分・特殊成分の分析方法や，発熱量の測定法などについて規定しています（液化石油ガス［LPG］，液化天然ガス［LNG］には適用しません）。

①一般成分分析法

　一般成分とは，燃料ガスおよび天然ガスを構成する成分のうち，メタン（CH_4）をはじめとするガス状炭化水素類，水素（H_2），ヘリウム（He），一酸化炭素（CO），二酸化炭素（CO_2），酸素（O_2），窒素（N_2）をいいます。

　一般成分の分析は，ガスクロマトグラフ法によって行います。クロマトグラフとは，何種類もの成分が混在している試料中から，それぞれの成分を分離し検出する装置をいいます。装置に導入された試料ガスは，カラム（分離管）と呼ばれる部分で各成分が分離された後，検出器によって検出され，クロマトグラム（分離像）として記録されます。そして，記録されたそれぞれのピーク面積を，成分の濃度が既知の標準ガスのピーク面積と比較することによって，各成分を定量します。

■ クロマトグラムの例

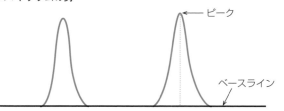

②発熱量測定法

　気体燃料の発熱量は，ユンカース式流水形ガス熱量計で測定するか，またはガスクロマトグラフ法で得た成分組成から計算によって求めます。

特殊成分
全硫黄，硫化水素，アンモニア，ナフタレン，水分が特殊成分とされています。

試料
試験や分析などのために供される物質のことをいいます。

検出器
熱伝導度検出器（TCD）または水素炎イオン化検出器（FID）が用いられます。

ピーク面積
各成分のピークとベースラインとの間の面積をいいます。ピーク面積は成分量にほぼ比例しています。

①硫黄分定量方法

原油および石油製品の硫黄分を定量する方法は，JIS K 2541-1 ～ 7に規定されています。試験方法の種類とそれぞれの適用油種をまとめておきましょう。

■硫黄分試験方法の種類と適用油種の例

試験方法の種類	適用油種の例
酸水素炎燃焼式ジメチルスルホナゾⅢ滴定法	自動車ガソリン，灯油，軽油
微量電量滴定式酸化法	
紫外蛍光法	
波長分散蛍光X線法（検量線法）	
燃焼管式空気法	原油，軽油，重油
放射線式励起法	
ボンベ式質量法	原油，重油，潤滑油

②窒素分定量方法

原油および石油製品の窒素分を定量する方法は，JIS K 2609に規定されています。試験方法の種類とそれぞれの適用油種，特徴をまとめておきましょう。

■窒素分試験方法の種類と適用油種および特徴

試験方法の種類	適用油種	特徴
マクロケルダール法	潤滑油，重油	• この規格の基本法とされている • 試験に用いる試料の量が多く，試料の分解だけで7 ～ 10時間かかってしまう。さらに水蒸気蒸留時間が40 ～ 50分間，滴定等に10 ～ 20分間を要する • 定量操作は中和滴定法である
微量電量滴定法	ナフサ，灯油，軽油，潤滑油，原油，重油	• 機器分析法であり，迅速に窒素分を求めることができる（5 ～ 10分間）
化学発光法		• 機器分析法であり，迅速に窒素分を求めることができる（5 ～ 10分間） • 微量電量滴定法よりも機器の保守管理が簡単である

③発熱量測定法

原油および燃料油の総発熱量を，改良形燃研式熱量計を用いて測定する方法がJIS K 2279に規定されています。

3　固体燃料試験方法

①工業分析方法

　石炭類およびコークス類の工業分析方法が，JIS M 8812
に規定されています。水分，灰分，揮発分についてはその
定量方法を，固定炭素については質量%の算出方法を定め
ています。各定量方法についてみておきましょう。

■水分，灰分，揮発分の定量方法

水分定量法	試料を一定温度で一定時間加熱し，その減量を水分として，試料に対する質量%で表示する（空気中乾燥減量測定法）
灰分定量法	試料を空気中815℃で灰化し，残留する灰の質量を試料に対する質量%で表示する
揮発分定量法	空気との接触を避け，900℃で7分間試料を加熱し，減量%から水分%を減じたものを揮発分%とする

②元素分析方法

　石炭類およびコークス類の元素分析方法が，JIS M 8813
に規定されています。このうち，炭素および水素，全硫黄，
灰中の硫黄，窒素について，それぞれの定量方法の種類を
みておきましょう。

■元素の定量方法の種類

炭素および水素定量法		● リービッヒ法 ● シェフィールド高温法
全硫黄定量法		● エシュカ法 ● 高温燃焼法
灰中の硫黄の定量法		● 重量法 ● 高温燃焼法
窒素定量法	石炭	● セミミクロケルダール法
	コークス	● セミミクロガス化法

③発熱量測定法

　石炭類およびコークス類の，ボンブ熱量計による総発熱
量の測定方法および真発熱量の計算方法が，JIS M 8814に
規定されています。

補足

水分定量法（空気中乾燥減量測定法）における加熱温度と時間
● 石炭
　　…107℃で1時間
● コークス
　　…200℃で4時間

固定炭素の算出方法
石炭中の無水ベースでの固定炭素の算出式は以下のとおりです。
$FC = 100 - (A + VM)$
FC：固定炭素（wt%）
　A：灰分（wt%）
VM：揮発分（wt%）
（A，VMは無水ベース）

6
測定関係

　　　　　　　　　　　　　　　　　　　　　　難　中　**易**

　JISの燃料試験方法に関する記述として，誤っているものはどれか。

(1) 気体燃料の発熱量は，ユンカース式流水形ガス熱量計で測定するか，ガスクロマトグラフ法で得られた成分組成から計算によって求める。

(2) 酸水素炎燃焼式ジメチルスルホナゾⅢ滴定法は，ガソリン，灯油，軽油等の硫黄分の定量に用いられる。

(3) 重油中の窒素分の定量に要する時間は，微量電量滴定法のほうがマクロケルダール法より短い。

(4) 石炭の工業分析における固定炭素は，試料を燃焼して生成したCO_2を吸収剤に吸収させ，そのCO_2吸収量から求める。

(5) 石炭中の全硫黄の定量は，エシュカ法又は高温燃焼法のいずれかの方法で行う。

解説

(4) JISでは，水分・灰分・揮発分については定量方法を定めていますが，固定炭素については計算で求めるものとして算出方法を定めています。設問のような定量方法から求めるというのは誤りです。

解答 (4)

　　　　　　　　　　　　　　　　　　　　　　難　**中**　易

　JISの燃料試験方法とその測定対象との組合せとして，誤っているものはどれか。

	（燃料試験方法）	（測定対象）
(1)	シェフィールド高温法	石炭中の全硫黄分
(2)	セミミクロケルダール法	石炭中の窒素分
(3)	微量電量滴定式酸化法	灯油中の硫黄分
(4)	燃焼管式空気法	重油中の硫黄分
(5)	化学発光法	重油中の窒素分

解説

(1) シェフィールド高温法は，炭素および水素の定量方法です。石炭中の全硫黄分を測定対象とするというのは誤りです。

解答 (1)

排ガス試料採取方法

1 排ガス中の大気汚染物質の分析

大気汚染物質を効果的に抑制するには，排ガスを正確に分析することが不可欠といえます。排ガス中の大気汚染物質の測定方法には，手分析を基本とする化学分析と，自動計測器を用いる連続分析があります。化学分析は，自動計測器による連続測定値の検証などに用います。自動計測器には，試料の採取方法によって，試料ガス吸引採取方式，試料ガス非吸引採取方式，試料ガス希釈方式がありますが，ここでは試料ガス吸引採取方式を中心に学習します。

2 試料ガス採取方法

排ガス試料の採取方法については，JIS K 0095に規定されています。

①採取位置

試料ガスの採取位置は，ダクトの屈曲部分や断面形状の急激に変化する部分などを避けて，排ガスの流れが比較的一様に整流され，作業が安全かつ容易な場所を選びます。空気のダクト内への漏れこみが著しかったり，ダクト内にダストがたい積したり，落下が著しい所なども避けます。

②採取点

試料ガスの採取点は，採取位置に選んだダクト断面内に設けますが，必ずしも複数設ける必要はなく，各採取点の分析結果の相違が少なく，ガス濃度の変動が採取位置断面において±15%以下の場合は，任意の1点を採取点とすることができます。

③採取口

採取口は，ダクト内の排ガスの流れに対して，ほぼ直角に採取管を挿入できるような角度とします。

試料ガス吸引採取方式
国際的にトレーサブルな標準ガスによる校正を含めた精度管理や，乾きガス濃度が直接的に測定できるといった理由から，わが国では主流となっています。

採取点
ダクト内で排ガスを採取する点をいい，正確にはダクト内に挿入した採取管の先端の位置を指します。

採取口
採取管を挿入するためにダクト壁面を貫通して開けられる穴のことをいいます。

6
測定関係

3 試料ガス採取装置

①採取装置の構成と材質

試料ガス吸引採取方式の採取装置は，次のような順に構成されます。

- 化学分析の場合 … 採取管 ── 導管 ── 捕集部
- 連続分析の場合 … 採取管 ── 導管 ── 前処理部 ── 分析計

採取管，導管，ろ過材などの材質については，排ガスの組成，温度などを考慮して，次の条件を満たすものを選択します。

- 化学反応，吸着作用などによって，排ガスの分析結果に影響を与えないもの
- 排ガス中の腐食性成分によって，腐食されにくいもの
- 排ガスの温度や流速に対し，十分な耐熱性および機械的強度を保てるもの

さまざまな測定成分ごとに，採取管，導管，ろ過材の材質と使用例を確認しておきましょう。

■ 採取管，導管，ろ過材の材質と使用例　　　　　　　　　　　　（○印は，使用例を示す）

部品 材質 （測定成分）	採取管						導管					ろ過材						
	硬質ガラス	シリカガラス	ステンレス鋼	チタン	セラミックス	四ふっ化エチレン樹脂	硬質ガラス	シリカガラス	ステンレス鋼	四ふっ化エチレン樹脂	硬質塩化ビニル樹脂	無アルカリガラスウール	シリカウール	焼結ガラス	ステンレス鋼	焼結ステンレス鋼	多孔質セラミックス	四ふっ化エチレン樹脂
硫黄酸化物	○	○	○	○	○	○	○	○	○	○	○	○	○	○	○	○	○	○
窒素酸化物	○	○	○	○	○	○	○	○	○	○	○	○	○	○	○	○	○	○
一酸化炭素	○	○	○	○	○	○	○	○	○	○	○	○	○	○	○	○	○	○
硫化水素	○	○	○	○	○	○	○	○	○	○	○	○	○	○	○	○	○	○
シアン化水素	○	○	○	○	○	○	○	○	○	○	○	○	○	○	○	○	○	○
酸素	○	○	○	○	○	○	○	○	○	○	○	○	○	○	○	○	○	○
アンモニア	○	○		○	○	○	○	○				○	○	○	○	○	○	
塩素					○					○	○							○
塩化水素	○				○	○	○			○	○	○					○	○
ふっ化水素	○		○			○	○			○								○
メルカプタン	○	○	○	○	○	○	○	○	○	○		○	○	○	○	○		

②採取管と一次ろ過材

採取管は，管自体の機械的強度，試料ガスの流量，清掃のしやすさなどを考慮して内径6〜25mm程度とし，採取点まで挿入できる長さのものを使用します。先端の形状は，試料ガス中にダストの混入しにくい構造が望ましく，ダストの混入を防ぐため，必要に応じて一次ろ過材を採取管の先端または後段に装着します。ろ過材は，ダスト除去率がよく，圧力損失の少ないものを用います。

③導管

導管の内径は，導管の長さ，吸引ガス流量，凝縮水による目詰まり，吸引ポンプの能力などを考慮して，4〜25mm程度とします。導管の長さはできるだけ短くするとともに，なるべく下り勾配になるように施工するのが望ましいとされています。

④採取管および導管の保温または加熱

採取管と導管については，試料ガス中の水分および露点の高いガス成分が，採取管・導管の中で凝縮したり，または凝縮水が導管の中で凍結したりすることを避けるため，保温・加熱する必要があります。SOxの分析用試料ガスの採取では200℃程度の加熱が必要とされ，また二酸化硫黄（SO2）の連続分析の場合は酸露点（150℃）以上に加熱しなければなりません。

4 試料ガス希釈方式

吸引した試料ガスを，大量の計装空気または希釈用ガスで希釈することにより，吸引ガスの露点を下げ，加熱保温せずにそのまま試料ガスを分析計に連続供給する方式です。希釈方式の試料採取部の希釈率は，測定目的と分析計の測定が可能な範囲によって選択し，希釈率は一定の割合に保持する必要があります。

採取管
排ガスを採取するために採取口に挿入する管です。

導管
採取管と捕集部または前処理部とを接続する管です。

捕集部
化学分析を行うために試料ガスを捕集する部分です。

前処理部
試料ガスを分析計に導入する前に，除湿等の処理を行うための部分です。

ろ過材
排ガスを採取するときに，ダストやミストを除くために用いる材料をいいます。

計装空気
計器用に特別に製造された，油分や湿気のない清浄な空気のことをいいます。

6 測定関係

問1　　　　　　　　　　　　　　　　　　　　　　難 | 中 | 易

　試料ガス採取方法及び装置に関する記述として，誤っているものはどれか。

(1) 試料ガス採取点は，流れが比較的一様な場所を選ぶ。

(2) 大型ダクトでのガス採取では，常に採取位置断面に複数の採取点を設定しなければならない。

(3) ダストの混入を防ぐため，採取管の先端に一次ろ過材を設ける場合は，化学反応，吸着作用のない材質を選定する。

(4) 採取管の後段の導管は，なるべく下り勾配になるように施工する。

(5) SO_2の連続分析では，採取管及び導管を150℃以上に加熱する。

解説

(2) 大型ダクトであっても，各採取点の分析結果の相違が少なく，ガス濃度の変動が採取位置断面において±15%以下の場合は，任意の1点を採取点としてかまいません。常に複数の採取点を設定しなければならないというのは誤りです。
このほかの肢は，すべて正しい記述です。

解答 (2)

問2　　　　　　　　　　　　　　　　　　　　　　難 | 中 | 易

　試料ガス採取における測定成分とダストのろ過材の組合せとして，誤っているものはどれか。

	（測定成分）	（ろ過材）
(1)	硫黄酸化物	四ふっ化エチレン樹脂
(2)	シアン化水素	多孔質セラミックス
(3)	アンモニア	ステンレス鋼網
(4)	塩素	焼結ガラス
(5)	ふっ化水素	シリカウール

解説

(5) ふっ化水素は，ガラスなどに含まれるシリカ（二酸化けい素SiO_2）と反応するため，SiO_2を含むシリカウール，無アルカリガラスウール，焼結ガラス，シリカガラス，セラミックスなどは使用しません。

解答 (5)

排ガス中のSOxの分析

1 排ガス中のSOxの化学分析

排ガス中の硫黄酸化物（SOx）の化学分析方法については，JIS K 0103に規定されています。SOxの化学分析法の種類とそれぞれの妨害成分をみておきましょう。

■SOxの化学分析法の種類および妨害成分

分析法の種類	妨害成分
イオンクロマトグラフ法	高濃度の硫化物
沈殿滴定法（アルセナゾⅢ法）	特になし
沈殿滴定法（トリン法）	SO_3，揮発性の硫酸塩 等
比濁法（光散乱法）	試料溶液中の懸濁物質
中和滴定法	酸性ガス，アンモニア

2 排ガス中のSO2自動計測器

排ガス中の二酸化硫黄（SO_2）の濃度を連続的に測定する自動計測器については，JIS B 7981が規定しています。

自動計測器は，試料採取部，分析計，指示記録計などから構成されており，排ガス中から採取管によって試料ガスを採取し，導管を通して収納部へと導入して，試料ガスを連続的に分析計に供給します。

SO_2自動計測器の種類とそれぞれの妨害成分をまとめておきましょう。

■SO2自動計測器の種類および妨害成分

自動計測器の種類	妨害成分
溶液導電率方式	アンモニア，二酸化炭素，塩化水素，二酸化窒素
赤外線吸収方式	水分，二酸化炭素，炭化水素
紫外線吸収方式	二酸化窒素
紫外線蛍光方式	芳香族炭化水素
干渉分光方式	水分，二酸化炭素，炭化水素

補足

芳香族炭化水素
ベンゼン（C_6H_6）のもつ正六角形の炭素骨格をベンゼン環といい，このベンゼン環をもつ炭化水素を芳香族炭化水素といいます。主な芳香族炭化水素としては，ベンゼンのほかにトルエンやキシレンなどがあります。

6
測定関係

①溶液導電率方式

　SO2を吸収液（硫酸酸性過酸化水素溶液）に吸収させると，硫酸に酸化されて吸収液の**導電率**（電気伝導率）が増加することから，この導電率の変化を測定することによって排ガス中のSO2濃度を求めます。

　この方式は，吸収液に溶けて導電性を示すガスの共存を無視できるか，または除去できる場合に適用します（アンモニアは負の影響を及ぼし，CO2，塩化水素，NO2などは正の影響を及ぼします）。

　この方式の分析計（導電率分析計）は，**比較電極**（試料ガス通気前の吸収液の導電率を検出），**測定電極**（試料ガス中のSO2吸収後の吸収液の導電率を検出），ガス吸収部，増幅器などから構成されます。

②赤外線吸収方式

　SO2の**赤外線**（波長7.3μm付近）の吸収量変化を測定することによって，SO2の濃度を連続的に求めます。排ガス採取流量の影響を受けず，保守管理も容易ですが，SO2と吸収スペクトルの重なる**水分やCO2，炭化水素**などが妨害成分となります。

　この方式の分析計（赤外線ガス分析計）は，最も汎用的な波長非分散・正フィルター方式の場合，光源，回転セクター，光学フィルター，試料セル，比較セル，測光部，増幅器などから構成されます。

③紫外線吸収方式

　SO2の**紫外線**（波長280 ～ 320nm付近）の吸収量変化を測定することにより，SO2の濃度を連続的に求めます。ただし，波長280 ～ 320nm付近では**二酸化窒素（NO2）**の吸収スペクトルがわずかに重なるため，NO2の濃度が高い場合はその影響が無視できなくなります。

　この方式の分析計（紫外線吸収分析計）は，下図に示すように，光源，回転セクター，試料セル，分光器，測光部，増幅器などから構成されています。

■紫外線吸収分析計（分散形）の構成例

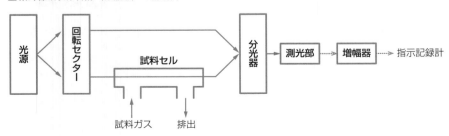

④紫外線蛍光方式

　SO$_2$は，紫外線（波長190 ～ 230nmの領域）を吸収すると励起状態となって蛍光を発するため，この蛍光の強度を測定することによってSO$_2$濃度を連続的に求めます。この方式の自動計測器は，試料ガス流量の影響を受けにくく，また，出力が広い濃度範囲（SO$_2$濃度0 ～数千ppm）にわたって直線関係にあるなどの特徴をもっています。

　ただし，SO$_2$以外で蛍光を発する芳香族炭化水素などの影響を受けるため，これらをスクラバーで除去する必要があります。

　この方式の分析計（紫外線蛍光分析計）は，下図に示すように，光源部，蛍光室，測光部，増幅器などで構成されています。光源部から蛍光室中の試料ガスに光を照射し，励起状態となったSO$_2$から発せられる蛍光を測光部が受光して電気信号に変換します。光源部からの光が直接測光部に入らないよう，光源部と測光部は蛍光室をはさんで直角に配置されます。

■紫外線蛍光分析計の構成例

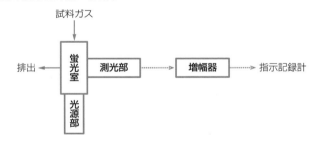

⑤干渉分光方式

　赤外領域の干渉分光方式（FTIR）は，多成分同時・高感度測定が可能です。光源からの光をインターフェログラムとして試料室へ送り，試料中のSO$_2$による赤外領域における光吸収とフーリエ変換を利用して得られた吸収スペクトルからSO$_2$濃度を求めます。光源には，炭化けい素棒抵抗発熱体などを用いたものが使われます。

　水分，二酸化炭素，炭化水素が妨害成分となります。

励起状態
エネルギーの最も低い状態である「基底状態」より高いエネルギーをもった状態を励起状態といいます。

スクラバー
排ガスに含まれる有害物質を除去する装置です。水などの液体を洗浄液として，排ガス中の粒子を洗浄液の液滴や液膜中に捕集して分離します。

6
測定関係

インターフェログラム
赤外光源から発せられている一定の波長域に連続して分布している各波長成分が，一括して干渉された合成波形スペクトルのことをいいます。

フーリエ変換
重なり合っている異なる周波数の波を，周波数ごとに分離する方法です。

JISによる排ガス中のSO₂自動計測器の計測方式とその妨害成分の組合せとして，誤っているものはどれか。

　　　（計測方式）　　　　　　　（妨害成分）
(1) 溶液導電率方式　　　　　塩化水素
(2) 赤外線吸収方式　　　　　二酸化炭素
(3) 紫外線吸収方式　　　　　一酸化窒素
(4) 紫外線蛍光方式　　　　　芳香族炭化水素
(5) 干渉分光方式　　　　　　水分

解説

(3) 紫外線吸収方式では，二酸化硫黄（SO_2）と二酸化窒素（NO_2）の吸収スペクトルがわずかに重なることからNO_2が妨害成分となります。一酸化窒素（NO）が妨害成分というのは誤りです。

解答　(3)

JISの紫外線蛍光方式による排ガス中のSO₂自動計測器に関する記述として，誤っているものはどれか。
(1) 試料ガス中のSO₂が紫外線を吸収して生じる蛍光の強度から濃度を求める。
(2) 出力は，SO₂濃度 0 ～数千ppmの範囲で直線関係がある。
(3) 試料ガス流量の影響を受けにくい。
(4) 光源部，蛍光室及び測光部を直線上に配置する。
(5) 芳香族炭化水素など蛍光を発する物質は，スクラバーなどで除去する。

解説

(4) 光源部からの光が測光部に直接入らないように，光源部と測光部は，蛍光室をはさんで直角に配置します。直線上に配置するというのは誤りです。
このほかの肢は，すべて正しい記述です。

解答　(4)

排ガス中のNOxの分析

1 排ガス中のNOxの化学分析

排ガス中の窒素酸化物（NOx）の化学分析方法については，JIS K 0104に規定されています。NOxの化学分析法の種類をみておきましょう。

■NOxの化学分析法の種類

亜鉛還元ナフチルエチレンジアミン吸光光度法（Zn-NEDA法）
ナフチルエチレンジアミン法（NEDA法）
イオンクロマトグラフ法
フェノールジスルホン酸吸光光度法（PDS法）
ザルツマン吸光光度法

2 排ガス中のNOx自動計測器

排ガス中の窒素酸化物（NOx）の濃度を連続的に測定する自動計測器については，JIS B 7982が規定しています。

NOx自動計測器の種類とそれぞれの測定対象および妨害成分をまとめておきましょう。

■NOx自動計測器の種類，測定対象および妨害成分

自動計測器の種類	測定対象	妨害成分
化学発光方式	NO，NOx[*1]	二酸化炭素
赤外線吸収方式	NO，NOx[*1]	二酸化炭素，炭化水素，水分，二酸化硫黄
紫外線吸収方式	NO，NO2，NOx[*2]	二酸化硫黄，炭化水素
差分光吸収方式	NO，NO2，NOx[*2]	二酸化硫黄，炭化水素

化学発光方式と赤外線吸収方式では，測定対象のNOx[*1]は，あらかじめNO2をNOに変換して測定します。そのため，コンバーターが必要とされます。これに対し，紫外線吸収方式と差分光吸収方式では，NOx[*2]はNOおよびNO2の測

コンバーター
排ガス中のNO2をNOに
変換するための装置で，
NO2をNO計測器で計測
する場合に必要となり
ます。

定値の合量なので，コンバーターは必要とされません。

①化学発光方式

　NOとオゾンとの反応によって生成するNO2の一部は励起状態となり，これが基底状態に戻るときに発光します。この光の強度は排ガス中のNO濃度に比例しているため，発光の強度を測定し，光電子増倍管や半導体光電変換素子で電流に変換して指示記録します。NOxとして測定するときは，NO2－NOコンバーターを用います。

　この方式は，検出感度が高く，応答速度が速いなどの特徴があります。また，干渉成分の影響も比較的少ないといえますが，二酸化炭素（CO2）は励起エネルギーを奪う性質（クエンチング現象という）があり，負の誤差を与えます。

　この方式の分析計（化学発光分析計）は，下図に示すように，オゾン発生器，反応槽，測光部，オゾン分解器などから構成されています。

■化学発光分析計の構成例

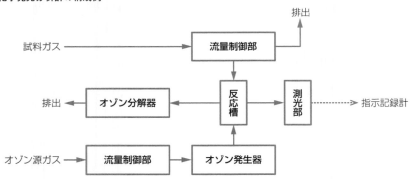

　それぞれの構成要素の役割を確認しておきましょう。

● オゾン発生器…無声放電や紫外線照射などを用い，空気中の酸素をオゾンに変換します
● 反応槽…………試料ガスとオゾンを含むガスを混合接触させて，化学発光を生じさせます
● 測光部…………NOとオゾンによる化学発光を受光し，電流に変換します。光電子増倍管や半導体光電変換素子などからなります
● オゾン分解器…反応槽から排出される排気中のオゾンを，接触熱分解などで酸素に分解できるものにします

②赤外線吸収方式

　NOの赤外線（波長5.3μm付近）の吸収量変化を測定することによって，NO濃度を連続的に求めます。NOxとして測定する場合は，化学発光分析計と同様のコンバーターを用います。この方式は，排ガス採取流量の影響を受けず，保守管理も容易ですが，NOと吸収スペクトルの重なるCO_2，炭化水素，水分，SO_2などが妨害成分となります。

　この方式の分析計は，SO_2の赤外線ガス分析計と構成が同じです。

③紫外線吸収方式

　NOの紫外線（波長226nm付近）の吸収量変化を測定することによって，NOの濃度を連続的に求めます。

　この方式では，水分やCO_2の影響はありませんが，吸収スペクトルの重なるSO_2の影響は無視できない場合があるため，多成分演算法で影響を除去する方法がとられます。

　この方式の分析計は，SO_2の紫外線ガス分析計と構成が同じです。

④差分光吸収方式

　差分光吸収方式（DOAS）の分析計では，目的成分の吸収がある領域において，吸収のピークと端部との吸収信号の差から濃度を測定します。

　NOは215〜226nm付近，NO_2は330〜550nmが代表的な測定波長とされています。

6

測定関係

多成分演算法
スペクトルの重なりを電気的演算で打ち消す方法です。

問1　　　　　　　　　　　　　　　　　　　　　　難 | 中 | 易

　JISによる排ガス中のNOx自動計測器に関する記述として，誤っているものはどれか。

(1) 化学発光方式では，NOとO₂との反応により生じる発光の強度を測定する。

(2) 化学発光方式では，共存するCO₂はクエンチング現象により，測定値に対し負の誤差を与える。

(3) 赤外線吸収方式では，NOxとして測定する場合，コンバーターを必要とする。

(4) 紫外線吸収方式では，測定値は共存する水とCO₂の影響を受けない。

(5) 差分光吸収方式では，NOxとして測定する場合，コンバーターを必要としない。

解説

(1) 化学発光方式では，NOとオゾンとの反応により生成した励起状態のNO₂から生じる発光の強度を測定します。NOとO₂の反応というのは誤りです。
このほかの肢は，すべて正しい記述です。

解答 (1)

問2　　　　　　　　　　　　　　　　　　　　　　難 | 中 | 易

　JISの化学発光方式による排ガス中のNOx自動計測器の構成要素として，誤っているものはどれか。

(1) オゾン発生器

(2) 光源

(3) 反応槽

(4) 測光部

(5) オゾン分解器

解説

(2) 化学発光方式では，反応槽において，試料ガスとオゾンを含むガスを混合接触させて化学発光を生じさせるため，光源は必要ありません。
　なお，SO₂の自動計測器の一つである紫外線蛍光分析計の場合は，光源部から試料ガスに光を照射することにより励起状態となったSO₂から蛍光が発せられるので，これと混同しないよう注意しましょう。

解答 (2)

第4章

ばいじん・粉じん特論

1 処理計画

まとめ&丸暗記　● この節の学習内容のまとめ ●

☐ **ダストの特性**
- 積算分布（ふるい上分布）と頻度分布
  ふるい上 R 50%に対応する粒径を中位径という
  頻度分布のピークは，ふるい上分布のグラフに変曲点として現れる
- ロジン・ラムラー分布
  $$R = 100\exp(-\beta d_p{}^n)$$
  β が大きいほど中位径は小さくなり，細かいダストが多い
  n が大きいほど粒子径範囲は狭くなり，ダストの大きさがそろっている

☐ **発生源ごとのダスト特性**

微粉炭燃焼ボイラー	・ダスト濃度は石炭中の灰分が多いほど高くなる ・石炭の微粉度が細かいほどダストの粒径が細かくなる ・粒子径およそ45μm以下の微粒子は球状粒子となる ・ダストの主成分は，二酸化けい素と酸化アルミニウム
重油燃焼ボイラー	・低空気比燃焼では，未燃のカーボンブラックが増加する ・カーボンブラックは，ダストに30%ほど含まれる
黒液燃焼ボイラー	・ダストの粒度が極めて細かい ・クラフト法では，ダスト中に Na_2SO_4 が多く含まれる

☐ **集じん装置の選定**
- ガス流速が大きくなるほど集じん率が高くなる装置
  ⇒　基本流速が大きい　　　例）ベンチュリスクラバー
- ガス流速が大きくなるほど集じん率が低くなる装置
  ⇒　基本流速が小さい　　　例）バグフィルター
- 建屋内ダストの集煙
  天蓋フード方式，建屋密閉方式など

ダストの特性

1　処理計画の概要

　ダストの処理計画は，ダストを発生する工程や発生源となる施設の検討からはじまります。なぜなら，工程や施設の種類，規模によって，集じんの対象となるダストの特性やダストを含む処理ガスの諸条件がほぼ定まるからです。これらをよく把握したうえで，集じん装置の機種を選定するとともに，集じんシステム全体の設計を行います。

　ダストの特性として，常に検討の対象とする必要があるのは，濃度および粒径分布です。

2　濃度

　この場合の濃度とは，処理ガスの単位体積（1㎥）当たりに含まれる粒子の質量をいいます。工業的に集じんの対象となる範囲としては，薄い場合で10mg／㎥程度，濃い場合では100g／㎥程度にまで達します。

　大気汚染防止法で排出規制対象とされている「ばいじん」の場合は，標準状態（0℃，101.32kPa）に換算した粒子質量（単位：g/㎥$_N$）で測定・表示されます。

3　粒径分布

　粒子の大きさの程度を一般に粒度といい，長さの次元で粒子の大きさを表す場合は粒子径（または粒径）といいます。カーボンブラックのように粒子径0.01μm以下の小さな粒子もあれば，けい砂のように100μm以上の大きな粒子もあります。粒度が異なると，集じん装置の捕集性能が大きく異なってきます。

　一般にダストの粒径は不均一であり，数式やグラフなどによって粒径の分布を表します。粒径分布を表す代表的な

ダスト
ガスに含まれる固体の粒子。通常は1μm以上の大きさのものをいいますが，集じん装置の仕様に関するJIS規格では，1μm以下の固体粒子（フューム）も含みます。

処理ガス
集じん操作の対象となるガスをいい，固体・液体が微粒子の状態で浮遊しています。一般に生ガス，含じんガスなどともよばれます。

集じん装置
「集じん」とは気流中に含まれている粒子を分離する操作をいい，処理ガスからダストやミストなどを分離捕集する装置を集じん装置といいます。

ミスト
ガスに含まれる液体の粒子。通常10μm以下の大きさのものをいいます。

方法としては，積算分布（ふるい上分布），頻度分布，ロジン・ラムラー分布などがあります。

①積算分布（ふるい上分布）

積算分布（ふるい上分布）の場合，右ページの実線のグラフのように粒子径の分布が表されます。ふるい上R（％）とは，ある大きさのふるい目の上に残ったダストの量，つまり任意の粒子径（ふるい目の大きさ）より大きい粒子のダストの量が，全ダスト量に対して占める割合を示すものです。質量または個数を基準として表されます。グラフは，ふるい上R（％）が縦軸で，粒子径（ふるい目の大きさ）が横軸になっています。

右ページの実線のグラフをみると，ふるい目が小さい場合にはほとんどのダストがふるい上に残留し，ふるい目が大きくなるにつれて，ふるい上のダスト量が減少していく様子がわかります。このため，ふるい上R（％）を残留率ともいいます。また，オーバーサイズという場合もあります。

なお，これとは逆に，ある粒子径よりも小さいダストの全ダストに対する割合をふるい下分布といいます。記号D（％）で表し，ふるい上R（％）とふるい下D（％）を合計すると100（％）になります。

②頻度分布

ダストの粒径分布を，適当な粒子径間隔ごとに質量または個数の割合で表したものを頻度分布といいます。頻度分布の場合，右ページの破線の山形のグラフのように粒径分布が表されます。

ある粒子径区分Δd_pの範囲内にある粒子の全粒子量に対する百分率をΔR（％）とした場合，$\Delta R / \Delta d_p$を頻度といいます。頻度には記号f（％/μm）が用いられ，次の式で表します。

$$f = -\frac{\Delta R}{\Delta d_p} \ (\% / \mu\mathrm{m})$$

③平均粒子径

分布を有するダスト全体の平均の大きさを表す方法には，さまざまなものがあります。積算分布（ふるい上分布）のグラフの場合，ふるい上R50％に対応する粒径を中位径といい，d_p50で表します。これをメディアン径または50％粒子径ともいいます。また，頻度分布のグラフの場合は，ピーク（山形の頂点）に対応する粒子径を最大頻度径（最頻度径）またはモード径といいます。

右ページのグラフからもわかるとおり，積算分布（ふるい上分布）の中位径と頻度分布の最大頻度径は必ずしも一致しません。また，頻度分布におけるピークは，積算分布（ふるい上分布）のグラフにおいて変曲点として現れます。

■積算分布（ふるい上分布）と頻度分布の関係

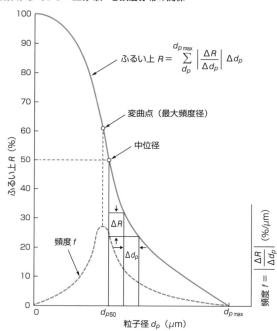

ふるい上 $R = \sum\limits_{d_p}^{d_{p\,max}} \left| \dfrac{\Delta R}{\Delta d_p} \right| \Delta d_p$

変曲点（最大頻度径）

中位径

頻度 f

ΔR

Δd_p

頻度 $f = \left| \dfrac{\Delta R}{\Delta d_p} \right|$ （%/μm）

ふるい上 R（%）

粒子径 d_p（μm）

④ロジン・ラムラー分布

　ダストの粒径分布を表す**ロジン・ラムラーの分布式**は，一般に，産業活動で発生するダストの粒径分布によく適合するといわれています。この式では，ふるい上 R（%）を次のように表します（expは指数関数を表す記号です）。

　　$R = 100\exp\left(-\beta d_p{}^{\mathrm{n}}\right)$

　　　d_p：粒子径　　　β：粒度特性係数

　　　n：分布指数（または均等数）

　粒度特性係数（β）と分布指数（n）は，ともにダストの種類によって定まる実験的定数です。

　粒子径 d_p の係数である β が大きいほど，**中位径は小さく**なり，粒径分布は小粒子径側に寄ります。

　また，粒子径 d_p の指数である n が大きいほど，ダストの**粒子径範囲は狭く**なり，粒の大きさがそろったダストであるといえます。鉱工業における各種ダストの場合，一般に n ＝0.6 〜 2の範囲にあります。

変曲点

グラフが上に凸の状態から下に凸の状態に，または下に凸の状態から上に凸の状態に変わる点をいいます。左のグラフのように，頻度分布のピークが１つの場合は，ふるい上分布のグラフに現れる変曲点も１つだけですが，ピークが２つの場合は変曲点も２つ，ピークが３つの場合は変曲点も３つ現れます。

頻度分布において２つのピークがある場合

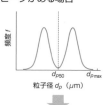

頻度 f

d_{p50}　$d_{p\,max}$

粒子径 d_p（μm）

ふるい上分布に変曲点が２つ現れる

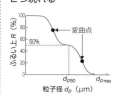

ふるい上 R（%）

変曲点

50%

d_{p50}　$d_{p\,max}$

粒子径 d_p（μm）

　　　　　　　　　　　　　　　　　　　　　難｜中｜**易**

頻度分布が下図のようになるとき，対応するふるい上分布として，正しいものはどれか。

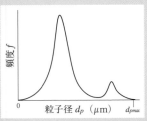

(1)

(2)

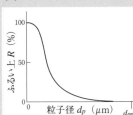

(3)

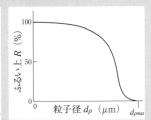

(4)

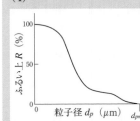

(5)

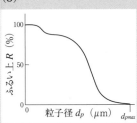

解説

頻度分布のグラフにピークが2つあるため，ふるい上分布のグラフにも変曲点が2つ現れます。したがって，肢（4）または（5）のどちらかですが，頻度分布のグラフでは粒子径の小さい側のピークが大きいため，ふるい上分布のグラフでも粒子径の小さい側で変化の大きい変曲点をもつ肢（4）が正解となります。

解答（4）

問2 　　　　　　　　　　　　　　　　　　難｜中｜**易**

　ダストの粒径分布を表すロジン・ラムラー分布式に関する記述として，誤っているものはどれか。

(1) 産業活動で発生するダストの粒径分布に，よく適合するといわれている。

(2) 粒度特性係数 β が大きくなるほど，粒径分布は小粒子径側に寄る。

(3) 分布指数 n が大きい値になるほど，ダストの粒子径範囲は広くなる。

(4) 鉱工業における各種ダストの n は，一般に0.6 ～ 2の範囲にある。

(5) 積算分布（ふるい上）が50%となる粒子径 d_p は，中位径である。

解説

(3) 分布指数 n の値が大きくなるほど，ダストの粒子径範囲は狭くなります。粒子範囲が広くなるというのは誤りです。

このほかの肢は，すべて正しい記述です。

　　　　　　　　　　　　　　　　　　　　　　　　　　　　　　解答 (3)

発生源ごとのダスト特性

1 微粉炭燃焼ボイラー

①ダストの濃度

　微粉炭燃焼ボイラーでは，ダストの濃度は**石炭中の灰分**が多いほど高くなります。また，ボイラーの構造，石炭の種類や微粉度，燃焼その他の操業条件なども影響します。

　通常，空気予熱器の出口ダスト濃度は，高品位炭の場合で20g/㎥$_N$前後，低品位炭の場合で35 ～ 45g/㎥$_N$程度となります。

②ダストの粒度と密度

　ダストの粒度は，**石炭の微粉度**に最も大きく影響され，微粉度が細かいほど生成ダストの粒径は細かくなります。

　ダストの中位径は，おおむね15μmから35μmの範囲にあり，かなり大きなばらつきを示します。

　また，粒子径がおよそ**45μm以下**の微粒子は**球状粒子**と

補足

微粒子が球状粒子になる理由
微粒子は，完全燃焼に伴って灰分がいったん溶融し，温度降下により凝固して生成するため，きれいな球状になります。

なりますが，粒子径45μm以上の粗粒子は微粉炭の不完全燃焼に伴って生成するため，不規則な形状になります。

ダストの密度は2100kg／㎥程度，かさ密度では700kg／㎥程度です。

③ダストの成分と見掛け電気抵抗率

シリカ（二酸化けい素 SiO_2）とアルミナ（酸化アルミニウム Al_2O_3）が微粉炭燃焼ボイラーダストの主成分です。

■微粉炭燃焼ボイラーダストの成分の例（wt%）

SiO_2	Al_2O_3	Fe_2O_3	CaO	MgO	SO_3
54.3	26.3	5.3	5.9	1.6	0.6

＊高品位炭を74μm通過65%前後の微粉度で燃焼した場合

微粉炭燃焼ボイラーのダストは，二酸化けい素が多いほど，また酸化ナトリウムや未燃のカーボンブラックが少ないほど，見掛け電気抵抗率が高くなります。微粉炭燃焼ボイラーダストの見掛け電気抵抗率は，およそ$10^8 \sim 10^{11} \Omega\cdot m$の範囲にあります。

2 重油燃焼ボイラー

①ダストの濃度

重油燃焼ボイラーで低空気比燃焼を行うと，三酸化硫黄（SO_3）や一酸化窒素（NO）の生成量は減少しますが，未燃のカーボンブラックが増加して，ダストの濃度は0.1 〜 0.2g／m^3_N程度になります。ただし，近年の低硫黄重油では，一般に0.1g／m^3_N以下に減少しています。

②ダストの粒度と密度

粒子径20μm程度のアッシュやコークス状の多孔質粒子，粒子径0.01μm程度のカーボンブラックが主体となります。この極めて微細なカーボンブラックは，重油燃焼ボイラーダストに30％ほど含まれます。

ダストの密度は1900kg／㎥程度，かさ密度は100 〜 200kg／㎥程度です。

3 黒液燃焼ボイラー

①ダストの濃度

パルプの製造工程で，木材チップから繊維を取り出すときに出る「黒液」は，樹脂を主成分とするバイオマスであり，濃縮してボイラーの燃料として活用され

ています。パルプの製造法で最も多いクラフト法の場合，黒液燃焼ボイラーのダスト濃度は，通常5 ～ 6g/㎥N程度になります。

②ダストの粒度と密度

　黒液燃焼ボイラーのダスト粒度は極めて細かく，中位径で0.1 ～ 0.3μm程度です。また，ダストの密度は3.1g/㎤程度，かさ密度では0.13g/㎤程度となります。

③ダストの成分と見掛け電気抵抗率

　クラフト法による黒液燃焼では，ダスト中に硫酸ナトリウム（Na_2SO_4）が多く含まれます（木材パルプで93.9%，竹材パルプで36.0%）。また，ダストの見掛け電気抵抗率は120 ～ 160℃の間で$10^7\Omega\cdot m$の最高値を示します。

4　その他の施設

①鉄鋼用転炉

　短時間で鋼の製錬を行うため，発生ダストの濃度が極めて高く，スタビライザー（調湿塔）の入口で15 ～ 25g/㎥N程度が通常です。スタビライザーまたは一時集じん装置で前処理した後のダストは，酸化鉄を主体とした微細な粒子であり，中位径が0.2μm前後になります。

②セメント製造炉

　セメント焼成キルンは，供給する原料の形態によって，乾式，半湿式，湿式に分けられます。キルンのダスト濃度は，乾式で24 ～ 45g/㎥N，半湿式で10 ～ 15g/㎥N，湿式で30g/㎥N以下となります。セメントキルンダストの主成分は酸化カルシウム（CaO）です。

③鉛再製錬炉

　鉛再製錬炉の原料は鉛蓄電池のくずが主体であり，原料の8 ～ 12%のコークスを使用します。溶解工程中，連続的にダストが発生し，ダスト濃度はおよそ10 ～ 30g/㎥N程度です。ダストの粒度は，中位径で0.5μm前後になります。

　ダストには，鉛が75%，三酸化硫黄（SO_3）が15%前後含まれます。

かさ密度
ある容器を粒子で満たし，その内容積を体積としたときの密度をいいます。この体積には粒子自体の体積のほかに，粒子内の閉細孔，凹凸部の空間，粒子と粒子または粒子と容器との間隙にできる体積が含まれます。

見掛け電気抵抗率
ダスト層の単位面積，層厚当たりの電気抵抗をいいます。見掛け電気抵抗率が低すぎると異常再飛散現象，逆に高すぎると逆電離現象が起こり，集じん率が低下します。

カーボンブラック
油やガスを不完全燃焼することで製造される炭素主体の微粒子のことです。新聞インキの黒色顔料や，ハイテク素材の導電性付与剤等に使われています。

　　　　　　　　　　　　　　　　　　　　難　**中**　易

微粉炭燃焼におけるダストの性状に関する記述として，誤っているものはどれか。

(1) ダスト濃度は，石炭中の灰分が多いほど高くなる。

(2) 主成分は，二酸化けい素，酸化アルミニウムである。

(3) 粒度は，石炭の微粉度に大きく影響される。

(4) かさ密度は，700kg／㎥程度である。

(5) 見掛け電気抵抗率は，酸化ナトリウムが少ないほど低い。

解説

(5) 微粉炭燃焼ボイラーダストでは，酸化ナトリウムが少ないほど見掛け電気抵抗率は高くなります。酸化ナトリウムが少ないほど低いというのは誤りです。

このほかの肢は，すべて正しい記述です。

解答 (5)

　　　　　　　　　　　　　　　　　　　　難　中　**易**

ダストの発生源施設とダスト特性の組合せとして，誤っているものはどれか。

　　（発生源施設）　　　　　　　　　　　　　（ダスト特性）

(1) 微粉炭燃焼ボイラー　　　　粒子径45μm以上の粗粒子には，球状粒子が多い。

(2) 重油燃焼ボイラー　　　　　一般に，極めて微細なカーボンブラックが30％程度含まれる。

(3) 黒液燃焼ボイラー　　　　　粒度は極めて細かく，中位径が0.1 〜 0.3μmである。

(4) 転炉　　　　　　　　　　　酸化鉄を主体とした微細な粒子であり，中位径は0.2μm前後である。

(5) 鉛再製錬炉　　　　　　　　SO3が15％前後含まれる。

解説

(1) 微粉炭燃焼ボイラーダストは，粒子径がおよそ45μm以下の微粒子が球状粒子となり，粒子径45μm以上の粗粒子は不規則な形状になります。粒子径45μm以上の粗粒子に球状粒子が多いというのは誤りです。

解答 (1)

集じん装置の選定

1 集じん装置の選定と粒径分布

　集じん装置の設置計画に当たっては，集じん率に十分な余裕をとることが重要です。集じん装置の集じん率に最も大きな影響を与える因子は，ダストの粒径分布です。

　集じん装置の部分集じん率から，大部分のダストの粒径が数μm以上の場合には遠心力集じん装置で十分であり，また，粒径が数μm以下のダストが主体となる場合には，洗浄集じん装置，ろ過集じん装置，電気集じん装置などのうちから計画条件に適合するものを選定します。

2 基本流速の影響

　集じん装置の，集じん効果に影響する代表的な場所におけるガス流速を基本流速といいます。集じん装置の性能を十分に発揮させるためには，その装置に適応した基本流速で集じんを行う必要があります。

■ 各集じん装置の基本流速

分類	形式	基本流速
重力集じん	沈降室	1〜2m/s
遠心力集じん	接線流入式	7〜20m/s
	軸流式反転形	8〜13m/s
電気集じん	湿式	1〜3m/s
	乾式	0.5〜2m/s
慣性力集じん	マルチバッフル形	1〜5m/s
	ルーバー形	<15m/s
洗浄集じん	充填塔	0.5〜1m/s
	スプレー塔	1〜2m/s
	サイクロンスクラバー	1〜2m/s
	ジェットスクラバー	10〜20m/s
	ベンチュリスクラバー	60〜90m/s
隔壁形式集じん	バグフィルター	0.3〜10cm/s

補足

集じん率
集じん装置の集じん効果を示す数値で，装置が捕集したダスト・ミストの量と，処理前の量との比を%で表したものです。

部分集じん率
粒径分布をもつダストのうち，ある粒径 x と $x + \Delta x$ との範囲内にあるダストに着目した集じん率をいいます。

補足

基本流速と集じん率の一般的な関係
ガス流速が大きくなるほど集じん率が高くなる装置は，基本流速が大きくなります。逆に，ガス流速が大きくなるほど集じん率が低くなる装置は，基本流速が小さくなります。
(基本流速が最大)
ベンチュリスクラバー
(基本流速が最小)
バグフィルター

①重力集じん装置

　基本流速が小さいほど，細かいダストの捕集ができます。

②遠心力集じん装置

　一般に，基本流速が大きいほど集じん率が高くなりますが，圧力損失（装置内で降下する圧力）が基本流速の2乗に比例して増加するため，通常10m/s前後の基本流速で使用されます。

③電気集じん装置

　乾式の場合，基本流速が大きくなると集じん極に付着したダストが再飛散する可能性があるため，再飛散限界内に基本流速をとります。湿式では，集じん極の表面に形成された水膜がガス流によって波立つことを考慮し，基本流速は3m/s程度に抑えられます。

④慣性力集じん装置

　ルーバー形では，煙道内排ガス速度に近い速さに基本流速をとります。一方，マルチバッフル形は，微細ミストの捕集に用いるため，比較的小さな基本流速となります。

⑤洗浄集じん装置

　充填塔では基本流速が小さいほど集じん率が高くなり，ベンチュリスクラバーやジェットスクラバーでは基本流速が大きいほど集じん率が高くなります。

⑥バグフィルター

　基本流速が小さいほど，細かいダストの捕集ができます。

3　建屋内ダストの集煙

　近年，大規模工場では建屋全体を一つの発生源としてとらえ，建屋内のすべての浮遊ダストを集煙し，処理することが行われています。建屋内ダストの集煙には，次のような方式があります。

①天蓋フード方式

　建屋内で，ばいじん発生量の多い炉の天井に天蓋フードを設けて集煙します。

②建屋密閉方式

　建屋を密閉構造にして，熱上昇気流によって発生ばいじんを建屋上部に集煙していったん貯留し，バグフィルターまたは電気集じん装置を用いて処理します。天蓋フード方式と比べて吸引風量が少なく，設備費が安くてすみます。

　このほかにも，建屋密閉・開閉式モニター方式，建屋密閉・天蓋フード方式といった方式があります。

チャレンジ問題

問1

難 | 中 | **易**

集じん装置の特性に及ぼす基本流速の影響に関する記述として，誤っているものはどれか。

(1) 重力集じん装置では，基本流速が小さいほど細かいダストを捕集できる。
(2) 遠心力集じん装置では，圧力損失は基本流速の2乗に比例して増加する。
(3) 充填塔形洗浄集じん装置では，基本流速が大きいほど集じん率は高くなる。
(4) バグフィルターでは，基本流速が小さいほど細かいダストが捕集できる。
(5) 乾式電気集じん装置では，基本流速が大きくなると集じん極に付着したダストが再飛散する可能性がある。

解説

(3) 充填塔形式の洗浄集じん装置では，基本流速が小さいほど集じん率が高くなります。基本流速が大きいほど集じん率が高くなるというのは誤りです。
このほかの肢は，すべて正しい記述です。

解答 (3)

問2

難 | 中 | **易**

建屋内の集煙に関する記述中，下線を付した箇所のうち，誤っているものはどれか。

建屋密閉方式では，建屋を密閉構造にして，発生ばいじんを建屋 (1)上部に集煙し，(2)バグフィルター又は (3)電気集じん装置で処理する。この方式は，天蓋フード方式に比べ吸引風量が (4)多く，設備費が (5)安い。

解説

(4) 建屋密閉方式のほうが，天蓋フード方式と比べて吸引風量が少なくなります。吸引風量が多くなるというのは誤りです。

解答 (4)

② 集じん装置の原理・構造・特性

まとめ & 丸暗記 ● この節の学習内容のまとめ ●

☐ **流通形式集じん装置**

重力集じん装置	● 含じんガスに含まれる粒子を，重力の作用による自然沈降によって分離する ● 終末沈降速度，分離限界粒子径
遠心力集じん装置 （サイクロン）	● 含じんガスに旋回運動を与え，含まれている粒子を遠心力の作用によって分離する ● 遠心沈降速度（粒子分離速度），分離限界粒子径
電気集じん装置	● コロナ放電によってガス中の粒子に電荷を与え，帯電した粒子を電気力などで分離する ● ダストの見掛け電気抵抗率，ドイッチェの式

☐ **障害物形式集じん装置**

慣性力集じん装置	● 含じんガスを，障害物に衝突させたり（衝突式），急激に方向転換させたり（反転式）することにより，慣性力を利用してダストを分離する
洗浄集じん装置	● 液滴または液膜状の液体を捕集媒体としてこれにダストを捕集し，捕集媒体とともに除去する ● ため水式，加圧水式（ベンチュリスクラバー）等

☐ **隔壁形式集じん装置**

バグフィルター	● ろ布とよばれる織布または不織布を捕集体として，これにダストを捕集する ● コゼニー・カルマンの式 ● ろ布材の特性（耐酸・耐アルカリ性），表面加工 ● ダストの払い落とし（間欠式と連続式）

流通形式集じん装置

1 流通形式集じん装置とは

　集じん装置は気流と粒子の分離形態により，流通形式，障害物形式，隔壁形式の３つに分類されます。このうち，重力，遠心力，静電気力等の外力を作用させて粒子を流れの外へ移動させる形式を流通形式といい，重力集じん装置，遠心力集じん装置，電気集じん装置がこれに含まれます。

　流通形式の集じん装置では，含じんガスが障害物のない空間を通るため，気流と直角方向に外力を粒子に作用させると，粒子は気流を横断するように流れの外へ移動します。その結果，その粒子が集じん壁に到達すると，分離つまり集じんされたことになります。

2 重力集じん装置

①重力集じん装置の原理

　重力集じん装置は，含じんガスに含まれる粒子を，重力の作用による自然沈降によって分離し，捕集する装置です。装置内の気流が完全な層流の場合，粒子は，水平方向には気流と同一の速度uで移動し，垂直方向には終末沈降速度v_gで集じん壁方向に移動します。

■重力集じん装置の例（重力沈降室）

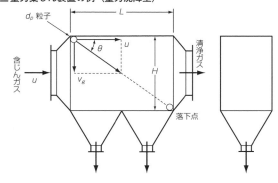

層流
流体が規則正しく流線上を運動している流れを層流といいます。これに対し，うずが生じて流体が不規則に運動している流れを乱流といいます。

終末沈降速度
沈降する粒子は，沈降直後は加速しますが，やがて下向きの力と上向きの力が釣り合って等速運動をするようになります。このときの速度を終末沈降速度といいます。

その結果，粒子は，模式的には前ページ図中の破線の方向に直線的に運動し，集じん壁に到達することになります。

②終末沈降速度と粒子径

粒子の終末沈降速度v_gは，次の式で表されます。

$$v_g = \frac{d_p^2\,\rho_p\,g}{18\,\mu}\ \ (\mathrm{m/s})$$

d_p：粒子径（m），　ρ_p：粒子密度（kg／㎥），　g：重力加速度（＝9.8m/s²）
μ：ガスの粘度（Pa・s）

この式から，粒子径d_p，粒子密度ρ_pが大きいほど，または，ガスの粘度μが小さいほど，終末沈降速度は大きくなることがわかります。特に，終末沈降速度は粒子径d_pの２乗に比例するため，粒子が大きければ容易に分離することができますが，小さくなると分離できなくなります。

③分離限界粒子径

気流から分離することのできる最小のダスト粒子径を分離限界粒子径といいます。また，集じん装置で完全に分離できる最小粒子径を100％分離限界粒子径といい，d_{p100}で表します。高さがH，奥行がLの沈降室では，入口でHの高さに流入し，出口でちょうど集じん壁に到達する粒子がこれに対応します。

100％分離限界粒子径d_{p100}は，次の式で表されます。

$$d_{p100} = \sqrt{\frac{18\,\mu H u}{\rho_p g L}}\ \ (\mathrm{m})$$

μ：ガスの粘度（Pa・s），　u：気流の水平方向速度（m/s）
ρ_p：粒子密度（kg／㎥），　g：重力加速度（＝9.8m/s²）

この式から，ガスの粘度μ，沈降室の高さH，気流の水平方向速度uが小さいほど，または，粒子密度ρ_p，沈降室の奥行長さLが大きいほど，100％分離限界粒子径は小さくなることがわかります。

3 遠心力集じん装置

①遠心力集じん装置の原理

遠心力集じん装置は，含じんガスに旋回運動を与え，含まれる粒子を遠心力の作用によってガスから分離捕集する装置であり，サイクロンとよばれます。
含じんガスの流入・流出の形式により接線流入式と軸流式に大別され，それぞ

れに反転形と直進形があります。最も標準的な形式は接線流入式反転形です。

　この形のサイクロンは，入口管，上部に内筒をもつ外筒部（円筒部），円錐部，ダストバンカー（ホッパー）から構成されます。入口管から流入した含じんガスは，外筒部，円錐部を旋回しながら下降し，円錐部下端で反転した後，中心部分を上昇して内筒から流出します。ガス中のダストは，遠心運動により壁面に衝突して分離するか，反転上昇する過程で沈降し，ホッパーに捕集されます。

　接線流入式反転形では，外筒部の上部にドーナツ形の二次渦が発生しやすく，これにより流入ガスが内筒

■ 接線流入式反転形サイクロン

から短絡的に流出し，集じん率の低下につながることがあります。また，円錐部下端にダストがたい積したりすると，反転上昇気流で粉じんが巻き上げられて集じん率が低下するため，ホッパーから一部を抽気します。これをブローダウンといい，通常，処理ガス流量の5〜15%が抽気されます。

②遠心沈降速度（粒子分離速度）

　球状粒子の遠心力による外方向への遠心沈降速度は，粒子の分離速度と等しいものとみなせます。遠心沈降速度v_cは，作用する遠心力と流体抵抗の釣り合いから，次の式で表されます。

$$v_c = \frac{\rho_p d_p^2 v_\theta^2}{18 \mu R} \ (\text{m/s})$$

ρ_p：粒子密度（kg／m³），d_p：粒子径（m），v_θ：円周方向粒子速度（m/s）
μ：ガスの粘度（Pa・s），R：回転半径（m）

　この式から，粒子密度ρ_p，粒子径d_p，円周方向粒子速度v_θが大きいほど，または，ガスの粘度μ，回転半径Rが小さいほど，遠心沈降速度（粒子分離速度）は大きくなることがわかります。

③分離限界粒子径

　サイクロン内部の流れは複雑で，分離限界粒子径d_{pc}を正確に求める計算式はまだ存在しませんが，次のような式によって表す考え方があります。

$$d_{pc}{}^2 = \frac{18\mu}{\rho_p u_{\theta c}{}^2} R_c u_{rc}$$

μ：ガスの粘度（Pa・s），R_c：回転半径（m），u_{rc}：半径方向の速度成分（m/s）

ρ_p：粒子密度（kg/㎥），$u_{\theta c}$：周分速度（＝接線方向の速度成分）（m/s）

　この式から，ガスの粘度μ，回転半径R_c，半径方向の速度成分u_{rc}が小さいほど，または，粒子密度ρ_p，周分速度$u_{\theta c}$が大きいほど，サイクロンの分離限界粒子径は小さくなることがわかります。

　さらに，次のような式も成り立ちます（∝は比例することを表す記号です）。

$$d_{pc} \propto \sqrt{\frac{A_i{}^2}{H_c Q_i}} \left(\frac{D_2}{D_1}\right)^n \qquad (n：旋回速度指数)$$

A_i：サイクロンの入口面積（㎡），$\dfrac{D_2}{D_1}$：内筒と外筒の直径比

H_c：分離室の長さ（m），Q_i：サイクロン入口での流入ガス流量（㎥/s）

　この式からは，サイクロン入口面積A_i，内筒と外筒の直径比D_2/D_1が小さいほど，または，分離室の長さH_c，サイクロン入口での流入ガス流量Q_iが大きいほど，サイクロンの分離限界粒子径は小さくなることがわかります。

④**圧力損失**

　圧力損失とは，装置内で降下する圧力のこと，つまり，装置の入口および出口における処理ガス（含じんガス）の平均全圧力の差をいいます。

　サイクロンの圧力損失Δpは，次の式によって表されます。

$$\Delta p = F \frac{\rho_g u_i{}^2}{2} \qquad (F：圧力損失係数)$$

ρ_g：ガス密度（kg/㎥），u_i：接線方向の入口速度（m/s）

　この式から，ガス密度ρ_g，接線方向の入口速度u_iが大きいほど，サイクロンの圧力損失は大きくなることがわかります。

　また，**圧力損失係数**Fはサイクロンの幾何学的寸法によって定まり，相似形のサイクロンでは圧力損失係数が等しくなります。このため，幾何学的に相似形のサイクロンは，たとえサイズが異なっても，接線方向の入口速度u_iが等しければ圧力損失は等しくなります。

　このほか，サイクロンではダスト濃度が増加するほど圧力損失が減少する傾向がみられます。なお，サイクロンの圧力損失と基本流速の関係についてはすでに学習しました（●P.196参照）。

チャレンジ問題

問1　　　　　　　　　　　　　　　難｜中｜**易**

沈降高さH，沈降室の奥行き長さLの重力集じん装置において，完全に分離できる最小粒子径（100％分離限界粒子径）の表現式として正しいものはどれか。

ここで，μはガスの粘度，v_0は気流の水平方向速度，ρ_pは粒子の密度である。

(1) $\sqrt{\dfrac{18\mu Hv_0}{\rho_p gL}}$　　(2) $\sqrt{\dfrac{18\mu H^2v_0}{\rho_p gL}}$　　(3) $\sqrt{\dfrac{18\mu Hv_0^2}{\rho_p gL}}$

(4) $\sqrt{\dfrac{18\mu Hv_0}{\rho_p^2 gL}}$　　(5) $\sqrt{\dfrac{18\mu Hv_0}{\rho_p gL^2}}$

解説

重力集じん装置の場合，100％分離限界粒子径d_{p100}は肢（1）の式で表されます。肢（2）～（5）は，沈降室の高さH，気流の水平方向速度v_0，粒子の密度ρ_p，沈降室の奥行きの長さLがそれぞれ2乗になっているため，誤りです。

解答 (1)

問2　　　　　　　　　　　　　　　難｜**中**｜易

サイクロンの粒子分離速度に関する記述として，誤っているものはどれか。
(1) 粒子密度が大きいほど小さい。
(2) ガス粘度が高いほど小さい。
(3) 円周方向速度が大きいほど大きい。
(4) 回転半径が大きいほど小さい。
(5) 粒子径が大きいほど大きい。

解説

サイクロンの粒子分離速度は，遠心沈降速度v_cと等しいものとみなせます。
遠心沈降速度v_cは，次の式で表されます。

$$v_c = \frac{\rho_p d_p^2 v_\theta^2}{18\mu R} = \ (\text{m/s})$$

ρ_p：粒子密度（kg/m³），d_p：粒子径（m），v_θ：円周方向粒子速度（m/s）
μ：ガスの粘度（Pa・s），R：回転半径（m）

(1) 式より，粒子密度ρ_pが大きいほど遠心沈降速度v_c（＝粒子分離速度）は大きくなることがわかります。したがって，粒子密度が大きいほど粒子分離速度が小さいとする（1）は誤りです。

このほかの肢は，すべて正しい記述です。

（解答）（1）

問3　　　　　　　　　　　　　　　　　　　　　難　中　易

サイクロンの性能に関する記述として，誤っているものはどれか。

(1) 小形ほど，分離限界粒子径は小さい。

(2) 周分速度が大きいほど，分離限界粒子径は小さい。

(3) ガス粘度が低いほど，分離限界粒子径は小さい。

(4) 小形ほど，圧力損失は小さい。

(5) ガス密度が高いほど，圧力損失は大きい。

解説

サイクロンの分離限界粒子径d_{pc}は，次の式で表すことができます。

$$d_{pc}{}^2 = \frac{18\mu}{\rho_p u_{\theta c}{}^2} R_c u_{rc}$$

μ：ガスの粘度（Pa・s），R_c：回転半径（m），u_{rc}：半径方向の速度成分（m/s）
ρ_p：粒子密度（kg/㎥），$u_{\theta c}$：周分速度（＝接線方向の速度成分）（m/s）

(1) 式より，サイクロンが小形，つまり回転半径R_cが小さいほど，分離限界粒子径d_{pc}は小さくなります。

(2) 式より，周分速度$u_{\theta c}$が大きいほど，分離限界粒子径d_{pc}は小さくなります。

(3) 式より，ガス粘度μが低いほど，分離限界粒子径d_{pc}は小さくなります。

また，サイクロンの圧力損失Δpは，次の式で表されます。

$$\Delta p = F \frac{\rho_g u_i{}^2}{2} \quad （F：圧力損失係数）$$

ρ_g：ガス密度（kg/㎥），u_i：接線方向の入口速度（m/s）

(4) 幾何学的に相似形のサイクロンは圧力損失係数Fが等しくなるため，サイズが異なっても，接線方向の入口速度u_iが等しければ圧力損失は等しくなります。したがって，小形ほど圧力損失は小さいというのは誤りです。

(5) 式より，ガス密度ρ_gが高いほど，圧力損失Δpは大きくなります。

（解答）（4）

4 電気集じん装置

①電気集じん装置の原理

電気集じん装置とは，コロナ放電によって処理ガス中の粒子に電荷を与え，この帯電した粒子を電気力などで分離し，捕集する装置をいいます。

放電電極と集じん電極で構成されており，放電電極からコロナ放電が発せられます。浮遊微粒子を含む処理ガスがコロナ放電の生じている電極間を通過すると，負イオンの衝突によって微粒子が荷電され，電荷をもった微粒子は，コロナ空間の直流電界によって集じん電極の方向に力を受け，集じんされます。集じん電極にたい積したダスト層は，つち打ち装置によって機械的衝撃を与えられ，剥離して下部のホッパーに捕集されます。

②電気集じん装置の種類

電気集じん装置は，以下のような観点から分類されます。

ア　円筒形と平板形

集じん電極が円筒状のものを円筒形といいます。これに対し，集じん電極を平行平板で構成し，この間に放電電極を配置したものを平板形といいます。一般には，平板形が広く用いられています。

■平板形電気集じん装置の例（乾式水平ガス流の平板形）

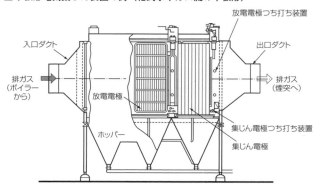

補足

コロナ放電
とがった電極に高電圧をかけたときに起こる持続的な放電をいいます。高電圧により空気の絶縁が局所的に破壊されて生じます。

放電電極
コロナ放電を発生してダストに電荷を与える電極です。

集じん電極
放電電極によって電荷を与えられたダストを付着させる電極です。

つち打ち装置
電極に付着したダストを払い落すために振動を与える装置をいいます。集じん電極だけでなく，放電電極もダストの付着によって放電特性が低下するため，ほぼ連続的につち打ちを行います。

2 集じん装置の原理・構造・特性

イ　垂直形と水平形

　処理ガスが垂直に流れるものを**垂直形**といい，水平に流れるものを**水平形**といいます。ガスの流量が大きくなると，垂直形ではガスの均一な分布が困難となるため，中容量以上のものには水平形のほうがよく用いられます。

ウ　一段式と二段式

　荷電形式によって，**一段式**と**二段式**に大きく分けられます。それぞれの特徴をまとめておきましょう。

■一段式と二段式の電気集じん装置の特徴

一段式	● 放電電極と集じん電極間の空間で，ダストの荷電と集じんを同時に行う形式をいう ● 二段式に比べて再飛散が少なく，産業用に広く用いられている ● ダストの見掛け電気抵抗率が高いときに起こる逆電離現象を避けることが困難である
二段式	● 荷電だけを行う荷電部を上流に設け，静電気による捕集のみを行う集じん部を下流に設ける形式をいう ● 集じん電極間隔を小さくして集じん面積を大きくできるため，一般に装置を小形化することが可能である ● 微細で低濃度のダスト捕集（空気清浄器）や，ばい煙の前処理手段としての静電凝集器などに用いられる

エ　乾式と湿式

　粒子を乾燥状態のまま捕集する方式のものを**乾式**といいます。これに対して，集じん電極の表面に水膜を作る，あるいは集じん室に水を噴霧して集じん電極上に捕集した粒子を水とともに洗い流す方式のものを**湿式**といいます。

　湿式の場合は，水処理施設が必要となりますが，**逆電離**や**再飛散**が発生しないため，集じん性能が極めて高くなります。また，塩化水素などのガスも吸収することができます。ただし，硫酸ミストのように腐食性の著しい粒子を対象とする場合や，酸露点以下で使用する低温電気集じん装置の場合は，銅製の集じん電極を用いたり，放電電極を鉛で被覆したりして保護する必要があります。

③電気集じん装置の特徴

　電気集じん装置には，次のような特徴があります。

- 微細なダストを，広い温度・圧力条件下において，高い効率（90 〜 99.9 ％）で集じんすることができる
- 低い圧力損失（100 〜 200Pa）で，ランニングコストが小さい
- 可動部分が少なく，構造が簡単なので，保守点検が容易である
- つち打ちによる再飛散がある。また，固結性のある粒子については，つち打ちによる剥離が困難なため，適用できない

- 爆発性ガスや可燃性ダストの処理に適さない
- 装置内の平均ガス流速は0.5 〜 2m/s程度で，含じんガスの処理時間に数秒〜 10秒程度を必要とする
- 粒子径0.1 〜 1μmの粒子に対して部分集じん率が低くなる。最も捕集しにくいのは粒子径0.3μm前後である
- 集じん性能が，ダストの見掛け電気抵抗率に依存する

④ダストの見掛け電気抵抗率と集じん性能

電気集じん装置の集じん率は，ダストの見掛け電気抵抗率ρ_dに依存しており，ρ_dが高すぎても低すぎても，良好な集じん性能が得られなくなります。このため，ダスト層の見掛け電気抵抗率ρ_dの測定は，電気集じん装置の集じん性能を予測するうえでとても重要です。

排ガスからのρ_dに対する影響因子として，温度，水分，三酸化硫黄（SO3）などのガス組成が挙げられます。

- 一般に，ρ_dは100 〜 200℃前後でピークとなる
- 100℃以下の低温では，ダスト表面への水分やSO3などの付着による表面伝導が主となり，ρ_dを低下させる
- 200℃以上の高温では，ダストの体積伝導が主となって，温度の上昇に従いρ_dを低下させる

良好な集じんは，$10^2 < \rho_d < 約5 \times 10^8 \Omega \cdot m$の範囲で行われます。

- ρ_dが約$10^2 \Omega \cdot m$以下では，ダスト粒子が集じん電極上で跳躍（異常再飛散）を起こし，捕集されなくなる
- ρ_dが約$5 \times 10^8 \Omega \cdot m$以上では，逆電離という異常現象が起こり，集じん性能が著しく低下する
- ρ_dが$10^{10} \sim 10^{11} \Omega \cdot m$程度を超えた場合，電圧が上昇するとダスト層が点々と絶縁破壊され，やがて逆電離の空間占有率がほぼ100％に達し，集じん作用が停止する
- さらに，ρ_dが$10^{13} \Omega \cdot m$以上になると，コロナ放電がなくても逆電離が発生し得るようになる

ダストの見掛け電気抵抗率とガス温度

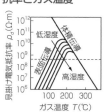

（注）各曲線のパラメータは湿度である

逆電離
ダスト層の見掛け電気抵抗率が高い場合に，ダスト層を流れる電流が増加すると層内に著しい電界を生じ，これがダスト層の絶縁破壊電界強度を超えて，ダスト層内で絶縁破壊を引き起こす現象をいいます。

⑤ドイッチェの式

電気集じん装置の集じん率ηを表す場合，次のドイッチェの式がよく用いられます。

$$\eta = 1 - \exp\left(-w_e f\right)$$

$$= 1 - \exp\left(-w_e \frac{A}{Q}\right)$$

w_e：ダストの移動速度（m/s），f：比集じん面積（$=A/Q$）（s/m）

A：有効集じん面積（㎡），Q：処理ガス流量（㎥/s）

expは指数関数を表す記号であり，$\exp\,(X) = e^x$という意味を表します。

さらに，$e^{-x} = \dfrac{1}{e^x}$ より，$\exp\,(-w_e f) = \dfrac{1}{e^{w_e f}}$ を意味します。

したがって，ダストの移動速度w_eや比集じん面積fが大きくなるほど，$\exp$$(-w_e f)$ の値は小さくなるため，集じん率η（$=1-\exp\,(-w_e f)$）は高くなるということがわかります。逆に，処理ガス流量Qが大きくなると，$f\,(=A/Q)$の値が小さくなるため，集じん率ηは低くなります。

また，集じん室の幾何学的形態・大きさ，処理ガス速度，ダストおよびガスの性状に基づく凝集や再飛散などを考慮すると，集じん率ηは次のような式で表されます。

$$\eta = 1 - \exp\,(-w_e f K)$$

$$f = \frac{LH}{Q} = \frac{LH}{v_0 bH} = \frac{L}{v_0 b} = \frac{T}{b}$$

K：集じん室の幾何学的形態，凝集，再飛散などによる補正係数

L：集じん電極のガス流方向の全有効長さ（m）

H：集じん電極の有効高さ（m）

v_0：処理ガス速度（m/s）

b：集じん電極と放電電極の距離（m）

T：荷電時間（L/v_0）

さらに，集じん装置の入口および出口ダスト濃度をそれぞれC_i，C_oとすると，入口および出口の標準状態におけるガス流量が同じであれば，集じん率ηを次の式で表すことができます。

$$\eta = 1 - \frac{C_o}{C_i}$$

チャレンジ問題

問1　　　　　　　　　　　　　　　　　　　　　　難 | 中 | 易

電気集じん装置に関する記述として，誤っているものはどれか。

(1) 一般に，平板形が広く用いられる。

(2) 中容量以上のものには，垂直形がよく用いられる。

(3) 一段式は，二段式に比べ再飛散が少ない。

(4) 湿式は，逆電離及び再飛散が発生しないので，集じん性能が高い。

(5) 放電電極，集じん電極とも，つち打ちは付着ダストの剥離に有効である。

解説

(2) 垂直形では，ガスの流量が大きくなるとガスの均一な分布が困難となるため，中容量以上のものには水平形のほうがよく用いられます。垂直形がよく用いられるというのは誤りです。

このほかの肢は，すべて正しい記述です。

解答 (2)

問2　　　　　　　　　　　　　　　　　　　　　　難 | 中 | 易

電気集じん装置の性能及びダスト層の見掛け電気抵抗率に関する記述として，誤っているものはどれか。

(1) 約$10^2 \Omega \cdot$m以下では，電気集じん装置において異常再飛散が生じることがある。

(2) 約$5 \times 10^8 \Omega \cdot$m以上では，電気集じん装置において逆電離を生じることがある。

(3) 排ガス中の水分濃度と温度によって，見掛け電気抵抗率は異なる。

(4) 200℃以上の高温では，見掛け電気抵抗率には体積伝導の影響が大きい。

(5) 100℃以下の低温で三酸化硫黄が付着すると，見掛け電気抵抗率は上昇する。

解説

(5) 100℃以下の低温では，ダスト表面への水分や三酸化硫黄SO_3などの付着による表面伝導が主となって，見掛け電気抵抗率を低下させます。見掛け電気抵抗率が上昇するというのは誤りです。

このほかの肢は，すべて正しい記述です。

解答 (5)

電気集じん装置の集じん率に関する記述として，誤っているものはどれか。ただし，集じん率はドイッチェの式に従うものとする。

(1) 処理ガス流量が増大すると低くなる。

(2) 集じん電極の有効高さが大きくなると低くなる。

(3) 集じん電極のガス流方向の全有効長さが大きくなると高くなる。

(4) 集じん電極と放電電極の距離が大きくなると低くなる。

(5) ダストの移動速度が大きくなると高くなる。

解説

集じん率 η を表すドイッチェの式は，電気集じん装置の集じん室の幾何学的形態や大きさなどを考慮すると，次のようになります。

$$\eta = 1 - \exp(-w_e f K)$$

$$f = \frac{LH}{Q} = \frac{LH}{v_o b H} = \frac{L}{v_o b}$$

w_e：ダストの移動速度（m/s）

K：集じん室の幾何学的形態，凝集，再飛散などによる補正係数

L：集じん電極のガス流方向の全有効長さ（m）

H：集じん電極の有効高さ（m）

Q：処理ガス流量（㎥/s）

v_o：処理ガス速度（m/s）

b：集じん電極と放電電極の距離（m）

(1) 式より，処理ガス流量 Q が増大すると，f の値が小さくなり，$\exp(-w_e f K)$ の値が大きくなるため，集じん率 η は低くなります。

(2) 式より，集じん電極の有効高さ H が大きくなると，f の値が大きくなり，$\exp(-w_e f K)$ の値が小さくなるため，集じん率 η は高くなります。したがって，集じん電極の有効高さが大きくなると低くなるというのは誤りです。

(3) 式より，集じん電極のガス流方向の全有効長さ L が大きくなると，f の値が大きくなり，$\exp(-w_e f K)$ の値が小さくなるため，集じん率 η は高くなります。

(4) 式より，集じん電極と放電電極の距離 b が大きくなると，f の値が小さくなり，$\exp(-w_e f K)$ の値が大きくなるため，集じん率 η は低くなります。

(5) 式より，ダストの移動速度 w_e が大きくなると，$\exp(-w_e f K)$ の値が小さくなるため，集じん率 η は高くなります。

解答 (2)

問4　　　　　　　　　　　　　　　　　　　　　　　難　中　易

集じん率がドイッチェの式に従う電気集じん装置において，処理ガス流量が360000㎥/h，有効集じん面積が4600㎡，ダストの移動速度が10㎝/sであるとき，集じん率はおよそいくらか。

ただし，$\log_e 10 = 2.3$とする。

(1) 90.0　　　(2) 95.0　　　(3) 99.0　　　(4) 99.5　　　(5) 99.9

解説

ドイッチェの式より，集じん率ηを次のように表すことができます。

$$\eta = 1 - \exp\left(-w_e \frac{A}{Q}\right)$$

w_e：ダストの移動速度（m/s）
A：有効集じん面積（㎡）
Q：処理ガス流量（㎥/s）

まず，公式を使うときは，設問で与えられた数値を公式中の単位にそろえなければなりません。

処理ガス流量$Q = 360000㎥/h = 100㎥/s$（∵ 1h=3600s）
有効集じん面積$A = 4600㎡$
ダストの移動速度$w_e = 10㎝/s = 0.1m/s$

次に，これらの数値を公式に代入します。

$$\eta = 1 - \exp\left(-0.1 \times \frac{4600}{100}\right)$$
$$= 1 - \exp(-4.6)$$
$$= 1 - e^{(-4.6)} = 1 - \frac{1}{e^{4.6}} \cdots ①$$

設問より，$\log_e 10 = 2.3$（logは対数関数を表す記号）

∴ $e^{2.3} = 10$
$e^{4.6} = (e^{2.3})^2 = 10^2 = 100$

これを①の式に代入して，

$$\eta = 1 - \frac{1}{100} = 0.99$$

したがって，集じん率はおよそ99.0%となります。

解答 (3)

障害物形式集じん装置

1 障害物形式集じん装置とは

　障害物形式集じん装置では，気流中に障害物を設置し，慣性力，遮り，拡散などの機構によってダストを障害物上に捕集（分離）します。このため，障害物のことを捕集体とよびます。1個の障害物による捕集効率を単一捕集体捕集効率といい，η_tで表します。障害物形式集じん装置の集じん率ηは，η_tが大きいほど高くなります。この形式には，慣性力集じん装置，洗浄集じん装置などが含まれます。

①慣性衝突

　気流は障害物のまわりを流れますが，気流に含まれるダストは慣性力によって障害物に衝突し捕集されます。この場合，次の式で表されるストークス数 Stk が大きいほど，単一捕集体捕集効率η_tは大きくなります。

$$Stk = \frac{\rho_p d_p^2 v_r}{9 \mu d_c}$$

　ρ_p：粒子密度（kg／m³），d_p：粒子径（m）
　v_r：ダストと捕集体の相対速度（m/s）
　μ：ガスの粘度（Pa・s），d_c：捕集体寸法（m）

　この式より，ダストの粒子密度ρ_p，粒子径d_p，ダストと捕集体の相対速度v_rが大きいほど，または，ガスの粘度μ，捕集体寸法d_cが小さいほど，単一捕集体捕集効率η_tが高くなり，ダストの捕集効果が上がることがわかります。一般に，$2 \sim 3 \mu$mより大きなダストでは，慣性衝突が主な捕集機構となります。

②遮り効果

　気流とまったく同じ運動をする微小なダストでも，捕集体に接触すれば捕集されます。これを遮り効果といいます。粒子径の捕集体寸法に対する比（d_p/d_c）のことを遮りパラメーターといい，この比が大きくなると，遮りによる捕集効率は大きくなります。

③拡散捕集

　ダストがさらに微細になると，不規則な運動（ブラウン運動）が活発となり，拡散することによって捕集体に付着します。0.1µm以下のダストでは，拡散作用による分離が支配的です。ダストの粒子径が小さくなると，拡散係数D_{BM}が急激に大きくなります。拡散によるダストの付着速度は，拡散係数D_{BM}に比例するた

め，ダストの粒子径が小さいほど付着量が多くなります。

　また，次の式で表される拡散パラメーター D が大きいほど，捕集効率は高くなります。

$$D = \frac{D_{BM}}{d_c u}$$

　　d_c：捕集体寸法（m），u：ガス速度（m/s）

　以上より，ダストの粒子径，捕集体寸法 d_c，ガス速度 u が小さいほど，拡散による捕集効果は高くなることがわかります。また，D の逆数であるペクレ数 Pe を，捕集評価の尺度として用いることもあります。

2 慣性力集じん装置

①慣性力集じん装置の原理

　慣性力集じん装置は，含じんガスを障害物に衝突させたり，含じんガスの流れを急激に方向転換させたりすることによって，慣性力を利用してダストを分離・捕集する装置です。

②慣性力集じん装置の種類

　慣性力集じん装置には，衝突式のものと反転式のものがあります。衝突式では，含じんガスの衝突によってダストを分離・捕集します。一方，反転式では，含じんガス流の方向転換によってダストを分離・捕集します。反転式のうち，ルーバー形とマルチバッフル形をみておきましょう。

■ 反転式慣性力集じん装置の例

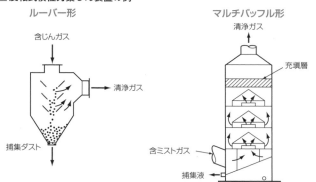

ルーバー形　　　　　　マルチバッフル形

ブラウン運動
気体や液体中に浮遊する微粒子が行う不規則な運動のこと。熱運動をするまわりの気体・液体の分子が微粒子に衝突することによって起こります。

ペクレ数
拡散パラメーター D の逆数なので，ペクレ数が大きくなると，拡散による捕集効率は低くなります。

ルーバー形
煙道内に適宜取り付けて使用されることが多い形です。

マルチバッフル形
主としてミストの捕集に用いられます。数 μm 程度の微細なミストを捕集できます。

③慣性力集じん装置の特性

慣性力集じん装置は，高性能な集じん装置の前に設置され、粗粒子の荒取り，白熱状態にある燃焼ダストや比較的粗い水滴の捕集といった一次集じんに使用されるのが通常です。また，慣性力集じん装置では，100％分離限界粒子径を正確に求めることが困難なため，一般には50％分離限界粒子径で捕集特性を評価します。種類ごとの特性をまとめておきましょう。

衝突式	一般に，衝突直前のガス速度が大きく，装置出口のガス速度が小さいほどダストの同伴が少なく，集じん率が高くなる。また，衝突回数に比例して圧力損失は大きくなるが，集じん率は高くなる
反転式	ガスの方向転換の曲率半径が小さいほど，細かいダストを分離・捕集できる。また，方向転換回数が多いほど，圧力損失は大きくなるが，集じん率は高くなる

3 洗浄集じん装置

①洗浄集じん装置の原理

洗浄集じんは，液滴または液膜状の液体を捕集媒体とする集じん形式です。これらの捕集媒体の多くは，気流中や壁面上に静止できないため，ダストだけでなく，ダストを捕集した捕集媒体も除去しなければならないという点が特徴です。

洗浄集じん装置では，ダストは主に慣性力や拡散，重力等の機構によって液滴や液膜に捕集されますが，粒子同士の凝集や，蒸気等の凝縮，蒸発が捕集効果に影響を及ぼす場合があります。

ア　粒子同士の凝集

高ダスト濃度では，粒子が互いに凝集して大きな二次粒子となるため，多くの場合，捕集効果が高まります。

イ　凝縮性ガスの捕集媒体への凝縮

ばい煙には一般に，水蒸気，三酸化硫黄（SO_3）などの凝縮性ガスが含まれています。ガス温度が下がると，これらがダストや液滴表面に凝縮しますが，これによって気体中のものを液滴に移す効果があるため，捕集効果は高まります。

ウ　液滴からの蒸発

液滴からの蒸発は，ダストが液滴に衝突することを妨害するため，捕集効率が低下します。

このほか，液滴によりダストを捕集する装置では，ダストと液滴はともに運動しているため，捕集は，両者の間に相対速度がある区間だけで生じることに注意

しなければなりません。

②洗浄集じん装置の種類と特性

　洗浄集じん装置には，ため水式，加圧水式，充塡層式，回転式といった種類があります。

ア　ため水式

　集じん室内にためている一定の水またはその他の液体に含じんガスを高速で通過させ，液滴や液膜を形成させることによってダストの捕集（含じんガスの洗浄）を行います。

　ため水を巻き上げ，液滴や液膜を形成するガスの流速が大きいほど液滴が細かくなり，微細なダストを捕集することができます。このため，基本流速が大きいほど集じん率も高くなります。

イ　加圧水式

　加圧水を噴射することによって含じんガスの洗浄を行います。いくつかの種類がありますが，最も集じん率が高く広範囲に使用されているのはベンチュリスクラバーです。

■ベンチュリスクラバーの例

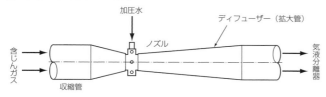

加圧水式の洗浄集じん装置の種類
- ベンチュリスクラバー
- ジェットスクラバー
- スプレー塔
- サイクロンスクラバー

　ベンチュリスクラバーでは，含じんガスを収縮管で加速し，スロート部でノズルから噴射した液滴によって捕集を行います。ダストは主に慣性衝突によって分離されます。スロート部のガス速度が大きくなると最適液滴径は大きくなりますが，液ガス比が1ℓ/㎥のときはガス速度と関係なく，最適液滴径は粒子径の150倍程度になります。

　加圧水式の集じん装置について，ガス速度などの影響をまとめておきましょう。

- ●ベンチュリスクラバーやジェットスクラバーの場合は，スロート部のガス速度（基本流速）が大きいほど，細かい液滴が形成されて，微細なダストを捕集することがで

最適液滴径
ダストの分離に最適となる捕集液滴径のことをいいます。

液ガス比
処理ガス量当たりの使用水量のことをいいます。洗浄集じん装置のうち，液ガス比が最も大きいのはジェットスクラバーです（10～50ℓ/㎥）。

きるため，集じん率が高くなる
● スプレー塔やサイクロンスクラバーの場合は，塔内の見掛けガス速度（基本流速）が小さく，液ガス比が大きく，含じんガスと液滴の接触している時間が長いほど，集じん率が高くなる

ウ　充塡層式

　一般に，低ダスト濃度の場合や，有害ガスとの同時処理に使用されています。代表的なものとして充塡塔があります。これは，塔下部から流入した含じんガスを充塡物表面の水膜と接触させて捕集するものです。充塡塔では，塔内の見掛けガス速度（基本流速）が小さく，充塡層での含じんガスの滞留時間が長いほど，集じん率が高くなります。

エ　回転式

　回転式の洗浄集じん装置では，ファンの回転を利用して供給水と含じんガスを撹拌し，供給水により形成された多数の水滴や水膜または気泡によって，ダストを除去します。回転式では一般に，回転数が大きいほど，また液ガス比が大きいほど，集じん率は高くなります。

チャレンジ問題

問1　　　　　　　　　　　　　　　　　　　　　　　難　中　易

　障害物形式集じんにおいて，ダストの捕集効果が向上する記述として，誤っているものはどれか。
(1) 慣性衝突において，ダストの粒子径が大きくなる。
(2) 慣性衝突において，ガスの粘度が小さくなる。
(3) 遮り機構において，ダストの粒子径が捕集体寸法に比べて大きくなる。
(4) 拡散捕集において，ダストの粒子径が小さくなる。
(5) 拡散捕集において，ペクレ数（Pe）が大きくなる。

解説

(5) 拡散捕集では，拡散パラメーター D が大きいほど捕集効率が高くなりますが，ペクレ数 Pe は D の逆数なので，ペクレ数が大きくなると捕集効率は低くなります。したがって，拡散捕集においてペクレ数が大きくなると捕集効果が向上するというのは誤りです。
このほかの肢は，すべて正しい記述です。

解答　(5)

問2　　　　　　　　　　　　　　　　　　難　**中**　易

洗浄集じん装置に関する記述として，誤っているものはどれか。

(1) ため水式では，基本流速が大きいほど，微細なダストを捕集することができる。

(2) ジェットスクラバーでは，スロート部の基本流速が大きいほど，微細なダストを捕集することができる。

(3) サイクロンスクラバーでは，液ガス比が小さいほど，集じん率は高くなる。

(4) 充填塔では，基本流速が小さく，塔内の滞留時間が長いほど，集じん率は高くなる。

(5) 回転式では，一般に回転数が大きいほど，集じん率は高くなる。

解説

(3) サイクロンスクラバーでは，液ガス比が大きいほど集じん率は高くなります。
このほかの肢は，すべて正しい記述です。

解答　(3)

隔壁形式集じん装置

1　バグフィルターとは

　隔壁形式集じん装置とは，気体は通すが粒子はほとんど通さない隔壁を，捕集体として流路を遮るように配置し，その隔壁の表面に粒子を分離するもので，産業用集じん装置として広く用いられています。ここでは，最も広く使われているバグフィルターについて学習しましょう。

①バグフィルターの捕集機構

　バグフィルターとは，ろ布とよばれる織布または不織布を捕集体に用いる集じん装置です。未使用あるいはダスト払い落し直後のろ布のように捕集粒子量の少ない段階では，ダストは慣性力，遮り，拡散などの機構によって捕集されます（内部ろ過）。ところが，ろ布表面にダスト堆積層が形成されてくると，堆積した粒子の隙間に「ふるい効

織布・不織布
織布とは，縦糸と横糸を織った布地のことです。これに対し，不織布は織らずに，繊維を機械的・化学的・熱的に処理し，接着剤や繊維そのものの融着力で接合して作った布地をいいます。

果」によって捕集されるようになります（表面ろ過）。ろ布上に形成されるダスト層の空隙率は80〜85%程度で，多くの細孔をもつ粗い堆積層ですが，一般に細孔径はダスト径と同程度なので，ほぼ100%の集じん率が得られます。しかし，堆積層はガスの流通抵抗を大きくするので，圧力損失が時間とともに増加します。そこで，連続運転をするために適当な間隔で堆積ダストの払い落としを行います。

払い落とし直後の集じん率はかなり低くなりますが，払い落とし回数が増えると高くなっていきます。これは，払い落としによっても落ちず，ろ布表面に強固に付着した一次付着層とよばれる層が徐々に形成されていくためです。

また，時間とともにダスト負荷（単位ろ過面積当たりの堆積ダスト量）が増え，堆積層が厚くなると出口濃度は減少し続けるはずですが，実際にはある負荷以上になると出口濃度は一定となります。これは，フィルター上にピンホールとよばれる小さな穴などが形成され，ダストの透過率が高くなるためと考えられます。

②ダスト層の圧力損失

バグフィルターの圧力損失Δpは，ろ布およびダスト層の圧力損失の和になります。ダスト層の圧力損失Δp_dは，次のコゼニー・カルマンの式で表されます。

$$\Delta p_d = \frac{180}{d_{ps}^2} \frac{(1-\varepsilon)^2 L\mu u}{\varepsilon^3} = \frac{180}{d_{ps}^2} \frac{(1-\varepsilon) m_d\mu u}{\varepsilon^3 \rho_p}$$

ε：ダスト層の空隙率（−），L：ダスト層厚（m），μ：ガスの粘度（Pa・s）

u：ろ過速度（m/s），m_d：ダスト負荷（kg／㎡）

d_{ps}：ダストの比表面積径（m），ρ_p：ダストの密度（kg／㎥）

この式から，ダスト層の圧力損失はダスト層の空隙率εに大きく左右されることがわかります。また，ダスト層厚L，ガスの粘度μ，ろ過速度u，ダスト負荷m_dが大きいほど，またはダストの比表面積径d_{ps}，ダストの密度ρ_pが小さいほど，ダスト層の圧力損失は大きくなります。特に，ダストの比表面積径d_{ps}（表面積の等しい均一粒子群の粒子径）の２乗に反比例する点に注意しましょう。

2 ろ布

①ろ布の空隙率と見掛けろ過速度

処理流量をろ布の有効ろ過面積で割った値を見掛けろ過速度といい，この速度が小さいほど，より確実なダスト分離ができます。見掛けろ過速度は，ろ布自体の空隙率（ダスト層のではない）が小さい場合には小さく，大きい場合には大きくとられます。ろ布自体の空隙率は，織布で30〜40%，不織布で70〜80%です。

このため，見掛けろ過速度は，織布で２cm／s前後，不織布では４〜７cm／sに

とられています。

②撚糸

　織布の構造は，撚糸（撚りをかけた糸）の種類，織り方などによって異なります。撚糸にはフィラメント糸とステープル糸があります。

■フィラメント糸とステープル糸の特徴

フィラメント糸	● 表面が滑らかで，付着ダストの剥離性がよい ● ダストの捕集性に問題がある
ステープル糸	● 糸の表面に無数の短繊維が飛び出しており，ろ布表面に薄いダスト層を形成しやすく，捕集性がよい ● フィラメント糸と比べ，強度や付着ダストの剥離性が劣る

③織り方

　平織，あや織，繻子織があり，合成繊維，ガラス繊維とも繻子織が広く用いられています。これらの織布の目開きはおおよそ10 〜 50μmで，天然繊維のものは比較的大きく，合成繊維やガラス繊維では小さくなります。

④ろ布材の特性

　ろ布材が備えるべき特性としては，高い捕集特性，低圧力損失，払い落としの容易さ，耐熱性，耐薬品性，機械的強度，長寿命などが挙げられます。代表的なバグフィルター用ろ布材について，その特性の一部をまとめておきましょう。

■代表的なろ布材の常用耐熱温度，耐酸性，耐アルカリ性

		常用耐熱温度（℃）	耐酸性	耐アルカリ性
木綿	織布	60	×	△
パイレン	織布	80	○	△
	不織布	80	○	△
ナイロン	織布	100	×	○
アクリル	織布	120	○	×
	不織布	120	○	×
ポリエステル	織布	140	△	△
	不織布	140	△	△
四ふっ化エチレン（テフロン）	織布	250	○	○
	不織布	250	○	○
ガラス繊維	織布	250	○	○
	不織布	220	○	○

　処理ガス温度が150℃以下で，耐酸性，非吸湿性，耐久性を必要とする場合，

一般にポリエステル系繊維の織布が用いられています。また，250℃程度までの高温にはガラス繊維の織布が最も多く用いられてきましたが，最近では，各種の合成繊維ろ材の開発が進んでいます。

⑤ろ布材の表面加工

ろ布材には，捕集性，剥離性，耐食性，撥水・撥油性の向上などを目的として表面加工が施されます。加工法ごとに主な目的を確認しておきましょう。

■ 各表面加工法の主な目的

	捕集性	剥離性	耐食性	撥水・撥油性
コーティング加工	○	－	○	－
ディッピング加工	－	－	○	○
膜加工	○	○	－	－
平滑加工	－	○	－	－
毛焼き加工	－	○	－	－

3 ダストの払い落とし

ダストの払い落とし方式は，間欠式と連続式に分けられます。

①間欠式

間欠式は，複数に仕切られた集じん室（コンパートメント）ごとに払い落としを行う方式です。払い落とし時にダストの再飛散が多少みられますが，ダンパーを閉じているため清浄側へのダストの逸出はなく，高い集じん率が得られます。

この方式に用いる払い落とし装置には，振動形，逆洗形などがあります。

■ 間欠式の払い落とし装置

振動形	気流を停止し，ろ布の上部，中央部または下部を振動させて，堆積したダストを払い落す
逆洗形	ろ過方向と逆向きに清浄な空気を逆流させて，堆積したダストを払い落す。払い落とし効果が弱く，剥離性のよいダストに用いられる

②連続式

連続式は，集じん室を仕切ったり気流を停止したりせず，集じん室の部分ごとに払い落としを行っていく方式です。装置全体の圧力損失がほぼ一定となることから，ダスト濃度の高いばい煙や，付着しやすいばいじんの処理に適応します。

この方式に用いる払い落とし装置には，パルスジェット形，ソニックジェット形，リバースジェット形などがありますが，ここではパルスジェット形について学習しておきましょう。

パルスジェット形は，含じんガスをろ布の**外側**から流入し，払い落とし用の**圧縮空気**をろ布の**上部**から瞬時に吹き込んでダストを払い落とすという方式です。現在最も普及しており，以下の特徴があります。

- 集じん室を複数に区切る必要がないため，ガス流量の変動（風量変動）が少ない
- 気流を中断せずにダストの払い落としができる
- 外面ろ過なので，高濃度・摩耗性ダストに適している
- ろ過速度を大きくすることが可能なのでコンパクトとなり，据え付けスペースが小さくてすむ
- 石炭燃焼ボイラーなどの高温ガスにも適用できる

■パルスジェット形払い落とし装置の例

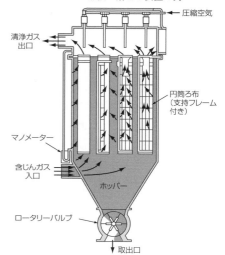

2　集じん装置の原理・構造・特性

チャレンジ問題

問1　　　　　　　　　　　　　　　　　　　　難　**中**　易

不織布製のろ布によるダスト捕集に関する記述として，誤っているものはどれか。

(1) 未使用のろ布では，ダストは慣性，遮り，拡散などの機構により捕集される。

(2) ろ布上に形成されるダスト層の空隙率は，80 ～ 85％程度である。

(3) ダスト層形成後の主な捕集機構は，慣性である。

(4) ダスト払い落し直後の集じん率は，払い落し回数とともに高くなる。

(5) フィルター上にピンホールなどが形成されると，透過率が高くなる傾向がある。

解説

(3) ダスト層形成後の主な捕集機構は，慣性ではなく，「ふるい効果」です。このほかの肢は，すべて正しい記述です。

解答　(3)

問2

　ろ布上に捕集されたダスト層の圧力損失に関する記述として，誤っているものはどれか。

(1) 堆積ダストの質量に比例する。

(2) ろ過速度に比例する。

(3) ダスト層厚に比例する。

(4) ダスト密度に反比例する。

(5) ダストの比表面積径に反比例する。

解説

ダスト層の圧力損失 Δp_d は，次のコゼニー・カルマンの式で表されます。

$$\Delta p_d = \frac{180}{d_{ps}{}^2} \frac{(1-\varepsilon)^2 L\mu u}{\varepsilon^3} = \frac{180}{d_{ps}{}^2} \frac{(1-\varepsilon)m_d\mu u}{\varepsilon^3 \rho_p}$$

　　m_d：ダスト負荷（kg/㎡），u：ろ過速度（m/s），L：ダスト層厚（m）

　　ρ_p：ダストの密度（kg/㎥），d_{ps}：ダストの比表面積径（m）

式より，ダスト層の圧力損失は，ダストの比表面積径 d_{ps} の2乗に反比例していることがわかります。したがって，比表面積径に反比例するという（5）は誤りです。（1）は，ダスト負荷 m_d が単位ろ過面積当たりの堆積ダスト量（質量kg）のことなので，正しいといえます。このほかの肢もすべて正しい記述です。

解答　（5）

問3

バグフィルター用ろ布に関する記述として，誤っているものはどれか。

(1) ステープル撚糸は，撚糸の表面に無数の短繊維が飛び出しており，ろ布表面に薄いダスト層を形成しやすい。

(2) ガラス繊維製の織布には，繻子織が広く使用されている。

(3) 織布の目開きは，天然繊維のものは比較的大きく，合成繊維のものは小さい。

(4) ろ布材が備えておくべき特性には，高い捕集特性，低圧力損失，払い落としの容易さなどがある。

(5) 処理ガス温度が250℃程度の高温で，耐酸性，非吸湿性，耐久性を必要とする場合，一般にポリエステル系繊維の織布が用いられている。

解説

(5) ポリエステル系繊維の織布が用いられているのは，処理ガス温度が150℃以

　　下の場合です。処理ガス温度が250℃程度の高温でというのは誤りです。
このほかの肢は，すべて正しい記述です。

解答 (5)

問4　　　　　　　　　　　　　　　　　　　　　　　　　難　中　易

　耐酸性に優れ，耐アルカリ性が弱いバグフィルター用ろ布材はどれか。
(1) 木綿　　　　　　(2) ナイロン　　　　　(3) 四ふっ化エチレン
(4) アクリル　　　(5) ガラス繊維

解説

耐酸性に優れ，かつ耐アルカリ性が弱いのは，アクリルだけです。

解答 (4)

問5　　　　　　　　　　　　　　　　　　　　　　　　　難　中　易

　ろ布の表面加工法として，耐食性と撥水・撥油性のいずれにも効果的な方
法はどれか。
(1) ディッピング加工　　(2) コーティング加工　　(3) 膜加工
(4) 平滑加工　　　　　　(5) 毛焼き加工

解説

耐食性と撥水・撥油性のいずれにも効果的なのは，ディッピング加工です。

解答 (1)

問6　　　　　　　　　　　　　　　　　　　　　　　　　難　中　易

　パルスジェット形バグフィルターに関する記述中，下線を付した箇所のう
ち，誤っているものはどれか。

　含じんガスをろ布の (1)内側から流入させ，払い落とし用の (2)圧縮空気を，
ろ布 (3)上部から瞬時に吹き込み，払い落とす方式である。集じん室を多室に
区切る必要がないのでガス流量の変動が (4)少ない。また，据え付けスペース
が (5)小さくなる。

解説

(1) パルスジェット形では，含じんガスをろ布の内側ではなく，外側から流入させ
　　ます。

解答 (1)

3 集じん装置の維持管理

まとめ & 丸暗記

● この節の学習内容のまとめ ●

□ 集じん装置の運転要領と維持管理

遠心力集じん装置	●装置の摩耗による穴あきや，腐食に留意した管理が必要
電気集じん装置	●処理ガス導入前に，絶縁抵抗100MΩ以上を確認 ●つち打ち装置を自動運転状態にして処理ガス導入 ●停止時は，処理ガスの導入停止後，荷電を止める
洗浄集じん装置	●所定の水滴・水膜の形成および液ガス比となる注水状態を確認してから，含じんガスを通す

□ バグフィルターの維持管理

①火炎，粉じん爆発性ダストの集じん
- ●ホッパー傾斜角を大きくとって，堆積が生じない構造にする
- ●静電気による着火を防止するため，アースを施す

②湿りダスト・湿りガスの集じん
- ●結露を防ぐため，ダクト，バグフィルター本体に保温施工を行う
- ●冬季には熱風を送気し，処理ガス温度を露点温度＋20℃程度に保持する

□ バグフィルターの故障とその主な原因

マノメーターの指示が異常に増大	●ろ布の目詰まり ●ろ布が湿ってダストが固着した ●風量の過大
マノメーターの指示が異常に減少	●ろ布の破れなどによるダストの漏れ ●風量の減少
排気からダストが漏れる	●ろ布の脱落 ●処理風量が過大である ●仕様と異なるろ布の使用

集じん装置の運転要領と維持管理

1 遠心力集じん装置（サイクロン）

　ダストを遠心力によって分離・捕集するサイクロンは，最終的な集じん装置というよりも，粗粒子を分離・捕集するためのプレダスターとして多く用いられており，そのため，ダスト濃度が高く，粒子径の大きなダストを扱うことが多くなります。遠心力によってダストが外筒内壁に衝突するため，内壁面のダスト衝突箇所が摩耗し，やがて穴があいて空気が漏れこみ，集じん効果が低下します。

　保守管理に当たっては，**摩耗による穴あき**を排ガスの色の変化などから発見し，早期に修復することが重要です。また，腐食性ガスの場合には，腐食に留意した保守管理が必要となります。

2 電気集じん装置

　電気集じん装置は，圧力損失が低く，省エネルギー効果の顕著な大容量の処理ガスの集じんに多く用いられています。電気集じん装置の運転要領をまとめておきましょう。

- 一般に50 ～ 60kVの高電圧で運転するため，碍子および碍管のトラブルを避けるよう，水分，ダストの付着を取り除き，碍子・碍管の表面を十分に乾燥しておく
- 起動時は，処理ガスを導入する前に，1000V絶縁抵抗計を用いて高圧回路の絶縁抵抗を測定し，100MΩ以上であることを確認する
- 集じん電極および放電電極の付着ダストを剥離するための**つち打ち装置**を，**自動運転状態**にしてから処理ガスを導入する
- 一定時間処理ガスを通し，集じん電極，放電電極，集じん室内の各部が，ガス温度によって十分乾燥したところで荷電し，コロナ放電を開始する

碍子・碍管
碍子は，電線を絶縁し支持するために取り付ける器具であり，碍管は電線を通すための管です。どちらも絶縁のため，陶磁器やプラスチックなどで作られています。

- 運転中は，集じん性能の低下，構造上の故障，処理ガスの性状の変化を把握しながら，集じん電圧，放電電流を監視する
- 運転を停止するときは，処理ガスの導入を停止した後に荷電を停止する
- つち打ち装置は，荷電停止後も30分以上は運転し，付着ダストを確実に除去する

3 洗浄集じん装置（スクラバー）

　液滴や液膜を捕集媒体とする洗浄集じん装置では，運転要領として以下の点が重要です。

- 運転に当たっては，所定の水滴・水膜の形成および液ガス比となる注水状態を確認してから，含じんガスを通す
- 高温含じんガスの集じんでガス冷却装置を備えている場合は，まずガス冷却装置を最初に運転し，洗浄集じん装置に所定のガス温度で導入する
- 運転を停止するときは，装置内の付着ダストや酸性洗浄水などを清掃・除去するめ，含じんガスの導入終了後も，十数分間ほど空気負荷で運転した後にファンやポンプを停止する

チャレンジ問題

問1　　　　　　　　　　　　　　　　　　　難　中　易

電気集じん装置の運転要領に関する記述として，誤っているものはどれか。

(1) 起動時は，処理ガスを導入する前に，高圧回路の絶縁抵抗が$100\mathrm{M}\Omega$以上であることを確認する。
(2) つち打ち装置を自動運転状態にしてから，処理ガスを導入する。
(3) 室内の各部がガス温度によって十分に乾燥したところで荷電する。
(4) 停止時には，荷電を止めた後に処理ガスの導入を停止する。
(5) つち打ち装置は，荷電停止後も30分以上は運転する。

解説

(4) 停止時は，処理ガスの導入を停止した後に，荷電を停止しなければなりません。荷電を止めた後に処理ガスの導入を停止するというのは誤りです。
このほかの肢は，すべて正しい記述です。

解答 (4)

バグフィルターの維持管理

1 運転要領と留意点

　バグフィルターは，システム全体にわたり，腐食性ガスや可燃性ガスなどが残留している場合があるため，起動時には含じんガスの導入前に空気負荷で運転し，システム内のガスを空気で置換しておきます。また，運転を停止するときも，10分間程度はバグフィルターの空気負荷運転をしてから，送風機を停止します。バグフィルターの運転管理に当たり，特に留意すべき点を確認しておきましょう。

①火炎，粉じん爆発性ダストの集じん

　バグフィルターのろ布は可燃性のものが多く，しかも大量の空気を送気しているため，火の粉などの着火源が導入されると，火災が発生する危険があります。粉じん爆発性ダストの場合は，粉じん爆発の危険性が極めて高くなるため，着火源の除去対策が特に重要です。

　粉じん爆発の主な防止対策は以下のとおりです。

- ダスト排出装置，送風機などの回転部で生じる摩擦発熱や衝撃火花が着火源とならないよう管理を徹底する
- 外部からの着火源は，バグフィルターの前でサイクロンなどのプレダスターによって除去しておく
- 堆積粉じんが酸化・発熱して発火に至ることがないよう，ホッパー傾斜角を大きくとって，バグフィルター内部で堆積が生じない構造にする
- 静電気による電気火花も着火源になるため，ダクトおよびバグフィルター本体にアースを確実に施す
- ろ布のダスト払い落とし操作のときにも静電気が生じるため，金属など導電性の繊維をろ布に織り込んで，帯電を防止する

②湿りダスト・湿りガスの集じん

　鋳造工場の砂処理プロセスでは，湿りダスト・湿りガス

粉じん爆発
物質が粉じんとなって空気中に浮遊している状態で着火した場合に起こる爆発です。

アース
電気機器などを大地と電気的に接続することをアース（接地）といいます。地面と接続した導線を通って静電気が地面に逃げるので，静電気の蓄積を防ぐことができます。

の集じんを行うことになりますが，結露によるろ布の目詰まりや，結露水による捕集ダストの付着・固着による排出トラブルが生じます。このようなトラブルの防止策は以下のとおりです。

- 結露を防止するため，ダクト，バグフィルター本体に保温施工を行うほか，バグフィルターホッパー部に加温ヒーターを取り付けるようにする
- 冬季には熱風発生装置で熱風を送気し，系内の温度分布差を考慮して，処理ガス温度を露点温度＋20℃程度に保持する
- 運転の前後は，10分間程度，バグフィルターの空気負荷運転を行う
- 燃焼ガスを含む場合には，処理ガス温度を露点温度より高温の酸露点以上に維持する

2 バグフィルターの故障とその原因

バグフィルターの故障とその主な原因をまとめておきましょう。

①圧力損失に異常がある場合

マノメーター（圧力計）の指示が異常に増大した
- ろ布の目詰まり
- ろ布が湿ってダストが固着した
- 風量の過大
- ホッパー内の捕集ダストが再飛散した

マノメーター（圧力計）の指示が異常に減少した
- ろ布の破れなどによるダストの漏れ
- 払い落としの過剰
- 風量の減少

②ダスト漏れがある場合

排気からダストが漏れる
- ろ布の脱落または取り付け不良
- ろ布取り付け板の損傷
- 処理風量が過大である
- 仕様と異なるろ布の使用

ダストが払い落としごとに漏れる
- 払い落とし力の過大

特定のろ布だけが損傷する
- ダストの偏流

③その他

ろ布が湿っている
- 多湿ガスによる結露

ダストの排出口から空気を吸い込む
- 吸引側ダクトの圧力損失の過大

228

チャレンジ問題

問1　　　　　　　　　　　　　　　　　　　　　　難｜中｜易

バグフィルター内での粉じん爆発の防止対策に関する記述として，誤っているものはどれか。

(1) 火の粉などの外部からの着火源は，前段でサイクロン等により十分除去しておく。

(2) 堆積粉じんの摩擦などによる酸化，発熱を抑えるため，ホッパー傾斜角を小さくする。

(3) 静電気による電気火花が着火源にならないように，バグフィルター本体にアースを施す。

(4) ろ布が帯電しないように，金属繊維などの導電性繊維を織り込む。

(5) ダスト排出装置，送風機などの回転部での摩擦発熱，衝撃火花の発生を防止する。

解説

(2) ホッパー傾斜角を大きくとることによって，バグフィルター内部で堆積が生じない構造にします。ホッパー傾斜角を小さくするというのは誤りです。

解答 (2)

問2　　　　　　　　　　　　　　　　　　　　　　難｜中｜易

バグフィルターの故障に伴い生じる現象とその原因の組合せとして，誤っているものはどれか。

	（現　　象）	（原　　因）
(1)	マノメーターの指示が異常に大きくなる	風量の過大
(2)	マノメーターの指示が異常に小さくなる	ろ布の破れ
(3)	排気に連続してダストが観察される	吸引側ダクトの圧力損失過大
(4)	ダストが払い落としごとに漏れる	払い落とし力の過大
(5)	特定のろ布が破損する	ダストの偏流

解説

(3) 吸引側ダクトの圧力損失の過大は，ダストの排出口から空気を吸い込むという異常現象の原因です。排気に連続してダストが観察される場合（ダスト漏れ）の原因ではありません。

解答 (3)

④ 粉じん発生施設と対策

まとめ & 丸暗記　● この節の学習内容のまとめ ●

☐ 粉じん発生施設
- 一般粉じん…コークス炉，堆積場，ベルトコンベヤー等
- 特定粉じん…解綿用機械，切削用機械，破砕機，摩砕機等

☐ 石綿（アスベスト）について
- 天然に産する繊維状けい酸塩鉱物
- 紡織性，耐熱性，耐摩耗性，断熱性，耐薬品性，防音性等の特性

☐ 石綿濃度の測定（平成元年環境庁告示第93号）
　①装置・器具・試薬

捕集用ろ紙	直径47㎜，平均孔径0.8µmの円形のセルロースエステル製のもの
ろ紙用ホルダー	有効ろ過面の直径が35㎜となるオープンフェイス型のもの
顕微鏡	倍率40倍の対物レンズおよび倍率10倍の接眼レンズを使用する光学顕微鏡（位相差顕微鏡・生物顕微鏡）
試薬	アセトンおよびトリアセチン等

　②測定の手順

試料の捕集	10ℓ/minの流量で4時間通気して，ろ紙上に捕集する
顕微鏡標本作製	試料を捕集したろ紙を，試薬を用いて透明化する
石綿の計数	位相差顕微鏡で見えた総繊維数と生物顕微鏡で見えた繊維数との差を，石綿の繊維数（計数繊維数）とする
石綿濃度の算出	石綿濃度 $F = \dfrac{A \times N}{a \times n \times V}$ （本/ℓ） A：捕集用ろ紙の有効ろ過面の面積（c㎡） N：計数繊維数の合計（本），a：顕微鏡の視野の面積（c㎡） n：計数を行った視野の数，V：採気量（ℓ）

粉じん発生施設

1 一般粉じん発生施設

大気汚染防止法に基づく一般粉じん発生施設は，次の表に掲げる施設であって，かつ表中の規模に該当するものと定められています。

■一般粉じん発生施設（大気汚染防止法施行令　別表第二）

コークス炉	原料処理能力50 t /日以上
鉱物（コークスを含み，石綿を除く）または土石の堆積場	面積1000㎡以上
ベルトコンベヤーおよびバケットコンベヤー*1	ベルトの幅75cm以上またはバケット内容積0.03㎡以上
破砕機および摩砕機*2	原動機の定格出力75kW以上
ふるい*2	原動機の定格出力15kW以上

*1：鉱物・土石・セメント用のものに限り，湿式・密閉式を除く
*2：鉱物・岩石・セメント用のものに限り，湿式・密閉式を除く

2 特定粉じん発生施設

大気汚染防止法に基づく特定粉じん発生施設は，次の表に掲げる施設（石綿を含有する製品の製造に用いる施設に限り，湿式・密閉式のものを除く）であって，かつ表中の規模に該当するものと定められています。

■特定粉じん発生施設（大気汚染防止法施行令　別表第二の二）

解綿用機械	
混合機	原動機の定格出力3.7kW以上
紡織用機械	
切断機	
研磨機	
切削用機械	
破砕機および摩砕機	原動機の定格出力2.2kW以上
プレス（剪断加工用のみ）	
穿孔機	

補　足

バケットコンベヤー
2本のチェーンの間にいくつもの桶（バケット）が等間隔に取り付けられているコンベアのことです。

特定粉じん対策と測定

1 石綿について

　現在，特定粉じんとして政令（大気汚染防止法施行令第2条の4）で定められている物質は「石綿」のみです。ILO（国際労働機関）やWHO（世界保健機関）の定義では，石綿（アスベスト）とは，天然に産する繊維状けい酸塩鉱物のうちクリソタイルその他の6種類の鉱物で，アスペクト比（長さと幅の比）が3以上のものとされています。

　石綿には，紡織性，耐熱性，耐摩耗性，断熱性，耐薬品性，防音性等の特性があるため，建築資材をはじめとして，さまざまな製品に広く利用されてきました。石綿製品としては，石綿スレート，パルプセメント板，吹付材，紡織品などが挙げられます。わが国で工業的に使われてきた石綿の95％以上は，蛇紋石族のクリソタイル（白石綿）であり，そのほかに角閃石族のアモサイト（茶石綿）とクロシドライト（青石綿）がありました。しかし，アモサイトとクロシドライトは発がん性が特に高いことから1995（平成7）年に製造等が禁止され，さらに2006（平成18）年には，石綿および石綿をその重量の0.1wt％を超えて含有するすべての物の製造，輸入，譲渡，提供，使用が禁止されました。

2 石綿粉じんを捕捉するフード

　現在，わが国で石綿を製造している施設はありませんが，これまでの対策例としては，石綿粉じんを主として囲い形やブース形などのフードを用いて捕捉し，集じん装置によって捕集してきました。ここでは，作業工程別にフードの形式を確認しておきましょう。

■ 作業工程別のフード形式

開袋・投入等の作業	一般にブース形だが，テーブルフィーダーでは囲い形
秤量作業	自動計量機では囲い形，秤量機ではプッシュプル形
移送作業	ベルトコンベヤー，バケットコンベヤーともに囲い形
成形作業	予備成形プレスではブース形，その他の成形機はプッシュプル形
切断・研削作業	一般にはレシーバー形だが，シート切断機および研磨機等は囲い形，ハンドグラインダーではブース形が多い

3 石綿濃度の測定

石綿濃度の測定法は，平成元年環境庁告示第93号によって次のように定められています。

①装置，器具および試薬

ア 試料の捕集のための装置・器具

捕集用ろ紙	直径が47㎜，平均孔径が0.8µmの円形のセルロースエステル製のもの
捕集用ろ紙のホルダー	直径47㎜の円形ろ紙用のホルダーで有効ろ過面の直径が35㎜となるオープンフェイス型のもの
吸引ポンプ・流量計	捕集用ろ紙を装着した状態で，所定の流量が得られる電動式吸引ポンプおよび流量計
捕集用ろ紙の収納容器	捕集用ろ紙を密閉して収納することができるもの

イ 石綿の計数のための装置・器具

顕微鏡	倍率40倍の対物レンズおよび倍率10倍の接眼レンズを使用する光学顕微鏡（位相差顕微鏡および生物顕微鏡として使用可能なもの）
アイピースグレイティクル	接眼レンズに装着することにより，顕微鏡で観測される繊維の大きさを計測し得るもの

ウ 捕集用ろ紙を透明にするための試薬・装置

試料を捕集したろ紙を試薬によって透明化します。試薬には，フタル酸ジメチルおよびシュウ酸ジエチル，あるいはアセトンおよびトリアセチンのいずれかを用います。

②測定の手順

ア 試料の捕集

原則として10ℓ/minの流量で4時間通気して，ろ紙上に試料を捕集します。捕集したら，ろ紙をホルダーから外して収納容器に収納します。

イ 顕微鏡標本の作製

試薬を用いて，ろ紙を透明にします。

ウ 石綿の計数

位相差顕微鏡により，長さが5 µm以上かつ長さと幅の比が3対1以上の繊維状物質の計数を行います。次に，計

位相差顕微鏡と生物顕微鏡

生物顕微鏡では，石綿繊維の屈折率と処理を行った薬液の屈折率がほぼ同じなので石綿繊維の判別が困難です。そのため位相差顕微鏡で総繊維数（A本）を計数し，生物顕微鏡で見えた繊維を石綿以外の繊維（B本）として計測し，その差（A−B）を石綿繊維とします。

アセトン・トリアセチンを試薬とする場合

アセトン蒸気発生装置が必要となります。

数の対象とする繊維が認められた視野について，生物顕微鏡で再度計数を行います。そして，生物顕微鏡で見えた繊維をアスベスト以外の繊維（綿繊維や紙繊維など）として，これと位相差顕微鏡による計数値との差を計数繊維数とします。計数は，50視野または計数繊維数の合計が200本以上になるまで行います。

エ　石綿濃度の算出

　　次の式によって，石綿濃度 F（本/ℓ）を算出します。

$$F = \frac{A \times N}{a \times n \times V}$$

　A：捕集用ろ紙の有効ろ過面の面積（cm²），N：計数繊維数の合計（本）

　a：顕微鏡の視野の面積（cm²），n：計数を行った視野の数，V：採気量（ℓ）

チャレンジ問題

問1　　　　　　　　　　　　　　　　　　　　　　　　難｜中｜**易**

　石綿に関する記述として，誤っているものはどれか。

(1) 天然に産する繊維状けい酸塩鉱物の一種である。

(2) 我が国で工業的に使用されてきた石綿の大半は，アモサイトである。

(3) 紡織性，耐熱性，耐摩耗性，断熱性，耐薬品性及び防音性を有する。

(4) 石綿製品には，紡織品，吹付材，石綿スレート，パルプセメント板などがある。

(5) 平成18年8月以降，石綿及び石綿をその重量の0.1wt％を超えて含有するすべての物の製造，輸入，譲渡，提供，使用が禁止されている。

解説

(2) 我が国で工業的に使用されてきた石綿の大半はクリソタイルです。アモサイトというのは誤りです。

このほかの肢は，すべて正しい記述です。

解答　(2)

問2　　　　　　　　　　　　　　　　　　　　　　　　難｜中｜**易**

　平成元年環境庁告示第93号に規定する石綿濃度の測定の手順に関する記述として，誤っているものはどれか。

(1) 原則として10L/minの流量で4時間通気して，ろ紙上に試料を捕集する。

(2) 捕集用ろ紙には，直径47mm，平均孔径0.8mmの円形のセルロースエステル製のものを用いる。

(3) 試料を捕集したろ紙を，規定された試薬により透明化する。

(4) 位相差顕微鏡により，長さが5μm以上かつ長さと幅の比が3対1以上の繊維状物質を計数する。

(5) 位相差顕微鏡で計数の対象とする繊維が認められた視野について，生物顕微鏡で再度計数し，位相差顕微鏡による計数値との差を計数繊維数とする。

解説

(2) 捕集用ろ紙の平均孔径は0.8μmです。0.8mmというのは誤りです。
このほかの肢は，すべて正しい記述です。

解答 (2)

問3   難　**中**　易

平成元年環境庁告示第93号に従い石綿試料を採取し，以下の数値を得た。石綿粒子濃度（本/L）は，およそいくらか。

計数繊維数：200本　　　　　計数視野数：40

1視野の面積：10^{-3}cm²　　ろ紙有効ろ過面積：10cm²

採気量：2400L

(1) 2　　　　(2) 5　　　　(3) 10　　　　(4) 20　　　　(5) 50

解説

石綿粒子濃度（石綿濃度）Fは，次の式によって算出できます。

$$F = \frac{A \times N}{a \times n \times V} \text{（本/ℓ）}$$

A：捕集用ろ紙の有効ろ過面の面積（cm²），N：計数繊維数の合計（本）

a：顕微鏡の視野の面積（cm²），n：計数を行った視野の数，V：採気量（ℓ）

設問より，A=10cm²，N=200本，a=10^{-3}cm²，n=40，V=2400ℓを上の式に代入して，

$$F = \frac{10 \times 200}{10^{-3} \times 40 \times 2400} = 20.8 \text{（本/ℓ）となります。}$$

解答 (4)

5 ダクト内のダスト測定

まとめ & 丸暗記
● この節の学習内容のまとめ ●

☐ ダスト濃度の測定
- ● ダスト濃度測定装置の構成要素の配列順序
- ● 等速吸引…排ガス流速 v ＝吸引速度 v_n

  吸引速度のほうが大きい（$v < v_n$）→測定濃度が小さくなる

  吸引速度のほうが小さい（$v > v_n$）→測定濃度が大きくなる

  $v = v_n$ だが吸引ノズルが傾いている→測定濃度が小さくなる
- ● デービスの式…非等速吸引による測定誤差を推定

$$\frac{C_n}{C} = \frac{v}{v_n} - \frac{1}{1+2\,Stk}\left(\frac{v}{v_n}-1\right)$$

$$Stk = \frac{d_p{}^2 \rho_p v}{9\mu d}$$

  ダストの直径（d_p），ダスト密度（ρ_p）が大きい

  → Stk（ストークス数）が大きい → 計測誤差が大きくなる
- ● 測定位置…できるだけ長い直管部（水平よりも鉛直）を選ぶ
- ● 測定点……小規模ダクト（断面積0.25㎡以下）のみ，断面内の中心で１点測定をしてもかまわない
- ● ダスト捕集部…吸引ノズルとダスト捕集器（捕集率99％以上）

☐ 排ガス中の水分量の測定
- ● 吸湿管による方法と計算によって求める方法が規定されている
- ● 吸湿管の吸湿剤…粒状の無水塩化カルシウム等

  二酸化炭素を含むガスに，酸化バリウムや酸化カルシウムは使用不可
- ● 水分量の測定では，等速吸引の必要なし

ダスト濃度の測定

1 測定方法の概要

　JIS Z 8808では，排ガス中のダスト濃度を煙道，煙突，ダクトなど（以下ダクトという）において測定する方法について規定しています。

　まず，選定したダクトの測定位置に測定孔を設置し，この測定孔を含むダクトの断面内に測定点を定めます。次に測定孔からダスト試料採取装置の吸引ノズルをダクト内部に挿入し，その先端を測定点に一致させて排ガスを吸引し，ダスト捕集器によってろ過捕集したダスト量および同時に吸引したガス量から，ダスト濃度を計算して求めます。

　ダスト濃度測定装置の最前部にあるダスト捕集器をダクトの内部に置く形式を１形といい，ダクト外部に置く形式を２形といいます。下の図は１形の測定装置の構成例です。ダスト捕集器，SO₂吸収瓶，ミスト除去瓶，真空ポンプ，油ミスト除去器，湿式ガスメーターと続く構成要素の配列に注意しましょう。

補足

ダスト濃度
標準状態（温度0℃，圧力101.3kPa）の乾き排ガス$1m^3$中に含まれるダストの質量をいいます。単位はg/m^3_Nで表します。

■普通形ダスト濃度測定装置（１形）の構成例

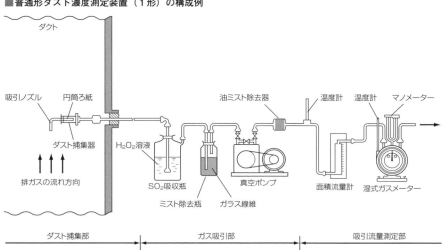

①等速吸引と非等速吸引

吸引ノズルから排ガス中のダストを吸引するときは，測定点での排ガス流速vと吸引ノズルの吸引ガス流速（吸引速度）v_nとを等しくしなければなりません。これを等速吸引といいます。等速吸引が正しく行われないと（非等速吸引），以下に示すように，正確な測定濃度が得られなくなります。

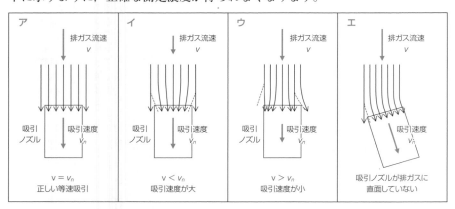

ア　等速吸引が正しく行われている

イ　排ガス流速vより吸引速度v_nのほうが大きい（$v < v_n$）

　　ガス流線が曲げられ，慣性により，吸引口に入らず通過してしまうダストが生じます。このため，測定濃度C_nは真のダスト濃度Cより小さくなります。

ウ　排ガス流速vより吸引速度v_nのほうが小さい（$v > v_n$）

　　イとは逆に，測定濃度C_nは真のダスト濃度Cより大きくなります。

エ　吸引ノズルの方向が排ガスの流れに直面していない

　　この場合は，たとえ$v = v_n$であっても，本来吸引されるべきダストのうちでガス流線から逸脱するものが生じるため，測定濃度C_nは真のダスト濃度Cより小さくなります。

②デービスの式

非等速吸引によるダスト濃度の誤差を推定する場合，次の式（デービスの式）を用います。

$$\frac{C_n}{C} = \frac{v}{v_n} - \frac{1}{1 + 2Stk}\left(\frac{v}{v_n} - 1\right)$$

$$Stk = \frac{d_p{}^2 \rho_p v}{9\mu d}$$

C_n：非等速吸引でダストを採取したときのダスト濃度（$\mathrm{g/m^3_N}$）

C：等速吸引でダストを採取したときのダスト濃度（$\mathrm{g/m^3_N}$）

v：測定点での排ガス流速（$\mathrm{cm/s}$）

v_n：吸引ノズルの吸引ガス流速（吸引速度）（$\mathrm{cm/s}$）

Stk：ストークス数（$-$），d_p：ダストの直径（cm），ρ_p：ダスト密度（$\mathrm{g/cm^3}$）

μ：ガスの粘度（$\mathrm{g \cdot cm^{-1} \cdot s^{-1}}$），$d$：吸引ノズルの内径（$\mathrm{cm}$）

デービスの式を見ると，Stk（ストークス数）が大きくなるほど $\dfrac{1}{1+2Stk}$ の値が小さくなり，そのため $\dfrac{1}{1+2Stk}\left(\dfrac{v}{v_n}-1\right)$ の値が小さくなることから，$\dfrac{v}{v_n}-\dfrac{1}{1+2Stk}\left(\dfrac{v}{v_n}-1\right)$ の値は大きくなることがわかります。

つまり，Stk（ストークス数）が**大きい**ほど，非等速吸引によるダスト濃度の計測誤差 $\left(\dfrac{C_n}{C}\right)$ は**大きく**なります。

そして，Stk（ストークス数）は，ダストの直径（d_p）やダスト密度（ρ_p）が大きいほど**大きく**なるため，非等速吸引によるダスト濃度の計測誤差も，ダストの直径（d_p）やダスト密度（ρ_p）が大きいほど**大きく**なります。

また，Stk（ストークス数）は，ガスの粘度（μ）や吸引ノズルの内径（d）が大きいほど**小さく**なるため，非等速吸引によるダスト濃度の計測誤差も，ガスの粘度（μ）や吸引ノズルの内径（d）が大きいほど**小さく**なります。

吸引ノズルの吸引ガス流速が，測定点での排ガス流速より5％小さい場合および10％大きい場合では，ダスト濃度の計測誤差がほぼ±5％以内に収まります。このためJISでは，吸引ノズルの吸引ガス流速について，測定点での排ガス流速に対し相対誤差－5～＋10％以内を許容範囲としています。

なお，この許容範囲内の等速吸引ができない場合に，デービスの式を用いて濃度の補正を行うことは認められていません。

③ダスト試料採取装置

ダスト試料採取装置は，等速吸引によって排ガスを吸引し，ダスト試料をろ過捕集するための装置です。普通形試料採取装置と平衡形試料採取装置の2種類があります。

ア　普通形試料採取装置

測定点における排ガスおよび吸引ガスの諸条件（温度，圧力，水分量，密度，流速など）をあらかじめ測定し，等速吸引流量を求め，それに合わせて排ガスを吸引してダスト試料をろ過捕集します。

イ　平衡形試料採取装置

　あらかじめ等速吸引流量を求める必要はなく，排ガスの動圧または静圧を利用して，これを吸引ガスの圧力と平衡させることにより，直ちに等速吸引によってダスト試料をろ過捕集します。

3　測定位置と測定点

①測定位置

　測定位置は，ダクトの屈曲部分や断面形状の急激に変化する部分などを避け，排ガスの流れが一様に整流され，測定作業が安全かつ容易な場所を選定します。また，ガス流速が5m/s以下ではピトー管による流速の測定が困難となるため，ガス流速5m/s以上の場所を選ぶようにします。

　測定位置の選定の目安をまとめておきましょう。

- できるだけ長い直管部を選ぶ
- 水平よりも鉛直の直管部が望ましい
- 極端な絞りや屈曲部分に近い位置は避け，その位置から少なくともダクト直径の1.5倍（角形ダクトの場合は縦寸法の1.5倍）以上離れた位置にする

　測定位置を選定したら，測定孔（内径100〜150mm程度）を測定位置のダクト壁面に設けます。

②測定点

　測定位置に選んだダクトの測定断面の形状および大きさに応じて，規定に従って適当数の等面積に区分し，その区分面積ごとに測定点を選びます。ただし，断面積0.25㎡以下の小規模ダクトの場合は，断面内の中心で1点測定をしてもかまいません。また，測定断面において流速分布が比較的対称とみなせる場合には，水平ダクトでは鉛直の対称軸に対して片側をとり，鉛直ダクトでは1/4の断面をとり，測定点数をそれぞれ1/2，1/4に減らすことが認められています。

4　ダスト捕集部

①吸引ノズル

　吸引ノズルは，内径を4mm以上とし，先端は30°以下の鋭角または滑らかな半球状とします。また，測定点における排ガスの流れ方向と吸引ノズルの方向との偏りは10°以下とします。

②ダスト捕集器

ダスト捕集器は，ろ紙によってろ過捕集するものを用い，その性能はダスト捕集率が**99%以上**で，使用状態によって化学変化を起こさないものとされています。ろ紙の形状には円形や円筒形があり，形状に応じたろ紙ホルダーに装着して使用します。

ろ過材は，下の表に示す性能を考慮して選定しなければなりません。

■ ダスト捕集器のろ過材の性能

	使用温度	圧力損失	吸湿性
ガラス繊維	500℃以下	1.96kPa未満	1%未満
シリカ繊維	1000℃以下		1%未満
ふっ素樹脂	250℃以下	5.88kPa未満	0.1%未満
メンブレン	110℃以下		1%未満

ダストを捕集したろ紙は，一般に，105 〜 110℃で1時間乾燥してから室温まで冷却し，秤量します。秤量用の天秤には感量0.1mg以下のものを用いることとされています。

吸引ガス量
ダスト捕集量が次のようになるよう吸引ガス量を選びます。
● 円形ろ紙の場合
　捕集面積1cm²当たり0.5mg程度
● 円筒形ろ紙の場合
　全捕集量5mg以上

ろ過抵抗と圧力損失
ふっ素樹脂とメンブレンはろ過抵抗が大きいため，圧力損失が大きくなります。

5
ダクト内のダスト測定

チャレンジ問題

問1　　　　　　　　　　　　　　　　　　難　中　**易**

　JISによる普通形ダスト濃度測定装置（1形）の構成要素の順番として，正しいものはどれか。

(1) SO₂吸収瓶 → ミスト除去瓶 → 湿式ガスメーター → 真空ポンプ

(2) SO₂吸収瓶 → ミスト除去瓶 → 真空ポンプ → 湿式ガスメーター

(3) ミスト除去瓶 → SO₂除去瓶 → 湿式ガスメーター → 真空ポンプ

(4) ミスト除去瓶 → SO₂除去瓶 → 真空ポンプ → 湿式ガスメーター

(5) 真空ポンプ → ミスト除去瓶 → SO₂除去瓶 → 湿式ガスメーター

解説

(2) 普通形ダスト濃度測定装置（1形）の構成要素は，SO₂吸収瓶 → ミスト除去瓶 → 真空ポンプ → 湿式ガスメーターの順に配列されています。なお，(3)〜(5) の「SO₂除去瓶」は，JISでは「SO₂吸収瓶」が正しい呼称です。

解答 (2)

問2

　ダストの濃度測定における吸引速度に関する記述として，誤っているものはどれか。

(1) 等速吸引からの相対誤差は，JISでは排ガス流速の−5〜+10％まで許容される。

(2) 吸引速度が排ガス流速より小さいと，ダスト濃度は実際の濃度より大きく計測される。

(3) 吸引速度が排ガス流速と同一であっても，吸引ノズルが排ガスの方向に直面していないと，ダスト濃度は小さく計測される。

(4) ダストの粒子径が小さいほど，非等速吸引時の測定誤差は大きくなる。

(5) ガスの粘度が大きいほど，非等速吸引時の測定誤差は小さくなる。

解説

(4) 非等速吸引時の測定誤差は，以下に示すデービスの式によって推定されます。

$$\frac{C_n}{C} = \frac{v}{v_n} - \frac{1}{1+2\,Stk}\left(\frac{v}{v_n} - 1\right)$$

$$Stk = \frac{d_p{}^2 \rho_p v}{9\mu d}$$

C_n：非等速吸引でダストを採取したときのダスト濃度（g/m^3_N）
C：等速吸引でダストを採取したときのダスト濃度（g/m^3_N）
Stk：ストークス数（−）
d_p：ダストの直径（cm）
μ：ガスの粘度（g・cm^{-1}・s^{-1}）

デービスの式より，非等速吸引時の測定誤差（C_n/C）は Stk（ストークス数）が大きいほど大きくなることがわかります。また，Stk の値はダストの直径（d_p）が大きいほど大きくなります。つまり，ダストの直径が大きいほど，非等速吸引時の測定誤差は大きくなります。したがって，ダストの粒子径（直径）が小さいほど非等速吸引時の測定誤差が大きくなるというのは誤りです。

なお，(5) については，ガスの粘度（μ）が大きいほど Stk の値が小さくなるため，非等速吸引時の測定誤差は小さくなります。

解答 (4)

問3　　　　　　　　　　　　　　　　　　　　　　　難｜中｜**易**

　ダスト濃度測定時の測定位置と測定点に関する記述として，誤っているものはどれか。

(1) 流速は5m/s以上の場所がよい。

(2) 鉛直の直管部より，水平の直管部が望ましい。

(3) 極端な絞りや屈曲の部分に近い位置では，少なくともダクト直径の1.5倍以上離れた位置にする。

(4) 断面積0.25㎡以下の小規模ダクトでは，断面内の中心で1点測定をしてもよい。

(5) 水平ダクトで，流速分布が比較的対称とみなせる場合，鉛直の対称軸に対して片側をとり，測定点数を1/2に減らしてもよい。

解説

(2) 測定位置は，水平の直管部よりも鉛直の直管部のほうが望ましいとされています。水平の直管部が望ましいというのは誤りです。

このほかの肢は，すべて正しい記述です。

解答 (2)

問4　　　　　　　　　　　　　　　　　　　　　　　難｜中｜**易**

　排ガス中のダスト濃度測定における吸引ノズルと捕集器に関する記述として，誤っているものはどれか。

(1) 吸引ノズルの内径は，4mm以上とする。

(2) 吸引ノズルの先端は，30°以下の鋭角，又は滑らかな半球状とする。

(3) ダスト捕集器は，ろ過捕集によるものだけとし，捕集率99％以上のものとする。

(4) シリカ繊維ろ紙は，耐熱性が高い。

(5) ふっ素樹脂ろ紙は，ろ過抵抗が小さい。

解説

(5) ふっ素樹脂やメンブレンのろ紙は，ろ過抵抗が大きいため圧力損失が大きくなります。したがって，ろ過抵抗が小さいというのは誤りです。

このほかの肢は，すべて正しい記述です。

解答 (5)

排ガス中の水分量の測定

1 水分量測定の意味

次のような場合，水分量を求める必要があります。

①ピトー管で流速測定をする場合

この場合には，ガス中に含まれる水蒸気を考慮したガス密度を用いて計算しなければなりません。ガスの密度を知るためにガス分析を行いますが，ガス分析の結果は乾きガスについての値なので，水分量を求めておく必要があります。

②普通形試料採取装置を用いる場合

普通形試料採取装置を用いて等速吸引を行う場合は，吸引ガスの諸条件の一つとして，水分量をあらかじめ測定しておかなければなりません。

JISでは，吸湿管による方法と計算によって求める方法を，排ガス中の水分量の測定として定めています。

2 吸湿管による方法

①吸湿管と吸湿剤

「吸湿管」とは，U字管またはシェフィールド形と呼ばれる特殊な形の吸収管に粒状の無水塩化カルシウムなどの吸湿剤を充填し，吸湿剤の飛散を防ぐためにガラス繊維を詰めたものをいいます。水分試料採取装置の構成要素として，一般に2個の吸湿管が用いられます。

吸湿剤は水分だけを吸収し，それ以外の成分は吸収しないものでなければなりません。そのため，二酸化炭素（CO_2）を含むガスについては，酸化バリウムや酸化カルシウム，酸化アルミニウム，シリカゲルなどは使用できません。

②水分量の測定

水分量測定では，ダクト断面の中心部に近い1点だけから試料ガスを採取してもよいとされており，また，等速吸引をする必要もありません。

排ガスの吸引流量は，1本の吸湿管内で吸湿剤1g当たり0.1ℓ/min以下となるように調節します。また，吸引ガス量は，吸湿した水分が100mg〜1gとなるように選びます。

吸湿管の表面の水分や付着物を十分に除去した後，秤量し，質量を求めます。天秤には感量10mg以下のものを用います。

③水分量の計算

水分量は，湿り排ガス中の水分の体積百分率（％）として，次の式によって求めます。

$$X_w = \cfrac{\cfrac{22.4}{18} m_a}{V_m \cfrac{273}{273 + \theta_m} \cfrac{P_a + P_m - P_v}{101.3} + \cfrac{22.4}{18} m_a} \times 100$$

X_w：湿り排ガス中の水分の体積百分率（％）

m_a：吸湿水分の質量（g）

V_m：吸引した湿りガス量（湿式ガスメーターの読み）（ℓ）

θ_m：ガスメーターにおける吸引ガスの温度（℃）

P_a：大気圧（kPa）

P_m：ガスメーターにおける吸引ガスのゲージ圧（kPa）

P_v：θ_mの飽和水蒸気圧（kPa）

水分量の計算式
左の式は，吸引量測定に湿式ガスメーターを使用した場合のものです。乾式ガスメーターを使用した場合には，左の式の P_v の項を除き，V_m を吸引したガス量（ガスメーターの読み）として計算します。

5
ダクト内のダスト測定

3　計算によって求める方法

吸湿管による水分量測定とはまた別に，使用燃料の量や組成，送入空気の量，湿分などから，計算によって排ガス中の水分量を求める方法がJISに規定されています。

チャレンジ問題

問1　　　　　　　　　　　　　　　　　難｜中｜**易**

JISによる排ガス中の水分量測定に関する記述として，誤っているものはどれか。

(1) ダクト断面の中心部に近い一点だけから，試料ガスを採取してよい。

(2) 等速吸引をする必要はない。

(3) ガスの吸引流量は，一本の吸湿管内で吸湿剤1g当たり0.1L/min以下となるようにする。

(4) 二酸化炭素を含むガスに対しては，吸湿剤として酸化バリウムを用いる。

(5) 計算により求める方法も規定されている。

(4) 吸湿剤は水分だけを吸収し，それ以外の成分は吸収しないものでなければなりません。そのため，二酸化炭素を含むガスに対して，酸化バリウムを吸湿剤として使用することはできません。

このほかの肢は，すべて正しい記述です。

解答 (4)

問2 難 中 易

　ダクトを流れる排ガス中に含まれる水分量を，シェフィールド形吸湿管を用いて測定し，以下の数値を得た。排ガス中の水分の体積百分率 X（%）はおよそいくらか。なお，水分率は次式で計算できる。

$$X_w = \frac{\dfrac{22.4}{18} m}{V \dfrac{273}{273 + \theta_m} \dfrac{P_a + P_m - P_v}{101.3} + \dfrac{22.4}{18} m} \times 100$$

吸湿水分の質量：0.87g
吸引した湿りガス量（湿式ガスメーターの読み）：4 L
ガスメーターにおける吸引ガスの温度：20℃
大気圧：101.3kPa
ガスメーターにおける吸引ガスのゲージ圧：－0.1kPa
ガスメーターの吸引ガス温度における飽和水蒸気圧：2.34kPa

(1) 17　　　(2) 19　　　(3) 21　　　(4) 23　　　(5) 25

設問で与えられた数値を式中の文字に当てはめると，以下のようになります。

　m：吸湿水分の質量 ＝ 0.87g
　V：吸引した湿りガス量（湿式ガスメーターの読み）＝ 4ℓ
　θ_m：ガスメーターにおける吸引ガスの温度 ＝ 20℃
　P_a：大気圧 ＝ 101.3kPa
　P_m：ガスメーターにおける吸引ガスのゲージ圧 ＝ －0.1kPa
　P_v：ガスメーターの吸引ガス温度における飽和水蒸気圧 ＝ 2.34kPa

これらの数値を式に代入すると，

排ガス中の水分の体積百分率 X（%）＝ 22.8 ≒ 23 となります。

解答 (4)

第5章

大気有害物質
特論

1 有害物質の発生過程

まとめ & 丸暗記
● この節の学習内容のまとめ ●

☐ **カドミウムおよびその化合物**
- カドミウム（Cd）は，白色の光沢ある金属
- 閃亜鉛鉱に，硫化カドミウムとして含まれている
- 亜鉛，銅，鉛の製錬に用いる焙焼炉，焼結炉などが発生源となる

☐ **鉛およびその化合物**
- 鉛化合物は，無機鉛（酸化鉛など）と有機鉛（テトラエチル鉛など）
- 鉛を製錬する焼結炉，溶鉱炉の排ガス中に，酸化鉛が大量に含まれる
- 鉛系顔料の種類とそれぞれの用途

リサージ	黄色・だいだい色	耐熱塗料，クリスタルガラスなど
鉛丹	赤色	さび止め塗料など
黄鉛	黄色	交通標識用塗料，印刷インキなど

☐ **ふっ素およびその化合物**
- ふっ素（F_2）は水素と爆発的に化合してふっ化水素（HF）となる
- ふっ化水素酸は，弱酸であるが，多くの金属を溶解・腐食する
- ふっ素およびその化合物の主な発生源…アルミニウム製錬用電解炉，りん酸肥料の製造施設，れんが等の製造施設，ガラス製品製造施設

☐ **塩素およびその化合物**
- 塩素（Cl_2）は，常温で黄緑色の刺激臭のある有毒な気体
- 「さらし粉」は，塩素と水酸化カルシウムの反応によって製造される
- 無機塩素化合物は，塩素との反応により製造されるものと，塩化水素との反応によって製造されるものがある
- 有機塩素化合物には，塩化メチル，1,2-ジクロロエタン，塩化ビニル，トリクロロエチレンなどがある

カドミウムおよび鉛

1 カドミウムとその化合物の発生過程

①カドミウム（Cd）とその化合物

　カドミウムは，融点320.9℃，沸点767℃の白色の光沢あ
る金属です。その化合物には，酸化カドミウム，塩化カド
ミウム，硫化カドミウム，硫酸カドミウムその他があり，
特に，酸化カドミウムと塩化カドミウムは毒性が強いこと
で知られています。

②発生源

　カドミウムは亜鉛に随伴して産出されるため，亜鉛鉱中
に多く含まれています。亜鉛鉱の代表は閃亜鉛鉱であり，
その鉱石中に0.3％程度のカドミウムが硫化カドミウムと
して含まれています。また，銅鉱や鉛鉱中にも亜鉛ととも
に少量含まれます。そのため，亜鉛，銅，鉛の製錬に用い
られる焙焼炉，焼結炉，溶鉱炉，転炉，溶解炉，乾燥炉が
発生源となります。

　カドミウムは比較的低温で揮散し，焼結鉱中に残存する
カドミウムは0.04〜0.07％程度ですが，ダストやフューム
として揮散したものは濃縮され，ダスト中には1〜21％
のカドミウムが含まれます。

　窯業では，副原料として硫化カドミウムなどを使用して
いるガラス製品および中性子遮断ガラスなどの特殊ガラス
の製造に用いられる焼成炉，溶融炉が発生源となります。

③カドミウムイエロー

　カドミウムイエローは，硫化カドミウムを主成分とする
黄色の顔料で，着色性，耐熱性に優れ，プラスチックの着
色や耐熱塗料などに用いられています。工業的には，硫酸
カドミウムと硫酸亜鉛の混合溶液を硫化ナトリウム溶液で
処理し，硫化カドミウムと硫化亜鉛を共沈させて製造しま
す。その乾燥工程の排ガス中のダストに，硫化カドミウム
が含まれます。

補足

焙焼
鉱石を融点以下で加熱
し，揮発性成分を除去
したり，化学反応によ
って形を変化させたり
することをいいます。

焼結
粉状にした金属を融点
以下の温度で加熱し，
焼き固めることをいい
ます。

揮散
揮発性の物質が蒸発し
て広がっていくことを
いいます。

共沈
溶液中で，ある物質が
沈殿する際に，本来そ
の条件では沈殿しない
他の物質もともに沈殿
する現象をいいます。

①鉛（Pb）とその化合物

鉛は，融点327℃，沸点1750℃の鉛色の金属です。沸点は高いですが，400〜500℃程度から蒸発がかなり盛んとなり，鉛フュームになります。鉛化合物は，無機鉛（酸化鉛，鉛塩類）と有機鉛（テトラエチル鉛，ステアリン酸鉛など）に分けられます。鉛鉱石の代表的なものは方鉛鉱です。亜鉛鉱に随伴して産出することが多く，ほかに白鉛鉱，硫酸鉛鉱などもあります。

②発生源

鉛を製錬する代表的な方法として溶鉱炉法があります。まず，原料の鉛精鉱に含まれている硫黄を焼結炉で二酸化硫黄（SO_2）として除き，塊状の鉛酸化物とします。次にこの鉛酸化物を溶鉱炉でコークスを用いて還元し，粗鉛とします。この焼結炉，溶鉱炉の排ガス中ダストに大量（60〜70％）の酸化鉛が含まれています。酸化鉛は回収して焼結工程に戻されます。なお，焼結炉排ガス中のSO_2は硫酸工場に送られ，硫酸の原料となります。

また，溶鉱炉でできる粗鉛には，金，銀などの有価金属が含まれているため，精製工程に送ってそれらを回収しますが，この回収工程でも鉛が揮散します。

自動車に使用される鉛蓄電池の製造工程も，酸化鉛の発生源です。鉛再精錬炉では，鉛蓄電池のくずを原料として立形溶解炉などを用いて鉛を再生しますが，鉛蓄電池のくずには希硫酸が付着しているため，排ガス中の全硫黄酸化物（SO_x）濃度が高く，集じん装置においては硫酸による低温腐食に注意します。

窯業では，クリスタルガラス，陶磁器（釉薬として鉛釉を用いる）の製造工程が，酸化鉛の排出源となります。

③鉛系顔料

鉛系顔料には，リサージ，鉛丹，黄鉛などがあります。

■主な鉛系顔料の特徴

リサージ	一酸化鉛（PbO）の別称。黄色またはだいだい色の重い粉末であり，耐熱塗料，クリスタルガラス，蛍光灯などの放射線防止，陶器などの釉薬として用いられている
鉛丹	四酸化三鉛（Pb_3O_4）を主成分とする赤色の粉末で，酸化鉛（Ⅱ）または金属鉛を酸化して製造する。光明丹などともよばれ，さび止め塗料や蛍光灯の放射線防止に用いられている。ただし，毒性が強い
黄鉛	クロム酸鉛（$PbCrO_4$）を主成分とする黄色の粉末。交通標識用塗料，印刷インク，プラスチックの着色などに用いられている

チャレンジ問題

問1

難 | 中 | **易**

カドミウム及びその化合物に関する記述として，誤っているものはどれか。

(1) カドミウムは白色の光沢ある金属である。
(2) 閃亜鉛鉱には，0.3%程度のカドミウムが酸化カドミウムとして含まれている。
(3) 銅，鉛の製錬に用いる焼結炉などが発生源になる。
(4) 中性子遮断ガラスの製造に用いる焼成炉などが発生源となる。
(5) カドミウムイエローの製造には，硫化ナトリウム溶液が使用される。

解説

(2) 閃亜鉛鉱の鉱石中には，カドミウムが硫化カドミウムとして含まれています。酸化カドミウムとして，というのは誤りです。

このほかの肢は，すべて正しい記述です。

解答 (2)

問2

難 | 中 | **易**

鉛及びその化合物に関する記述として，誤っているものはどれか。

(1) 鉛化合物には，酸化鉛などの無機鉛とテトラエチル鉛などの有機鉛がある。
(2) 方鉛鉱は鉛鉱石の代表的なものであり，亜鉛鉱に随伴して産出することが多い。
(3) 鉛を製錬する焼結炉，溶鉱炉の排ガス中ダストには，酸化鉛が大量に含まれている。
(4) 鉛蓄電池くずから鉛を再生する工程からの排ガス処理では，集じん装置の塩酸による高温腐食に注意する必要がある。
(5) 鉛丹は赤色の粉末であり，酸化鉛（Ⅱ）又は金属鉛を酸化して製造する。

解説

(4) 鉛蓄電池くずから鉛を再生する工程における排ガス処理では，排ガス中のSOx濃度が高く，集じん装置においては硫酸による低温腐食に注意しなければなりません。塩酸による高温腐食に注意するというのは誤りです。

このほかの肢は，すべて正しい記述です。

解答 (4)

ふっ素およびその化合物

1 ふっ素とふっ化水素

①ふっ素（F_2）

ふっ素は，融点 $-218.6℃$，沸点 $-188℃$ の，淡黄色の極めて刺激性の強い有毒な気体です。希ガスや窒素以外のほとんどの元素と直接反応してふっ素化合物を作ります。水素と爆発的に化合してふっ化水素（HF）となり，また，水と反応してふっ化水素，オゾン，過酸化水素などを生じます。

②ふっ化水素（HF）

常温では無色の発煙性の気体ですが，沸点が $19.4℃$ のため，液化しやすい性質です。水に非常に溶けやすく，水溶液をふっ化水素酸といいます。ふっ化水素酸水溶液は，電離度が小さいため弱酸ですが，多くの金属を溶解・腐食するほか，二酸化けい素（SiO_2）やけい酸化合物を溶かす性質があります。

ふっ化水素との反応を用いて製造されるふっ素化合物としては，人造氷晶石，ふっ化アルミニウム，ふっ化水素酸アンモニウムなどがあります。ガラス表面をつや消しにして模様や文字を入れる腐食操作には，ふっ化水素酸およびふっ化水素酸アンモニウムを主成分とする腐食液が用いられています。

ふっ化水素と二酸化けい素との反応によって，四ふっ化けい素（SiF_4）が生成されます。四ふっ化けい素は，常温で無色の刺激臭のある気体です。

2 ふっ素化合物を含む排ガスの発生源

①アルミニウム製錬用電解炉

アルミナ（酸化アルミニウム）を電気分解してアルミニウムを製造するとき，氷晶石やふっ化アルミニウム（AlF_3）を電解浴（電解槽中の電解液）として用います。このとき，四ふっ化アルミニウムナトリウム（$NaAlF_4$）の蒸気が発生し，以下のような反応により，ダスト状のチオライト（$5NaF・3AlF_3$）やふっ化水素（HF）などのふっ素化合物が生じます。

$$5NaAlF_4 \rightarrow 5NaF・3AlF_3 + 2AlF_3$$

$$2AlF_3 + 3H_2O \rightarrow Al_2O_3 + 6HF$$

②りん・りん酸の製造施設

りん鉱石には $2 \sim 6 \%$ のふっ素が含まれており，これにコークスなどを加えて

1 有害物質の発生過程

還元し，りんを留出させます。このとき，四ふっ化けい素が生じます。

また，りん鉱石からりん酸を製造する場合には，硫酸を用いて分解する方法が多く採用されています。この場合はふっ化水素が発生します。

③りん酸肥料の製造施設

溶成りん肥（融解法で作るりん酸肥料）は，りん鉱石に蛇紋石またはフェロニッケルスラグを加え，1400 ～ 1500℃で加熱溶融し，水で水砕急冷して製造します。このとき，りん鉱石中のふっ素の一部が高温で気化し，鉱石の結晶水に基づく水蒸気と反応してふっ化水素が発生します。

焼成りん肥（焼成法で作るりん酸肥料）は，りん鉱石に炭酸ナトリウムとりん酸を加え，水蒸気の気流中で焼成して製造します。この場合も，りん鉱石中のふっ素が，主にふっ化水素となって排ガス中に混入します。

④れんが等の製造施設

れんがや焼成粘土瓦を製造するとき，原料の粘土鉱物中にふっ素が含まれており，焼成過程において，600℃付近からふっ素化合物の排出が急激に増加します。その90％以上はふっ化水素です。

⑤ガラス製品の製造施設

ガラスまたはガラス製品の製造において，溶融促進剤や乳濁剤などとして，蛍石（CaF_2），けいふっ化ナトリウム（Na_2SiF_6），氷晶石などを原料とした場合，ふっ化水素が発生します。

氷晶石
化学式Na_3AlF_6。産出が比較的稀なハロゲン化鉱物の一つであり，現在では人造氷晶石が作られています。

フェロニッケルスラグ
ステンレス鋼などの原料となるフェロニッケルを製錬する際に発生する副産物です。なおフェロニッケルとは，鉄とニッケルの合金のことです。

フロン類
ふっ素化合物の一つであるフロン類は，成層圏オゾン層の破壊や地球温暖化の原因物質とされ，1995（平成7）年には特定フロン類の製造および消費が全廃されました。

チャレンジ問題

問1　　　　　　　　　　　　　　難　中　**易**

ふっ素を含まない物質はどれか。

(1) さらし粉　　　(2) 蛍石　　　(3) りん鉱石

(4) 人造氷晶石　　(5) 特定フロン類

問2

難　中　**易**

ふっ素化合物に関する記述として，誤っているものはどれか。

(1) ふっ素は水素と爆発的に化合してふっ化水素となる。
(2) ふっ化水素は常温では無色の発煙性の気体である。
(3) ふっ化水素酸水溶液は強酸である。
(4) ガラス製品の製造で，蛍石を用いる場合は，ふっ化水素の発生源となる。
(5) ガラス表面の腐食操作には，ふっ化水素酸及びふっ化水素酸アンモニウムを主成分とする腐食液が用いられる。

解説

(3) ふっ化水素酸水溶液は電離度が小さく，弱酸です。強酸というのは誤りです。このほかの肢は，すべて正しい記述です。

解答 (3)

塩素およびその化合物

1 塩素と塩化水素

①塩素（Cl_2）

　塩素は，常温で黄緑色の刺激臭のある有毒な気体です。化学的な活性はふっ素より若干小さく，窒素および酸素とは直接化合しません。水素と混合してもそのままでは反応しませんが，加熱または光照射により反応し，**塩化水素**を生じます。

　塩素の製造は，**イオン交換膜法**などによる食塩水の電気分解によって行われています。塩素の発生源としては，ソーダ工業，染料，無機および有機化学工業が挙げられます。

②塩化水素（HCl）

　塩化水素は，融点−114.2℃，沸点−85℃の無色の刺激臭のある気体で，水に

非常に溶けやすく，塩化水素の水溶液のことを塩酸といいます。

2 塩素化合物とその用途

①無機塩素化合物

塩化水素は，塩素と水素を直接合成する方法によって製造されています。

また，塩素と水酸化カルシウム（$Ca(OH)_2$）の反応により「さらし粉」が製造されます。さらし粉とは，次亜塩素酸カルシウム（$Ca(ClO)_2$）を有効成分とする白色粉末で，塩素と似た刺激臭があります。一般にカルキともよばれ，漂白剤や殺菌剤として用いられています。

このほか，塩素または塩化水素との反応によって製造される主な無機塩素化合物とその用途の例をまとめておきましょう。

■ 塩素との反応によって製造される主な無機塩素化合物と用途

次亜塩素酸ナトリウム	NaClO	水（飲料水，排水）や野菜類などの除菌
塩化鉄（Ⅲ）	$FeCl_3$	顔料の製造，医薬，塩素化剤，排水処理
塩化銅（Ⅱ）	$CuCl_2$	媒染剤，花火，写真，塩素化触媒
塩化すず（Ⅱ）	$SnCl_2$	ブリキ製造，紙のすず被覆，感光材料
無水塩化アルミニウム	$AlCl_3$	ポリエチレン製造などの触媒
三塩化アンチモン	$SbCl_3$	塩素化・重合の触媒，ビタミンAの合成
四塩化チタン	$TiCl_4$	チタン化合物の製造，発煙剤，蛍光染料
塩化硫黄	S_2Cl_2	ゴム加硫剤，硫化剤，硫黄の溶剤
二塩化硫黄	SCl_2	塩素化剤，塩化チオニルの製造原料
五塩化りん	PCl_5	医薬（ビタミンB_1），有機合成の塩素化剤

■ 塩化水素との反応によって製造される主な無機塩素化合物と用途

塩化鉄（Ⅱ）	$FeCl_2$	媒染剤，還元剤，冶金，医薬，金属腐食剤
塩化銅（Ⅰ）	CuCl	O_2およびCO_2吸収剤，農薬，塩素化触媒
塩化亜鉛	$ZnCl_2$	活性炭，ファイバー，乾電池，めっき
塩化ニッケル	$NiCl_2$	電気めっき，Ni精錬，Ni触媒
塩化アルミニウム液	$AlCl_3aq$	石けんの配合剤，浄水剤，冶金，医薬
塩化バリウム	$BaCl_2 \cdot 2H_2O$	顔料，製紙，金属熱処理，医薬，つや消し
塩化マグネシウム	$MgCl_2 \cdot 6H_2O$	金属Mgの製造，豆腐，木材防腐，融雪剤
塩化マンガン	$MnCl_2 \cdot 4H_2O$	金属Mn・合金製造のフラックス，触媒
クロロ硫酸	HSO_3Cl	スルファニド系医薬，サッカリン，染料
塩化ニトロシル	NOCl	小麦粉の漂白剤，合成洗剤

②有機塩素化合物

有機化合物については，炭化水素の塩素化が行われています。例えば，メタン（CH_4）と塩素の反応によって塩化メチルが生成され，エチレン（$CH_2=CH_2$）と塩素の反応によって1,2-ジクロロエタンが生成されます。さらに，1,2-ジクロロエタンからは，熱分解によって塩化ビニルが得られるほか，塩素化－熱分解によってトリクロロエチレン，オキシ塩素化によってテトラクロロエチレンが得られます。なお，炭化水素の塩素化の際は，一般に塩化水素が多量に副生します。

主要な有機塩素化合物とその主な用途についてまとめておきましょう。

■主要な有機塩素化合物と用途

塩化メチル	CH_3Cl	医薬品，農薬，発泡剤，不燃性フィルム
1,2-ジクロロエタン	$CH_2Cl\text{-}CH_2Cl$	塩化ビニル，フィルム洗浄剤，燻蒸剤
塩化ビニル	$CH_2=CHCl$	塩化ビニル樹脂
トリクロロエチレン	$CHCl=CCl_2$	金属機械部品などの脱油脂洗浄，溶剤
テトラクロロエチレン	$CCl_2=CCl_2$	ドライクリーニング用溶剤
ジクロロメタン	CH_2Cl_2	ペイント剥離剤，金属脱脂洗浄剤
クロロホルム	$CHCl_3$	溶剤，医薬品，有機合成
クロロベンゼン	C_6H_5Cl	染料，医薬品，溶剤

チャレンジ問題

問1　　　　　　　　　　　　　　　　　　　　　難　中　易

塩素に関する記述として，誤っているものはどれか。

(1) 常温で黄緑色の刺激臭のある有毒な気体である。
(2) 化学的な活性はふっ素より若干小さく，窒素及び酸素とは直接化合しない。
(3) 水素と混合してもそのままでは反応しないが，加熱又は光照射によって反応し，塩化水素が生成する。
(4) 炭酸カルシウムとの反応で，さらし粉が製造される。
(5) イオン交換膜法による食塩水の電気分解で製造される。

解説

(4) さらし粉は，塩素と水酸化カルシウム（$Ca(OH)_2$）の反応によって製造されます。炭酸カルシウムとの反応で，というのは誤りです。
このほかの肢は，すべて正しい記述です。

解答 (4)

問2

難 中 **易**

有機塩素化合物とその主な用途の組合せとして，誤っているものはどれか。

	（有機塩素化合物）	（用　途）
(1)	トリクロロエチレン	安定剤
(2)	ジクロロメタン	脱脂洗浄剤
(3)	テトラクロロエチレン	ドライクリーニング用溶剤
(4)	塩化メチル	医薬品，農薬
(5)	クロロベンゼン	染料

解説

(1) トリクロロエチレンは，主に金属機械部品などの脱油脂洗浄や溶剤などの用途に用いられています。安定剤というのは誤りです。

解答 (1)

問3

難 中 **易**

金属の製錬及び製品の製造とその過程で発生する有害物質との組合せとして，誤っているものはどれか。

	（製錬・製造）	（有害物質）
(1)	りん酸肥料の製造	塩素
(2)	亜鉛の製錬	カドミウム
(3)	アルミニウムの製錬	ふっ化水素
(4)	鉛蓄電池の製造	酸化鉛
(5)	有機塩素化合物の製造	塩化水素

解説

(1) りん酸肥料の製造にはりん鉱石が原料として用いられ，りん鉱石にはふっ素が含まれることから，製造過程ではふっ素化合物（ふっ化水素）が発生します。塩素が発生するというのは誤りです。

解答 (1)

2 有害物質処理方式

まとめ & 丸暗記

● この節の学習内容のまとめ ●

☐ **ガス吸収および吸収装置**
- ガス吸収…ガス中の特定成分を水などの液体に吸収させて分離
- ヘンリーの法則
  水に溶けにくいガス（窒素，酸素，一酸化炭素など）の場合に成立
- ガス吸収装置

液分散形の吸収装置	ガス分散形の吸収装置
充填塔	段塔（多孔板塔，泡鐘塔）
流動層スクラバー	漏れ棚塔
スプレー塔	気泡塔
サイクロンスクラバー	ジェットスクラバー
ベンチュリスクラバー	
ぬれ壁塔	

☐ **ガス吸着および吸着装置**
- ガス吸着…ガス中の特定成分を活性炭などの吸着材に吸着させて分離
- 脱着…被吸着物質が吸着剤から脱離して気相に出てくること
  被吸着物質の分圧が下がる，温度が上昇する⇒吸着量は減少
- 活性炭…飽和炭化水素などの無極性物質の吸着に適している
- ガス吸着装置…固定層方式，移動層方式，流動層方式の３種類

☐ **有害物質ごとの処理技術**
- ふっ素…水洗塔で水酸化カリウム（KOH）と反応させて洗浄する
- ふっ化水素，四ふっ化けい素…水洗吸収により排ガスから除去する
- 塩素…イオン交換膜法による製造工程で生じる高濃度の塩素を含んだ排ガスについては，水を吸収剤として塩素を回収
  吸収装置の材料には，耐酸性および耐酸化性が必要

ガス吸収および吸収装置

1 ガス吸収

①ガス吸収とは

　ガス中の特定成分を水や水溶液などの液体に吸収させて分離する操作をいいます。有害物質，特定物質などの処理に用いられるガス吸収について，その長所と短所をみておきましょう。

長所	●処理コストが低廉 ●集じん，ガス冷却などの操作との兼用が可能
短所	●100%近い除去率を得ることは困難 ●付帯的な排水処理施設が必要 ●ガスの増湿を伴うため，排煙の拡散を阻害する

②ガス吸収の理論

ア　ヘンリーの法則

　ガスが液体に溶けるときの溶解度についての法則です。「一定の温度で一定量の液体に溶解するガスの量は，そのガスの圧力（分圧）に比例する」というもので，溶解ガスの分圧pは次の式で表されます。

　　$p = HC$

　　p：溶解ガスの分圧（Pa）

　　C：溶解ガスの液中濃度（mol/㎥）

　　H：比例定数（Pa・㎥/mol）

　この式より，溶解ガスの分圧pは溶解ガスの液中濃度Cに比例することがわかります。

　ただし，ヘンリーの法則は，水に比較的溶けにくいガス（窒素，酸素，一酸化炭素など）の場合に成立し，比較的溶けやすいガス（アンモニア，塩化水素など）については成立しません。また，水に溶けにくいガスでも，全圧および分圧が高い場合にはこの法則に従わなくなることに注意しましょう。

　ふっ化水素の水酸化ナトリウム水溶液への吸収のように

補足

化学吸収と物理吸収
ガスと吸収液との間に化学反応を伴う吸収を化学吸収といいます。一方，化学反応を伴わない吸収を物理吸収といいます。

補足

比例定数 H
「ヘンリー定数」とよばれています。一般に温度が高いほど大きな値となります。

化学反応が不可逆的な場合は，ガスの平衡分圧は0とみなせます。これに対し，二酸化硫黄の亜硫酸ナトリウム水溶液への吸収のように化学反応が可逆的である場合は，液組成や温度などで決まる一定の分圧を示します。

イ　二重境膜説

　ガス吸収の速度に関する考え方です。この説では，気相と液相の接する界面に沿ってガス側にも液側にも乱れのない薄い層（境膜）が形成され，この境膜内での被吸収物質の拡散は遅く，物質移動の抵抗になると考えます。そして，境膜内の物質移動の推進力は，ガス本体と界面の被吸収物質の分圧の差，および界面と液本体の溶質の濃度差であるとします。

2 ガス吸収装置

　ガス吸収速度は気液接触面積に比例するため，気液接触面積の大きい装置ほど吸収効率が大きくなります。このためガス吸収装置は，ガスと液体が大きな界面で接触するように工夫されています。

　ガス吸収装置は，操作の方法によって液分散形とガス分散形に分けられます。ガス側抵抗が大きい場合には液分散形，液側抵抗が大きい場合にはガス分散形が適しています。

①液分散形吸収装置

ア　充塡塔

　表面積の大きな充塡物（ラシヒリング，テラレット等）を詰めた塔内に吸収液を上部から流し，ガスと向流に接触させる方式です。充塡物は，ステンレス鋼，磁器類，合成樹脂などで作られ，25〜50mmぐらいの大きさのものが多く用いられます。

　充塡塔のガス空塔速度は0.3〜1m/s，充塡高さ当たりの圧力損失は0.5〜2kPa/mです。充塡塔におけるガスの圧力損失は，充塡物の種類や大きさのほか，液やガスの流量に依存します。

■ラシヒリングの例

■テラレットパッキングの例

イ　流動層スクラバー

　充塡物として合成樹脂製の中空球を使用し，これをガス流によって浮動させる形式の吸収塔です。目詰まりが起こりにくいため，粉じんを含んだ排ガスの処理

に適しています。ガス空塔速度 1 ～ 5m/s，圧力損失は 1 段当たり約0.6 ～ 0.8kPa
とされています。

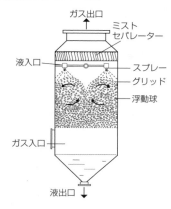

■流動層スクラバーの例

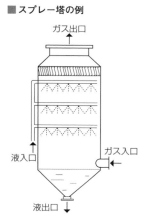

■スプレー塔の例

ウ　スプレー塔

　ガス中に，液を多数の微細な液滴として噴霧する形式です。液の噴霧にかなり
の動力を必要としますが，ガスの圧力損失が極めて小さい（0.02 ～ 0.2kPa）とい
う利点があります。ガス空塔速度は0.2 ～ 1 m/sで操作されます。

エ　サイクロンスクラバー

　円筒状の塔内を旋回しながら上昇するガスと，塔中央部から半径方向に噴霧さ
れる液滴とを接触させる方式です。ガス空塔速度 1 ～ 2 m/s，圧力損失0.5 ～ 3 kPa
です。

オ　ベンチュリスクラバー

　管内を流れるガス中に，スロート部（流路が
細くなった部分）から液を噴霧する形式です。
スロート部のガス流速は30 ～ 90m/s。圧力損失
が大きく， 2 ～ 8 kPaとなります。

カ　ぬれ壁塔

　垂直円管の内壁に沿って液を流して液膜を作
り，管中心部を上昇してくるガスと接触させる
方式です。多数のぬれ壁管を管板に取り付けて
円管内に収めたものが多く用いられており，管
外からの冷却が容易であることから，大きな発
熱を伴うガス吸収に効果的です。

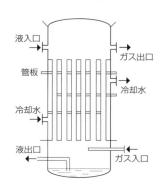

■多管式ぬれ壁塔の例

②ガス分散形吸収装置

ア　段塔

多孔板塔（径3～12mmの孔を有する多孔板を設けてガスを分散させる方式）と，泡鐘塔（孔の部分にキャップを付け，ガスが通過するときに泡立たせることによって気液接触面積を増やす方式）があります。

イ　漏れ棚塔

多孔板塔の一種ですが，開孔率が大きくて越流管がなく，液とガスが開孔部で向流接触します。構造は簡単ですが，高い吸収効率が得られ，空塔速度を大きくとれることから，排煙脱硫装置などの大型の吸収装置に適しています。

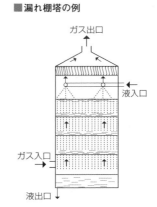

■漏れ棚塔の例

ウ　気泡塔

ガス分散器を用い，円筒形の塔の底部から液中にガスを連続的に吹き込むことによって気液を接触させる方式です。

エ　ジェットスクラバー

ノズルから高圧で噴霧される液によってガスを噴流分散し，強引に気液を接触させる方式です。

チャレンジ問題

問1　　　　　　　　　　　　　　　　　難　中　**易**

有害物質のガス吸収による処理に関する記述として，誤っているものはどれか。

(1) 水に比較的溶けにくいガスの場合，溶解ガスの分圧は溶解ガスの液中濃度に比例する。

(2) 一酸化炭素の水への溶解度は，塩化水素のそれよりも小さい。

(3) 二酸化硫黄の亜硫酸ナトリウム水溶液への吸収では，二酸化硫黄の平衡分圧はゼロとなる。

(4) ガス吸収装置は，ガスと液体が大きな界面で接触するように工夫されている。

(5) 液分散形のガス吸収装置には充塡塔，流動層スクラバーなどがある。

2

有害物質処理方式

解説

(3) 二酸化硫黄の亜硫酸ナトリウム水溶液への吸収のように化学反応が可逆的である場合は，一定の分圧を示します。分圧がゼロになるというのは誤りです。

解答 (3)

問2　　　　　　　　　　　　　　　　　難　**中**　易

ガス吸収における二重境膜説に関する記述中，下線を付した箇所のうち，誤っているものはどれか。

気相と液相の接する (1)界面に沿って，ガス側にも液側にも乱れのない薄い境膜が形成され，物質移動を (2)促進する。この境膜内の物質移動の (3)推進力はガス本体と界面の被吸収物質の (4)分圧の差，及び界面と液本体の溶質の (5)濃度差である。

解説

(2) 境膜内では被吸収物質の拡散が遅いため，物質移動の抵抗になると考えられています。物質移動を促進するというのは誤りです。

解答 (2)

問3　　　　　　　　　　　　　　　　　難　中　**易**

液分散形の吸収装置に関する記述として，誤っているものはどれか。

(1) 充塡塔では一般に，塔内に吸収液を上部から流し，ガスと向流接触させる。

(2) 充塡塔におけるガスの圧力損失は，充塡物の種類や大きさのほか，液やガスの流量に依存する。

(3) 流動層スクラバーは目詰まりが起こりにくいので，粉じんを含む排ガスの処理に適している。

(4) スプレー塔は，液中にガスを噴出する方式であり，ガスの圧力損失が大きい。

(5) ぬれ壁塔は，管外からの冷却が容易であり，大きな発熱を伴うガス吸収に効果的である。

解説

(4) スプレー塔は，圧力損失の極めて小さいこと（0.02 ～ 0.2kPa）が特徴とされています。圧力損失が大きいというのは誤りです。

解答 (4)

ガス吸着および吸着装置

1 ガス吸着

①ガス吸着とは

　ガス中の特定成分を活性炭などの吸着剤に吸着させて分離する操作をいいます。一部の特定物質や悪臭などの処理に用いられるガス吸着について，その長所と短所をみておきましょう。

長所	● 被処理ガスの濃度変動に対応できる ● ほとんど100%の除去が可能である ● 装置および操作が簡単である
短所	● ダストやミストを含むガスおよび高温ガスは，あらかじめ前処理をする必要がある ● 処理コストがやや高い

②ガス吸着の理論

ア　吸着等温線

　吸着剤が気体と接して平衡状態にある場合，その吸着量は気体の濃度（分圧）と温度によって変化します。吸着等温線とは，一定温度における平衡な吸着量とガス濃度との関係を表すものです。吸着等温線を式の形で表す場合は，次の2つの式がよく用いられます。

ラングミュアーの式	フロイントリヒの式
$q = \dfrac{abp}{1 + ap}$	$q = kp^{1/n}$

　q：吸着量（kg/kg），p：平衡なガス分圧（Pa），a, b, k, n：定数

イ　脱着

　被吸着物質の分圧が下がると，吸着量は減少します。また，被吸着物質の温度が上昇した場合にも，吸着量は減少します。こうして，被吸着物質が吸着剤から脱離して気相に出てくることを，脱着といいます。

ウ　破過

　吸着剤の充塡層に被吸着物質を含むガスを流すと，充塡層出口ガス中の被吸着物質の濃度が，ある時間以降に急激に増加し，やがて入口濃度と等しくなるときがきます。これは，吸着が充塡層の比較的狭い圏内で行われていて，時間とともにその吸着圏が移動して，ある時間に充塡層の端に到達するためです。このよう

に，充填層出口ガス中の被吸着物質の濃度が入口濃度と等しくなる現象を破過といいます。また，充填層出口ガス中の被吸着物質の濃度が急激に増加する時点を破過点といい，ガスを流し始めてから破過点に達するまでの時間を破過時間といいます。吸着－脱着のサイクル時間や吸着剤の交換時間を決定するには，破過時間を知っておく必要があります。

③吸着剤

吸着剤は，多孔性で内部表面積が大きく，吸着性の著しい固体です。代表的なものとして，活性炭とシリカゲルがあります。

活性炭は，他の吸着剤と比べて極性が小さく，その吸着はファンデルワールス力によるため，飽和炭化水素などの無極性物質の吸着に適します。炭素数の大きな炭化水素を吸着しやすく，特に，水蒸気を含んだ空気中の炭化水素の除去に優れています。活性炭には次の種類があります。

■ 活性炭の種類

賦活炭	石炭，木炭，ヤシ殻などを900℃前後で水蒸気や空気などによって賦活（活性化）したもの
薬品賦活炭	木質原料を，塩化亜鉛またはりん酸などの薬品に浸漬した後，炭化させたもの
添着炭	化学薬品を染み込ませた活性炭

なお，被吸着成分にハロゲン系化合物を含んでいる場合は，活性炭の表面が分解触媒としてはたらき，腐食性ガスを発生することがあるため，ガス吸収装置の材質の選定や腐食防止対策に配慮が必要となります。

2 ガス吸着装置

ガス吸着装置は，固定層方式，移動層方式，流動層方式の３種類に分類されます。公害防止施設では，固定層方式がほとんどです。それぞれの方式の特徴をまとめておきましょう。

補 足

化学吸着と物理吸着
吸着剤の表面において化学反応を伴う吸着を化学吸着といいます。一方，化学反応を伴わない吸着を物理吸着といいます。

吸着剤の比表面積
比表面積とは単位質量当たりの表面積のことです（単位は㎡/g）。
● 活性炭（粒状）
　…700 ～ 1500
● 活性炭（粉状）
　…700 ～ 1600
● シリカゲル
　…200 ～ 600
● アルミナゲル
　…150 ～ 350
● 活性白土
　…100 ～ 250

シリカゲル
二酸化ケイ素（SiO_2）のコロイド粒子が三次元的に結合してできた多孔質のゲルです。

ファンデルワールス力
電荷を持たない中性の分子間などではたらく引力をいいます。

添着炭
硫化水素などの酸性ガスにはアルカリ成分添着炭，アンモニアなどの塩基性ガスには酸性成分添着炭が適しています。

2
有害物質処理方式

①固定層吸着装置

粒状の吸着剤を充塡した層にガスを通して吸着する方式です。最近は，繊維状活性炭によるフィルター形式のものもあります。ガス濃度が高く，連続的な吸着を行う必要がある場合には，2基以上の吸着塔を用い，吸着‐脱着のサイクルを繰り返します。

②移動層吸着装置

吸着剤を充塡状態で上部から下部へ移動させ，ガスを下から向流に，または横から十字流に接触させる方式です。吸着剤を回転移動させるハニカム形ローター式のものもあります。

③流動層吸着装置

上向きに流れるガスによって吸着剤の流動層を形成させる方式です。ただし，吸着剤の摩損が移動層方式よりさらに大きくなるという難点があります。

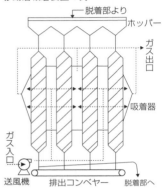

■連続クロスフロー式
移動層吸着装置の例

チャレンジ問題

問1　　　　　　　　　　　　　　　　　　難　中　易

ガス吸着に関する用語と説明の組合せとして，誤っているものはどれか。

（用　語）　　　　　　　　　（説　明）

(1) 吸着剤　　　　多孔性で内部表面積が大きく，著しい吸着性をもつもの

(2) 吸着等温線　　一定温度で吸着剤が気体と接して平衡状態にある場合，吸着量とガス濃度との関係を表すもの

(3) 化学吸着　　　吸着剤表面での化学反応を伴う吸着

(4) 脱着　　　　　被吸着物質が吸着剤から脱離して気相に出てくること

(5) 破過　　　　　吸着剤の充塡が不均一な場合に，被吸着物質が吸着されずに出てくること

解説

(5) 破過とは，充塡層出口ガス中の被吸着物質の濃度がある時間以降に急激に増加し，ついには入口濃度と等しくなる現象をいいます。吸着剤の充塡が不均一な場合に被吸着物質が吸着されずに出てくることというのは誤りです。

解答　(5)

問2　難　中　**易**

　ガス吸着に関する記述として，誤っているものはどれか。

（1）被吸着物質の分圧が下がると，吸着量は増加する。

（2）被吸着物質の温度が上昇すると，吸着量は減少する。

（3）吸着剤の比表面積は大きく，一般的には100㎡/g以上ある。

（4）活性炭は，炭素数の大きい炭化水素を吸着しやすい。

（5）吸着処理の長所は，被処理ガスの濃度変動に対応できることなどである。

解説

（1）被吸着物質の分圧が下がると，吸着量は減少します。吸着量が増加するというのは誤りです。

このほかの肢は，すべて正しい記述です。

解答　（1）

有害物質ごとの処理技術

1 ふっ素，ふっ化水素，四ふっ化けい素

　ふっ素，ふっ化水素，四ふっ化けい素はガス状で排出されるため，処理方式として主にガス吸収が用いられます。

①ふっ素（F_2）

　ふっ素の処理として，水洗塔で水酸化カリウム（KOH）と反応させて洗浄する方法のほか，ふっ素を硫黄と反応させて六ふっ化硫黄（SF_6）として回収する方法などがあります。また，ふっ素製造における電解槽ミストは，高電圧の静電集じん機によって除去することもあります。ふっ素の排ガス処理・廃棄については，ふっ素の活性が強いことに注意しなければなりません。

②ふっ化水素（HF）

　ふっ化水素は，水への溶解度が大きいため，水洗吸収によって排ガスから除去することができます。ふっ化水素を含む洗浄水の処理法には，水酸化カルシウム（$Ca(OH)_2$）

補足

有害物質の処理
有害物質のうち，カドミウム・鉛とその化合物は粉じんとして排出されるため，その処理は集じん技術によります（第4章第2節）。また，窒素酸化物についてはその排出防止技術をすでに学習しています（第3章第5節）。

有害物質処理方式

による中和があります。

③四ふっ化けい素（SiF_4）

　四ふっ化けい素も，水洗吸収によって排ガスから除去することができます。ただし，四ふっ化けい素を含む排ガスの処理装置では二酸化けい素（SiO_2）の析出があるため，ふっ素化合物による腐食のほか，二酸化けい素による閉塞を考慮しなければなりません。このため，密な充填物を用いた充填塔の使用は避けるべきであり，スプレー塔の使用が好ましいとされています。

2　塩素および塩化水素

　塩素および塩化水素もふっ素などと同様，ガス状で排出されるため，処理方式として主にガス吸収が用いられます。

①塩素（Cl_2）

　塩素の製法には塩水電解法，塩酸電解法，塩酸酸化法があります。塩水電解法はさらに水銀法，隔膜法，イオン交換膜法に分けられますが，現在わが国では，すべてイオン交換膜法が採用されています。

　イオン交換膜法で作られた塩素は，洗浄，冷却，脱水後，液化されて液体塩素となります。このとき，塩素液化装置からは高濃度（20 ～ 50％）の塩素を含んだ排ガスを生じますが，吸収剤として水を用いて回収します。なお，塩素－水系では塩化水素（HCl）と次亜塩素酸（HClO）を生成し，酸性と酸化性を示すため，吸収装置の材料には耐酸性および耐酸化性が必要とされます。

　排ガスの量が少なく，塩素濃度が比較的高い場合は，塩化鉄（Ⅲ）や塩化硫黄などの製造に利用されます。これに対し，排ガス量が多く塩素濃度が低い場合には，石灰乳または水酸化ナトリウム溶液を吸収剤として用い，次亜塩素酸として回収します。硫酸鉄（Ⅱ）の水溶液を用いて塩素を吸収させる方法もあります。

　このほか，シリカゲルに排ガス中の塩素を吸着させ，加熱脱着して塩素を回収するという方法もあります。

②塩化水素（HCl）

　塩化水素の吸収装置としては，ガス中の塩化水素濃度が高い場合には管外から冷却を行うことのできるぬれ壁塔を用い，塩化水素濃度が低い場合には充填塔を用います。

　塩酸（塩化水素の水溶液）は腐食性があるため，構造材料には陶磁器，ガラス，プラスチック（ポリ塩化ビニル，ポリエチレンなど），ゴム，ほうろう，炭素などを使用します。

チャレンジ問題

問1　難　中　**易**

ふっ素などの処理に関する記述として，誤っているものはどれか。

(1) ふっ素の場合，水酸化カリウム水溶液を用いる方法がある。

(2) ふっ素を硫黄と反応させて，六ふっ化硫黄として回収する方法がある。

(3) ふっ化水素は水への溶解度が大きいので，水洗吸収によって排ガスから除去することができる。

(4) ふっ化水素を含む洗浄水の処理法として，水酸化カルシウムによる中和がある。

(5) 四ふっ化けい素を含むガスの場合，密な充填物を用いた充填塔がよく使用される。

解説

(5) 四ふっ化けい素を含む排ガスの処理装置では，ふっ素化合物による腐食および二酸化けい素による閉塞を考慮しなければならず，密な充填物を用いた充填塔の使用は避けるべきとされています。密な充填物を用いた充填塔がよく使用されるというのは誤りです。

解答 (5)

問2　難　中　**易**

塩素の吸収及び回収に関する記述として，誤っているものはどれか。

(1) 水系の吸収に用いる装置材料には，耐酸性に加えて耐熱性が要求される。

(2) シリカゲルを吸着剤として排ガス中の塩素を吸着させ，次いで加熱脱着して塩素を回収する方法がある。

(3) 排ガスの量が少なく，かつ塩素濃度が比較的高い場合は，塩化鉄（Ⅲ）や塩化硫黄などの製造に利用される。

(4) 排ガス量が多く塩素濃度が低い場合は，石灰乳又は水酸化ナトリウム溶液を吸収剤として用いる。

(5) 硫酸鉄（Ⅱ）の水溶液を用いて，塩素を吸収させる方法がある。

解説

(1) 塩素－水系の装置材料に要求されるのは，耐酸性と耐酸化性です。耐熱性というのは誤りです。

解答 (1)

3 特定物質の事故時の措置

まとめ & 丸暗記
● この節の学習内容のまとめ ●

☐ **特定物質の性状**
- 大気汚染防止法の規定を受け，政令で28物質を特定物質に指定

■ **爆発性の混合気を作るもの**

● アンモニア	● シアン化水素	● 一酸化炭素	● ホルムアルデヒド
● メタノール	● 硫化水素	● りん化水素（ホスフィン）	
● アクロレイン	● 二硫化炭素	● ベンゼン	● ピリジン
● フェノール	● ニッケルカルボニル	● メルカプタン	

■ **水に対する溶解度**

① 溶解度が無限大のもの（任意の割合で溶解）
- ● ふっ化水素　● シアン化水素　● メタノール　● ピリジン
- ● フェノール（65.3℃以上）　● 硫酸

② よく溶解するもの
- ● アンモニア　● ホルムアルデヒド　● 塩化水素　● アクロレイン

③ 非常に溶解しにくいもの
- ● 一酸化炭素　● 硫化水素　● りん化水素（ホスフィン）　● 二硫化炭素
- ● ベンゼン　● 黄りん　● ニッケルカルボニル

☐ **事故時の措置**
- 特定物質が漏洩または飛散し，不特定多数の人に危害を生じるおそれがあるときは，都道府県の環境担当部局，保健所，警察署に届出
- 猛毒を有する物質（シアン化水素，りん化水素，ホスゲンなど）
  ⇒ 被害を及ぼすと考えられる区域内への立ち入り禁止
- 水に対する溶解度が大きい物質
  ⇒ 多量の水による洗浄（水洗除去）が有効
- クロロ硫酸，ふっ化水素，塩化水素，塩素，硫酸など
  ⇒ 水酸化カルシウムまたは炭酸ナトリウムの散布によって，中和・吸収させる

特定物質の性状

1 特定物質とは

　大気汚染防止法第17条では「特定物質」を，物の合成，分解その他の化学的処理に伴い発生する物質のうち，人の健康または生活環境に係る被害を生ずるおそれがあるものとして政令で定めるもの，と定義しています。

　そして，特定物質の発生施設（ばい煙発生施設を除く）を「特定施設」としたうえ，ばい煙発生施設設置者または特定施設を工場・事業場に設置している者は，当該施設について故障，破損などの事故が発生し，ばい煙や特定物質が大気中に多量に排出されたときは，直ちに，その事故について応急の措置を講じ，その事故を速やかに復旧するように努めなければならないと定めています。

2 各特定物質の性状

①アンモニア（NH_3）

　沸点 -33.4℃の，強い刺激臭のある気体です。気体密度は0.760kg/m^3_N，空気に対する比重は0.58です。空気中では燃えにくいですが，爆発性の混合気を作ります。

　アンモニア分圧が101.32kPaのときの水に対する溶解度は，20℃で52.6 g/100 g H_2O。水溶液は弱アルカリ性です。

②ふっ化水素（HF）

　常温では無色の気体であり，空気に触れると白煙を生じます。沸点19.4℃で液化しやすく，耐圧容器に詰めて液体として取り扱われます。液体密度は1001.5kg/m^3（0℃）。

　不燃性で爆発性もありませんが，金属と反応して水素を発生し，これが爆発の原因となることがあります。水に対する溶解度は無限大です。

③シアン化水素（HCN）

　沸点26℃の，無色透明な揮発性の液体です。液体の密度

政令で定める特定物質
政令（大気汚染防止法施行令第10条）では，大気汚染防止法の規定を受け，アンモニアやふっ化水素など28物質を特定物質として定めています（◯P.98参照）。

爆発性の混合気を作る特定物質
アンモニア
シアン化水素
一酸化炭素
ホルムアルデヒド
メタノール
硫化水素
りん化水素（ホスフィン）
アクロレイン
二硫化炭素
ベンゼン
ピリジン
フェノール
ニッケルカルボニル
メルカプタン

271

は687kg／㎥（20℃）。蒸気の密度は1.20kg／㎥$_N$，空気に対する比重は0.93で，**爆発性の混合気を生じます**。引火点は－17.8℃です。水に対する溶解度は無限大で，水溶液は弱酸性を示します。

④一酸化炭素（CO）

沸点－192.2℃の，無味・無臭・無色の気体です。炭素または炭素含有物質の不完全燃焼によって生じます。気体密度は1.25kg／㎥$_N$，空気に対する比重は0.98で，空気と混合すると極めて**爆発性**の高い混合気を作ります（特定物質の中では，爆発限界がホルムアルデヒドに次いで広い）。水に対する溶解度は極めて小さく，20℃で0.0028g／100gH$_2$Oです。

⑤ホルムアルデヒド（HCHO）

沸点－21.1℃の，刺激臭のある気体です。反応性に富み，また，重合しやすい性質があります。気体密度1.34kg／㎥$_N$，空気に対する比重は1.04です。空気との混合物は極めて**爆発性**が高く，特定物質の中で**最も爆発限界が広い**物質です。

⑥メタノール（CH$_3$OH）

沸点63.9℃の，無色透明な揮発性の液体です。液体密度は792kg／㎥（20℃）。メタノール蒸気の空気に対する比重は1.11で，**爆発性の混合気を生じます**。引火点は11.1℃です。水とは任意の割合で溶解します。

⑦硫化水素（H$_2$S）

沸点－60.2℃の，腐卵臭のある気体です。気体密度は1.52kg／㎥$_N$，空気に対する比重は1.18。空気と**爆発性**の混合気を作り，燃焼して二酸化硫黄（SO$_2$）を生じます。硫化水素分圧が101.32kPaのとき，水に対する溶解度は20℃で0.38g／100gH$_2$Oです。水溶液は弱酸性です。

⑧りん化水素（ホスフィン）（PH$_3$）

沸点－87.8℃の，猛毒の気体です。気体密度は1.52kg／㎥$_N$，空気に対する比重は1.18で，**爆発性の混合気を作ります**。ホスフィン分圧が101.32kPaのときの水に対する溶解度は，24℃で0.028g／100gH$_2$Oです。

⑨塩化水素（HCl）

沸点－85℃の，激しい刺激臭のある気体です。気体密度は1.63kg／㎥$_N$，空気に対する比重は1.27。水に溶かして**塩酸**として用いられます。水に対する溶解度は20℃で71.9g／100gH$_2$Oです。不燃性で爆発性もありませんが，水分が存在すると金属と反応して**水素を発生**し，これが爆発の原因となることがあります。

⑩二酸化窒素（NO$_2$）

二酸化窒素は，低い温度では重合して**四酸化二窒素**（N$_2$O$_4$）となります。沸点は21.3℃で，液状ではほとんどすべて四酸化二窒素です（21.15℃では99.9％）。

不燃性で爆発性もありませんが，強い**酸化性**（他の物質を酸化させる性質）があります。水と反応して硝酸（HNO_3）と亜硝酸（HNO_2）を生じます。

⑪**アクロレイン（アクリルアルデヒド）（$CH_2=CHCHO$）**

沸点52.5℃の，揮発性のある無色の液体です。液体の密度は841kg／㎥（20℃）。蒸気の空気に対する比重は1.95で，**爆発性**の混合気を作ります。引火点は−18℃です。

⑫**二酸化硫黄（SO_2）**

沸点−10℃の刺激臭のある気体です。気体密度2.86kg／㎥$_N$，空気に対する比重は2.22で，不燃性で爆発性もありません。水に対する溶解度は20℃で11.28 g／100 g H_2Oです。

⑬**塩素（Cl_2）**

沸点−34.1℃の，黄緑色の刺激臭のある有毒な気体です。気体密度3.16kg／㎥$_N$，空気に対する比重は2.46。不燃性で爆発性もありません。ただし，水素との混合気は水素濃度5.5 〜 89％で爆発的に反応します。

⑭**二硫化炭素（CS_2）**

沸点46.2℃の，無色〜淡黄色の揮発性液体です。液体密度は1293kg／㎥（ 0℃）。蒸気の空気に対する比重は2.64であり，**爆発性**の混合気を生じます。引火点は−30℃です。

⑮**ベンゼン（C_6H_6）**

融点5.5℃，沸点80.1℃の，芳香をもつ揮発性液体です。液体密度は879kg／㎥（25℃）。蒸気の空気に対する比重は2.71で，**爆発性**の混合気を作ります。引火点は−11℃です。

⑯**ピリジン（C_5H_5N）**

沸点115.3℃の液体で，液体密度は982kg／㎥（20℃）です。蒸気の空気に対する比重は2.75。**爆発性**の混合気を生じ，引火点は20℃です。水と任意の割合で溶解し，水溶液は弱アルカリ性を示します。

⑰**フェノール（C_6H_5OH）**

融点40.9℃の，白色〜淡紅色の結晶です。沸点181.8℃，密度1071kg／㎥（25℃）です。引火点は79.4℃と高いですが，**爆発性**の混合気を生じます。水に対する溶解度は，16℃で6.7 g／100 g H_2O（65.3℃以上では任意の割合）です。

爆発限界
可燃性の気体や液体の蒸気と空気との混合物が，引火して爆発を起こす濃度の限界をいいます。上限値と下限値で表されます。

重合
小さい分子量の物質が繰り返し結合し，大きい分子量の物質を作る反応をいいます。

特定物質の水に対する溶解度
①無限大（任意の割合で溶解する）
ふっ化水素
シアン化水素
メタノール
ピリジン
フェノール（＞65.3℃）
硫酸
②よく溶解する
アンモニア
ホルムアルデヒド
塩化水素
アクロレイン
③非常に溶解しにくい
一酸化炭素
硫化水素
りん化水素（ホスフィン）
二硫化炭素
ベンゼン
黄りん
ニッケルカルボニル

⑱硫酸（H₂SO₄）

　無色の液体で，濃度が高くなると密度が増加します。硫酸分98％の濃硫酸は，密度2380kg /㎥，沸点327℃です。濃硫酸に過剰の三酸化硫黄（SO₃）を吸収させたものを発煙硫酸といい，空気中で白煙を発します。硫酸には引火性・爆発性はありませんが，金属と反応して水素を発生します。

⑲ふっ化けい素

　四ふっ化けい素（SiF₄）は，無色の刺激臭のある気体（昇華点 −95.7℃）で，気体密度4.56kg /㎥ₙ，空気に対する比重は3.61です。

⑳ホスゲン（塩化カルボニル）（COCl₂）

　沸点8.2℃の，毒性が非常に強い気体です。蒸気の空気に対する比重は3.43で，引火性・爆発性はありません。水と反応して二酸化炭素（CO₂）と塩酸（HCl）を生じます。ホスゲンの漏洩箇所にアンモニア水を湿した紙を近づけると，白煙を生じ，水酸化ナトリウム水溶液に極めて速やかに吸収されます。

㉑二酸化セレン（SeO₂）

　白色針状の結晶で，結晶の密度は3954kg /㎥です。昇華しやすく，潮解性もあります。水溶液は弱い酸性を示し，酸化性と還元性の2つの性質を有します。

㉒クロルスルホン酸（クロロ硫酸）（HSO₃Cl）

　沸点152℃の無色～淡黄色の液体で，液体密度は1766kg /㎥（18℃）です。化学的活性が極めて大きく，空気中の水分と反応して塩酸（HCl）と硫酸（H₂SO₄）に分解し，フュームを作ります。不燃性で爆発性もありませんが，ほとんどの金属と反応して水素を発生し，また，可燃性物質と接触すると発熱して発火することがあります。

㉓黄りん（P）

　融点44.1℃，沸点280.5℃の黄色固体で，密度は1820kg /㎥です。爆発性はありませんが，発火点が34℃と極めて低く，大気中で酸化されて白煙を生じ，温度が上昇して発火点に達すると，激しく燃焼して五酸化りん（P₂O₅）を生成します。水に対する溶解度は，15℃で0.0003 g /100 g H₂Oと極めて難溶です。

㉔三塩化りん（PCl₃）

　沸点76℃の無色透明の液体です。液体密度は1570kg /㎥（20℃）。湿った空気中では発煙し，ホスホン酸（H₂PHO₃）と塩化水素（HCl）を生成します。

㉕臭素（Br₂）

　沸点58.8℃の，赤褐色の重い液体です。液体密度は3102kg /㎥（25℃）。水に対する溶解度は，20℃で3.46 g /100 g H₂Oです。燃焼性はありませんが，気化した状態では水素のほか，多くの有機化合物や一部の金属と反応し，引火することが

あります。

㉖ニッケルカルボニル（Ni(CO)₄）

沸点43℃の，無色の揮発性液体です。液体密度は1356kg/㎥（0℃）。蒸気の空気に対する比重が5.92と極めて重く，**爆発性**の混合気を生じます。

㉗五塩化りん（PCl₅）

白色〜淡緑色の結晶性の固体です。少量の水分と反応して塩化ホスホリル（POCl₃）と塩化水素（HCl）に分解します。また多量の水と反応すると，りん酸（オルトりん酸）と塩酸を生じます。

㉘メルカプタン（エチルメルカプタン）（C₂H₅SH）

沸点35.05℃の揮発性の液体で，エタンチオールともよばれます。液体密度は831kg/㎥（25℃）。蒸気の空気に対する比重は2.16で，**爆発性**の混合気を生じます。引火点は27℃です。

補　足

不燃性の特定物質
ふっ化水素
塩化水素
二酸化窒素
二酸化硫黄
塩素
硫酸
ふっ化けい素
ホスゲン
二酸化セレン
クロルスルホン酸
三塩化りん
臭素
五塩化りん

3
特定物質の事故時の措置

チャレンジ問題

問1　　　　　　　　　　　　　　難　中　**易**

次の記述に該当する特定物質はどれか。

常温で無色，液体密度1001.5kg/㎥（0℃），沸点19.4℃であり，耐圧容器に詰めて液体として取り扱われる。空気に触れると白煙を生じる。不燃性で爆発性もないが，金属と反応して水素を発生し，これが爆発の原因となることがある。

（1）一酸化炭素　　　（2）シアン化水素　　　（3）ふっ化水素

（4）塩化水素　　　（5）二酸化硫黄

解説

記述内容から，「ふっ化水素（HF）」に該当することがわかります。

解答　（3）

問2 難 中 易

次の記述に該当する特定物質はどれか。

沸点46.2℃の無色〜淡黄色の揮発性液体であり，引火点は−30℃と低い。蒸気の空気に対する比重は2.64であり，爆発性の混合気を生じる。

(1) ベンゼン　　　　(2) 二硫化炭素　　　　(3) ピリジン
(4) 塩化カルボニル　(5) 黄りん

解説

記述内容から，「二硫化炭素（CS_2）」に該当することがわかります。

解答 (2)

問3 難 中 易

空気と爆発性の混合気を生じない特定物質はどれか。

(1) アンモニア　　(2) ホルムアルデヒド　　(3) 硫化水素
(4) 二酸化窒素　　(5) ベンゼン

解説

二酸化窒素（NO_2）は不燃性で爆発性がなく，空気と爆発性の混合気を生じません。そのほかは，いずれも空気と爆発性の混合気を生じます。

解答 (4)

問4 難 中 易

常温において，水に対する溶解度が最も小さい特定物質はどれか。

(1) 塩化水素　　(2) フェノール　　(3) メタノール
(4) 硫化水素　　(5) 二酸化硫黄

解説

それぞれの水に対する溶解度は，以下のとおりです。

(1) 塩化水素……71.9g/100gH_2O（20℃）
(2) フェノール…6.7g/100gH_2O（16℃），65.3℃以上では任意の割合で溶ける
(3) メタノール…任意の割合で溶ける
(4) 硫化水素……0.38g/100gH_2O（20℃）
(5) 二酸化硫黄…11.28g/100gH_2O（20℃）

したがって，水に対する溶解度が最も小さいのは，(4) 硫化水素です。

解答 (4)

事故時の措置

1 事故の届出

特定物質が漏洩または飛散し，不特定または多数の人々に保健衛生上の危害を生じるおそれがあるときは，早急に都道府県の環境担当部局，保健所，警察署に届出をしなければなりません。発煙を伴う場合は消防署への届出も必要です。届出の際に報告する内容は，以下のとおりです。

- 事故発生場所　● 工場名　● 現在の位置　● 作業内容
- 装置および物質名　● 現場付近の風向および風速
- 復旧作業の見通し　● 事故担当者名

2 具体的な処置

①警告，退避，立ち入りの禁止

被害を及ぼすと考えられる区域内の人々に警告を発し，特に，風下にいる人々を速やかに風上に退避させます。

シアン化水素，りん化水素（ホスフィン），ホスゲンなどのように猛毒を有する物質の場合は，危険である旨を表示するとともに，立ち入り禁止にします。

②水による洗浄（水洗除去）

アンモニア，ふっ化水素，塩化水素，ピリジン，硫酸，フェノールなどのように，水に対する溶解度が大きい物質の場合は，多量の水による洗浄（水洗除去）が有効です。特に，溶解や希釈に伴う発熱の大きい物質（ふっ化水素，塩化水素，硫酸など）には，多量の水を用いる必要があります。なお，水洗除去を行う場合は，排水による汚染防止に留意しなければなりません。

③水酸化カルシウムなどの散布

ふっ化水素，塩化水素，塩素，硫酸，クロロ硫酸などについては，水酸化カルシウムまたは炭酸ナトリウムの散布

有毒性の特定物質
シアン化水素
硫化水素
りん化水素（ホスフィン）
ホスゲン
塩素

注水が適当でない場合
液体塩素の容器からの漏洩の場合は，塩素の気化速度を速めてしまうため，容器に注水してはいけません。またクロロ硫酸についても特別な場合以外，注水は不適当です。

によって，**中和または吸収**させることができます。

　なお，シアン化水素については，硫酸鉄（Ⅱ）の水酸化ナトリウム溶液で処理して，比較的無害なヘキサシアノ鉄（Ⅱ）酸ナトリウムとします。

④**引火・爆発の危険がある場合**

　引火したり爆発したりする危険のある物質については，**着火源**となり得る物を速やかに取り除くほか，**爆発性混合気**を生じさせない措置をとります。

⑤**ガス状の物質の場合**

　ガス状の物質または揮発性の物質の場合，ガスまたは蒸気濃度が空気より**軽い**ものは拡散しやすいですが，空気より**重い**ものは低所に滞留してしまう傾向があります。そのため，拡散が速やかに行われるよう措置する必要があります。

⑥**特有のにおいがある物質の場合**

　特有のにおいを有する物質について，においによって漏洩箇所や漏洩の度合いを確認することは危険です。この場合は，検知管や検知紙を用いるようにしなければなりません。

チャレンジ問題

問1　　　　　　　　　　　　　　　　　　　　　難　中　易

特定物質とその事故時の措置の組合せとして，誤っているものはどれか。

	（特定物質）	（事故時の措置）
(1)	ホスゲン	被害を及ぼすと考えられる区域への立ち入り禁止
(2)	アンモニア	多量の水による洗浄
(3)	クロロ硫酸	水酸化カルシウムの散布
(4)	ふっ化水素	炭酸ナトリウムの散布
(5)	塩素	漏洩している容器への注水

解説

(1) ホスゲンのように猛毒を有する物質の場合は，危険である旨を表示するとともに，被害を及ぼすと考えられる区域への立ち入りを禁止します。

(2) アンモニアなど，水に対する溶解度が大きい物質については，多量の水による洗浄（水洗除去）が有効です。

(3) (4)　クロロ硫酸，ふっ化水素，塩化水素，塩素，硫酸などは，水酸化カルシウムまたは炭酸ナトリウムの散布によって，中和・吸収させることができます。

(5) 液体塩素の容器からの漏洩の場合，塩素の気化速度を速めてしまうため，容器に注水してはいけません。漏洩している容器への注水というのは誤りです。

解答 (5)

問2　　　　　　　　　　　　　　　難｜中｜易

特定物質の事故時の措置として，誤っているものはどれか。

(1) 特有のにおいを有する物質については，においを嗅ぐことにより漏洩箇所や漏洩の度合いを確認する。

(2) 空気より重い物質は低所を漂うので，拡散が速やかに行える措置をする。

(3) ふっ化水素，ピリジン，フェノールの場合は，多量の水による水洗除去が有効である。

(4) 水酸化カルシウムの散布によって，中和又は吸収できる物質としては，塩化水素，塩素などがある。

(5) 事故時の届出に際しては，事故発生場所，現在の位置，作業内容などを報告する。

解説

(1) 漏洩箇所や漏洩の度合いを確認するときは，検知管や検知紙を用いるようにします。特有のにおいを有する物質について，においを嗅ぐことによって確認するのは危険であり，誤りです。

このほかの肢は，すべて正しい記述です。

解答 (1)

4 有害物質の測定

まとめ&丸暗記 ● この節の学習内容のまとめ ●

☐ **ふっ素化合物の分析**
JIS K 0105が規定している

①ランタン-アリザリンコンプレキソン吸光光度法

②イオン電極法

③イオンクロマトグラフ法[1]

*1：2012（平成24）年の改正により新たに採用

☐ **塩素の分析**
JIS K 0106が規定している

①2,2´-アジノ-ビス吸光光度法（ABTS法）

②4-ピリジンカルボン酸-ピラゾロン吸光光度法（PCP法）

③イオンクロマトグラフ法（IC法）

☐ **塩化水素の分析**
JIS K 0107が規定している

①イオンクロマトグラフ法

②硝酸銀滴定法

③イオン電極法[2]

*2：2012（平成24）年の改正により附属書に変更

☐ **カドミウムおよび鉛の分析**
JIS K 0083が規定している

①フレーム原子吸光法

②電気加熱原子吸光分析法

③ICP発光分析法

④ICP質量分析法

ふっ素化合物の分析

1 排ガス中のふっ素化合物の分析方法

①ふっ素化合物の分析方法

JIS K 0105は，排ガス中のガス状無機ふっ素化合物を，ふっ化物イオン（F⁻）として分析し，ふっ化水素の濃度として算出する方法について規定しています。分析の結果として，無機ふっ素化合物の濃度を$mg F^-/m^3_N$で表示します。

JISでは分析の方法として，ランタン-アリザリンコンプレキソン吸光光度法，イオン電極法，イオンクロマトグラフ法（2012［平成24］年の改正により採用）の3種類を規定しています。

②試料の採取

試料ガス採取用の吸収瓶を2個連結し，水酸化ナトリウム溶液（0.1mol/ℓ）をそれぞれに50mℓずつ（イオンクロマトグラフ法で容量100mℓの吸収瓶を用いた場合は25mℓずつ）入れ，吸収液として用います。試料ガス吸収後の吸収液は妨害物質の有無によって調整され，分析用試料溶液となります。

③各分析方法の概要

それぞれの分析方法の内容を大まかにまとめておきましょう。

■ふっ素化合物の分析方法の種類と概要

種 類	分析方法の要旨	定量範囲
ランタン-アリザリンコンプレキソン吸光光度法	試料ガス中のふっ素化合物を吸収液に吸収させた後，緩衝液を加えてpHを調整する。これにランタン溶液，アリザリンコンプレキソン溶液などを加えて発色させ，吸光度を測定する	1.2 ～ 14.8 (vol ppm)
イオン電極法	試料ガス中のふっ素化合物を吸収液に吸収させた後，イオン強度調整用緩衝液を加え，ふっ化物イオン電極を用いて測定する	7.4 ～ 737 (vol ppm)
イオンクロマトグラフ法	試料ガス中のふっ素化合物を吸収液に吸収させた後，吸収液の一定量に陽イオン交換樹脂を加え，空気を通気して前処理を行う。この液をイオンクロマトグラフに導入し，クロマトグラムを記録する	0.3 ～ 14.8* (vol ppm)

＊試料ガスを通した吸収液50mℓを100mℓに希釈して分析用試料溶液とした場合

①ランタン-アリザリンコンプレキソン吸光光度法

この方法は，試料ガス中に微量のアルミニウム（Ⅲ），鉄（Ⅲ），銅（Ⅱ），亜鉛（Ⅱ）などの重金属イオンや，りん酸イオンなどが共存すると影響を受けるため，分析用試料溶液を水蒸気蒸留し，ふっ化物イオンを分離した後，定量を行います。

定量操作は以下のとおりです。

- 分析用試料溶液の30mℓ以下の適量（F⁻として0.004 ～ 0.05mg）を全量フラスコ50mℓにとり，ランタン-アリザリンコンプレキソン溶液20mℓを加え，さらに水を標線まで加えてよく振り混ぜ，1時間放置する
- これによって発色した溶液の一部を吸収セルに移し，空試験溶液を対照液として波長620nm付近の吸光度を測定する
- あらかじめ作成した検量線から，ふっ化物イオンの質量（mg）を算出する

検量線は，ふっ化物イオン標準液（0.002mg /mℓ）2 ～ 25mℓを段階的にとって吸光度を測定し，ふっ化物イオン量（mg）と吸光度との関係線を作成して検量線とします。

②イオン電極法

この方法も，試料ガス中にアルミニウム（Ⅲ），鉄（Ⅲ）などの重金属イオンが共存すると影響を受けます。そこで，分析用試料溶液のF⁻の濃度が2ppm以上あるような状態で，濃度の極端に異なる2種類のイオン強度調整用緩衝液を用いてそれぞれの電位を測定し，両者の差が3mVを超えるときは，Al^{3+}，Fe^{3+}の共存が妨害になると判定し，水蒸気蒸留によってふっ化物イオンを分離した後，定量を行います。逆に，両者の電位差が3mV以下であれば，Al^{3+}，Fe^{3+}の共存が妨害にならないと判定し，水蒸気蒸留操作を省略して定量を行います。

定量操作では，分析用試料溶液に，くえん酸ナトリウムを含むイオン強度調整用緩衝液を加え，ふっ化物イオン電極を用いて電位を測定し，あらかじめ作成しておいた検量線からふっ化物イオンを定量し，ふっ化物イオン濃度を求めます。

検量線作成上の留意点は以下のとおりです。

- ふっ化物イオン標準液（0.001mg F⁻/mℓ）50mℓをビーカー 200mℓにとって，イオン強度調整用緩衝液（Ⅱ）40mℓを加え，さらに水10mℓを加える
- あらかじめふっ化物イオン標準液（0.001mg F⁻/mℓ）中に5分間以上浸しておいたふっ化物イオン電極と参照電極をこの液に浸し，マグネチックスターラー（磁力を利用して液体を撹拌する装置）でかき混ぜながら，電位差計を用いて

安定した電位を読み取る

● 片対数方眼紙の，対数軸にふっ化物イオン標準液の濃度を，均等軸に電位をとり，ふっ化物イオン濃度（mg /ml）と電位（mV）との関係線を作成し，検量線とする

③ **イオンクロマトグラフ法**

　この方法では，資料採取時の吸収液に水酸化ナトリウムを使用しますが，ナトリウムがイオンクロマトグラフ分析を行う際に妨害するため，陽イオン交換樹脂でナトリウムを除去する方法を採用しています。

片対数方眼紙
一方の軸が対数目盛りで他方の軸が均等目盛りになっている方眼紙をいいます。これに対し，縦軸も横軸も対数目盛りになっているものを両対数方眼紙といいます。

4

有害物質の測定

チャレンジ問題

問1 　　　　　　　　　　　　　　　　　　　難　中　易

　JISによる排ガス中のふっ素化合物分析方法に関する記述として，誤っているものはどれか。

(1) 排ガス中のガス状無機ふっ素化合物を分析する方法である。

(2) 2つの吸収瓶を連結して使用し，吸収液として水酸化ナトリウム溶液を用いる。

(3) ランタン-アリザリンコンプレキソン吸光光度法では，試料ガス中に共存するアルミニウム（Ⅲ）イオンなどの影響を除くために，分析用試料溶液を水蒸気蒸留する。

(4) イオン電極法では，アルミニウム（Ⅲ）イオンなどの濃度にかかわらず，水蒸気蒸留操作を省略できる。

(5) 無機ふっ素化合物の濃度は，$mg\ F^-/m_N^3$ で表示する。

解説

(4) イオン電極法では，妨害物質（Al^{3+}，Fe^{3+}）を除去する必要性の判定に濃度の極端に異なる2種類のイオン強度調整用緩衝液を用い，両者の電位の差が3mV以下のときは妨害にならないと判定して水蒸気蒸留操作を省略しますが，3mVを超えるときにはAl^{3+}，Fe^{3+}の共存が妨害になると判定し，水蒸気蒸留操作を行ってから定量します。したがって，アルミニウム（Ⅲ）イオンなどの濃度にかかわらず水蒸気蒸留操作を省略できる，というのは誤りです。

このほかの肢は，すべて正しい記述です。

解答 (4)

問2

　JISのイオン電極法による排ガス中のふっ素化合物分析方法に関する記述として，**誤っているもの**はどれか。

(1) 吸収液には0.1mol/L水酸化ナトリウム溶液を用いる。

(2) 分析用試料溶液に，くえん酸ナトリウムを含むイオン強度調整用緩衝液を加える。

(3) ふっ化物イオン電極及び参照電極を液に浸して，マグネチックスターラーでかき混ぜながら，電位差計を用いて安定した電位を読み取る。

(4) 妨害物質（Fe^{3+}又はAl^{3+}）を除去する必要性の判定には，濃度の極端に異なるイオン強度調整用緩衝液を用いる。

(5) 両対数方眼紙にふっ化物イオン標準液の濃度と電位をプロットし，検量線とする。

解説

(5) 両対数方眼紙ではなく，片対数方眼紙の対数軸にふっ化物イオン標準液の濃度をとり，均等軸に電位をとります。

このほかの肢は，すべて正しい記述です。

解答 (5)

塩素の分析

1 排ガス中の塩素の分析方法

①塩素の分析方法

　JIS K 0106は，2,2′-アジノ-ビス（3-エチルベンゾチアゾリン-6-スルホン酸）吸光光度法（ABTS法），4-ピリジンカルボン酸-ピラゾロン吸光光度法（PCP法）およびイオンクロマトグラフ法（IC法）を，排ガス中の塩素分析方法として規定しています。以前規定されていたオルトトリジン吸光光度法は，発がん性の疑いのある試薬を使用することから，2010（平成22）年の改正で本編から附属書に移されました。

　この規格で規定する分析方法は，試料ガス中に臭素，よう素，オゾン，二酸化塩素などの酸化性ガス，または硫化水素，二酸化硫黄などの還元性ガスが共存す

ると影響を受けるため，その影響を無視または除去できる場合に適用します。ただし，PCP法およびIC法では，酸化性ガスである二酸化窒素（NO₂）が共存しても影響を受けません。

②各分析方法の概要

それぞれの分析方法の内容をまとめておきましょう。

■塩素の分析方法の種類と概要

種　類	分析方法の要旨	定量範囲*
ABTS法	試料ガス中の塩素を2,2′-アジノ-ビス（3-エチルベンゾチアゾリン-6-スルホン酸）吸収液に吸収して発色させ，吸光度（400nm）を測定し，試料ガス濃度を求める	0.10〜2.0 (mg /㎥)
PCP法	試料ガス中の塩素をp-トルエンスルホンアミド吸収液に吸収し，クロラミンTに変えた液を分析用試料溶液とする。これに少量のシアン化カリウム溶液を加えて塩化シアンとし，4-ピリジンカルボン酸-ピラゾロン溶液で発色させ，吸光度（638nm）を測定し，試料ガス濃度を求める	0.25〜5.0 (mg /㎥)
IC法	試料ガス中の塩素をp-トルエンスルホンアミド吸収液に吸収し，クロラミンTに変えた液を分析用試料溶液とする。これに少量のシアン化カリウム溶液と水酸化カリウム溶液を加えてシアン酸イオンとした後，イオンクロマトグラフ法で測定し，試料ガス濃度を求める	1.3〜2.5 (mg /㎥)

＊試料ガスを通した吸収液40mℓを50mℓに薄めて分析用試料溶液とした場合

2　分析方法ごとの留意点

①ABTS法

塩素はpH2.5〜4の酸性下において吸収液の2,2′-アジノ-ビス（3-エチルベンゾチアゾリン-6-スルホン酸）（ABTS）と反応し，緑色に発色します。

②PCP法

塩素はクロラミンTとして捕集され，最終的に4-ピリジンカルボン酸-ピラゾロン溶液（PCP溶液）によって青色に発色します。PCP溶液は，4-ピリジンカルボン酸ナトリウムなどを用いて調製します。

③IC法

PCP法を応用したもので，イオンクロマトグラフ法によって測定し，シアン酸イオンのピーク面積から塩素ガス濃度を求めます。

　JISによる排ガス中の塩素分析方法に用いる試薬として，誤っているものはどれか。

(1) アリザリンコンプレキソン　　　　　(2) *p*-トルエンスルホンアミド

(3) 4-ピリジンカルボン酸ナトリウム　　(4) シアン化カリウム

(5) *o*-トリジン二塩酸塩

解説

(1) ふっ素化合物の分析方法であるランタン-アリザリンコンプレキソン吸光光度法において発色のために用いる試薬です。なお，(5) *o*-トリジン二塩酸塩は，オルトトリジン吸光光度法において吸収液の調整に用いられます。

解答 (1)

　JISによる排ガス中の塩素分析方法に関する記述として，誤っているものはどれか。

(1) 2,2′-アジノ-ビス（3-エチルベンゾチアゾリン-6-スルホン酸）吸光光度法（ABTS法）では，塩素は酸性下でABTSと反応して，緑色に発色する。

(2) 4-ピリジンカルボン酸-ピラゾロン吸光光度法（PCP法）では，塩素はクロラミンTとして捕集した後，最終的にPCP溶液により青色に発色する。

(3) ABTS法，PCP法ともに酸化性ガスや還元性ガスが共存すると影響を受けるが，後者はNO_2に妨害されない特徴がある。

(4) 発がん性の疑いのある試薬を使用するオルトトリジン吸光光度法は，JISの本体から附属書へ移された。

(5) イオンクロマトグラフ法では，試料ガス中の塩素を過酸化水素水に吸収させて，塩化物イオンとして測定する。

解説

(5) イオンクロマトグラフ法では，塩素を*p*-トルエンスルホンアミド吸収液に吸収させ，シアン酸イオンとして測定します。過酸化水素水に吸収させて塩化物イオンとして測定する，というのは誤りです。

このほかの肢は，すべて正しい記述です。

解答 (5)

塩化水素の分析

1 排ガス中の塩化水素の分析方法

①塩化水素の分析方法

　JIS K 0107は，排ガス中の塩化水素分析方法として，イオンクロマトグラフ法およびび硝酸銀滴定法を規定しています。従来のイオン電極法は，ほとんど使用されていないことから、2012（平成24）年の改正により本文から附属書に変更されました。

②各分析方法の概要

　それぞれの分析方法の内容を大まかにまとめておきましょう。

■塩化水素の分析方法の種類と概要

種　類	分析方法の要旨	定量範囲
イオンクロマトグラフ法	試料ガス中の塩化水素を水に吸収させた後，イオンクロマトグラフに導入し，クロマトグラムに記録する	0.4 〜 7.9[*1] （vol ppm）
硝酸銀滴定法	試料ガス中の塩化水素を水酸化ナトリウム溶液に吸収させた後，微酸性にして硝酸銀溶液を加え，チオシアン酸アンモニウム溶液で滴定する	140 〜 2800[*2] （vol ppm）
イオン電極法	試料ガス中の塩化水素を硝酸カリウム溶液に吸収させた後，酢酸塩緩衝液を加え，塩化物イオン電極を用いて測定する	40 〜 40000[*2] （vol ppm）

＊1：試料ガスを通した吸収液50mℓを100mℓに希釈して分析用試料溶液とした場合
＊2：試料ガスを通した吸収液100mℓを250mℓに希釈して分析用試料溶液とした場合

2 分析方法ごとの留意点

①イオンクロマトグラフ法

　この方法は，塩化物イオン，亜硝酸イオン，硝酸イオン，硫酸イオンといった陰イオンを高感度で同時定量することができます。ただし，試料ガス中に硫化物などの還元性ガスが高濃度に共存すると影響を受けるため，その影響を無視または除去できる場合に適用します。

　試料ガスの採取では，吸収液として水を用いることに注意しましょう。

イオンクロマトグラフ法で用いられる機器は，以下のとおりです。

■イオンクロマトグラフ法で用いる器具および装置

試料導入器	分析用試料溶液の一定量を再現性よく装置に注入できる自動のもの，または装置内に組み込まれた試料計量管にシリンジを用いて導入する手動のもの
分離カラム	内径2 〜 8㎜，長さ30 〜 300㎜の不活性な合成樹脂製または金属製の管に陰イオン交換体を充塡したもので，分析対象のイオンと隣接するイオンとを分離できるもの
プレカラム	濃縮，予備分離，異物除去のためのガードカラムで，必要に応じて分離カラムの前に装着する
サプレッサー	溶離液中のイオン種を電気伝導度検出器で高感度測定するため，溶離液を電気的または化学的に変化させて電気伝導率を低減させるための器具
検出器	電気伝導度検出器

イオンクロマトグラフには，サプレッサー方式（分離カラムのほかにサプレッサーを備える方式）とノンサプレッサー方式（サプレッサーを備えていない分離カラム単独の方式）がありますが，いずれを用いてもよいとされています。

また，定量範囲以下の塩化物イオン濃度の測定では，濃縮カラムを用います。

②硝酸銀滴定法

この方法は，試料ガス中に二酸化硫黄，ほかのハロゲン化物，シアン化物，硫化物などが共存すると影響を受けるため，その影響を無視または除去できる場合に適用します。

試料ガスの採取では，水酸化ナトリウム溶液（0.1mol/ℓ）を吸収液として用います。

③イオン電極法

塩化物イオンを含んだ溶液に塩化物イオン電極を浸すと，塩化物イオン活量に対数比例した電位を発生するため，あらかじめイオン濃度と電位の関係を求めておくと，電位の測定により塩化物イオン濃度を測定することができます。

ただし，この方法は，試料ガス中にほかのハロゲン化物，シアン化物，硫化物などが共存すると影響を受けるため，その影響を無視または除去できる場合に適用します。

試料ガスの採取では，硝酸カリウム溶液（0.1mol/ℓ）を吸収液として用います。

4

チャレンジ問題

問1   難 ｜ 中 ｜ 易

JISによる排ガス中の塩化水素分析方法に関する記述として，誤っている
ものはどれか。

(1) イオンクロマトグラフ法では，亜硝酸イオン，硝酸イオン，硫酸イオン
   も同時定量できる。
(2) イオンクロマトグラフ法では，吸収液に水酸化ナトリウム溶液を用いる。
(3) イオンクロマトグラフ法では、硫化物などの還元性ガスが高濃度に共存
   すると影響を受ける。
(4) 硝酸銀滴定法は，定量下限濃度が最も高い分析方法である。
(5) 硝酸銀滴定法及びイオン電極法は，他のハロゲン化物，シアン化物，硫
   化物などが共存すると影響を受ける。

解説

(2) イオンクロマトグラフ法では，吸収液に水が用いられます。水酸化ナトリウム
   を用いる，というのは誤りです。
(4) 硝酸銀滴定法は，定量範囲の下限濃度が140（vol ppm）となっており，ほ
   かの分析方法と比べて最も高いといえます。

解答 (2)

問2   難 ｜ 中 ｜ 易

JISによる排ガス中の塩化水素を分析するイオンクロマトグラフ法で用い
る機器として，誤っているものはどれか。

(1) 試料導入器
(2) 分離カラム
(3) プレカラム
(4) 塩化物イオン電極
(5) 電気伝導度検出器

解説

(4) 塩化物イオン電極は，イオン電極法で用いる機器であり，イオンクロマトグラ
   フ法で用いる機器ではありません。

解答 (4)

カドミウムおよび鉛の分析

1 排ガス中のカドミウムおよび鉛の分析方法

①カドミウムおよび鉛の分析方法

　カドミウムと鉛の分析方法は，JIS K 0083「排ガス中の金属分析方法」に規定されており，フレーム原子吸光法，電気加熱原子吸光分析法，ICP発光分析法，ICP質量分析法の４種類が採用されています。従来のジチゾン吸光光度法は，2006（平成18）年の改正で削除されました。

②試料の採取

　試料採取装置は，ダスト捕集部，ガス吸収部，ガス吸引部および流量測定部で構成されます。試料の採取にはガラス繊維または石英繊維製の円筒ろ紙を用い，セルロース製のろ紙は使用しません。

　カドミウム，鉛およびその化合物は強熱すると揮発しやすい半面，硝酸に溶解しやすいため，試料溶液の調製には湿式分解が多く用いられます。捕集物の付着したろ紙を硝酸と過酸化水素水で処理し，温塩酸と水を加えて調製します。

③各分析方法の概要

　それぞれの分析方法の内容を大まかにまとめておきましょう。

■カドミウム（Cd），鉛（Pb）の分析方法の概要

種　類	測定原理	適用濃度範囲	波　長
フレーム原子吸光法	加熱によって解離した原子による光の吸収を測定	Cd：0.05～2（mg/ℓ） Pb：1～20（mg/ℓ）	Cd：228.8nm Pb：283.3nm
電気加熱原子吸光分析法	電気加熱炉中でのCdまたはPbによる原子吸光を測定	Cd：0.5～10（µg/ℓ） Pb：5～100（µg/ℓ）	Cd：228.8nm Pb：283.3nm
ICP発光分析法	誘導結合プラズマ中でのCdまたはPbの発光を測定	Cd：0.008～2（mg/ℓ） Pb：0.1～2（mg/ℓ）	Cd：214.438nm Pb：220.351nm
ICP質量分析法	誘導結合プラズマ中でのCdまたはPbおよび内標準物質のそれぞれの質量/荷電数におけるイオン電流を測定	Cd：0.5～25（µg/ℓ） 　　10～500（µg/ℓ） Pb：0.5～25（µg/ℓ） 　　10～500（µg/ℓ）	

2 分析方法ごとの留意点

①フレーム原子吸光法

　試料溶液をアセチレン-空気のフレーム中に噴霧し，加熱によって原子化したカドミウムまたは鉛による原子吸光を一定の波長で測定して定量します。光源には，カドミウムまたは鉛の中空陰極ランプを使用します。濃度が低い試料溶液については，溶媒抽出法を適用することができます。

　カドミウム標準液または鉛標準液（0.1mg/mℓ）は，純度99.9％以上の金属カドミウムまたは鉛に，いずれも硝酸を溶かすことによって調製します。

　妨害成分として，アルカリ金属（カドミウムについては塩化ナトリウム）が挙げられます。共存する塩化ナトリウムによる化学干渉は，バックグラウンド補正装置で補償します。

②電気加熱原子吸光分析法

　試料を前処理した後，マトリックスモディファイヤーとして硝酸パラジウム（Ⅱ）を加え，電気加熱炉で原子化し，カドミウムまたは鉛による原子吸光を一定の波長で測定して定量します。

③ICP発光分析法

　試料溶液を誘導結合プラズマ（ICP）の中に噴霧し，カドミウムまたは鉛による発光を一定の波長で測定して定量します。妨害成分として，ナトリウム，カリウム，マンガン，カルシウム〈高濃度〉が挙げられます。

④ICP質量分析法

　試料溶液に内標準物質を加え，試料導入部を通してICPの中に噴霧し，カドミウムまたは鉛，および内標準物質のそれぞれの質量/荷電数におけるイオン電流を測定し，カドミウムまたは鉛のイオンの電流と内標準物質のイオン電流との比を求めることによって定量します。内標準物質には，イットリウム（Y）が用いられています。

　なお，カドミウムについては酸化モリブデンとすず，鉛については酸化白金が妨害成分となります。

フレーム
フレーム（flame）とは「炎」という意味です。

溶媒抽出法
互いに混じり合わない二液間における物質の分配を利用した物質の分離・濃縮方法です。

マトリックスモディファイヤー
マトリックスとは，分析成分と共存する他の成分のことを意味し，これをモディファイ（緩和，抑制）するために添加されるものをマトリックスモディファイヤーといいます。

誘導結合プラズマ
気体に高電圧をかけてプラズマ化させ，さらに高周波数の変動磁場によってプラズマ内部にジュール熱を発生させた高温のプラズマをいいます。ICPと略します。

内標準物質
量のわかった特定の物質を試料に加えて分析し，添加したその物質量から試料中の物質の量を知るという方法があります。この場合，試料に加える物質のことを内標準物質といいます。

4
有害物質の測定

問1　　　　　　　　　　　　　　　　　　　　難 | 中 | 易

　JISによる排ガス中のカドミウム分析方法（フレーム原子吸光法）に関する記述として，誤っているものはどれか。

(1) 試料溶液の調製では，硝酸を用いる。

(2) カドミウム標準液（0.1mg Cd/mL）の調製には，塩化カドミウムを用いる。

(3) 試料溶液は，アセチレン−空気フレーム中に噴霧する。

(4) 光源として，中空陰極ランプを使用する。

(5) カドミウム濃度が低い試料溶液については，溶媒抽出法を適用することができる。

解説

(2) カドミウム標準液は，純度99.9%以上の金属カドミウムに硝酸を溶かすことによって調製します。塩化カドミウムを用いるというのは誤りです。

このほかの肢は，すべて正しい記述です。

解答 (2)

問2　　　　　　　　　　　　　　　　　　　　難 | 中 | 易

　JISによる排ガス中のカドミウム及び鉛の分析方法に関する記述として，誤っているものはどれか。

(1) 純度99.9%以上の金属カドミウムを硝酸に溶かして，カドミウム標準液を調製する。

(2) 電気加熱原子吸光分析では，内標準として硝酸パラジウム（Ⅱ）を加える。

(3) フレーム原子吸光法と電気加熱原子吸光分析法によるカドミウムの分析では，同じ測定波長を用いる。

(4) フレーム原子吸光法において，塩化ナトリウムはカドミウムの定量を妨害する。

(5) フレーム原子吸光法では，鉛よりもカドミウムの方が低濃度まで測定できる。

解説

(2) 硝酸パラジウム（Ⅱ）は，内標準ではなく，マトリックスモディファイヤーとして加えられます。このほかの肢は，すべて正しい記述です。

解答 (2)

第6章

大規模大気特論

1 排煙の拡散現象

まとめ & 丸暗記

● この節の学習内容のまとめ ●

☐ **排煙拡散の一般的特性**

- 煙突からの排煙は，吐出速度や浮力の効果で上昇する
- 吐出速度が風速より小さい場合，ダウンウォッシュが生じる
  ⇒ これを防ぐため，煙突の高さは付近の建造物の2.5倍以上にする
- 有効煙突高さ（H_e）＝実煙突高さ＋運動量上昇高さ＋浮力上昇高さ
  ⇒ H_e が増すと，最大着地濃度距離（X_{max}）は遠くなり，最大着地濃度（C_{max}）は減少する
- 乱流拡散…さまざまな渦の不規則な運動によって起こる拡散
  ⇒ 乱流拡散係数は，分子拡散係数の $10^5 \sim 10^6$ 倍

☐ **拡散と気象条件**

- 乾燥断熱減率（γ_d）…低層大気中では一定の値（0.0098℃/m）
- 大気安定度…実際の気温の減率（γ）と γ_d の大小関係による
  $\gamma > \gamma_d$ …気塊の上昇・下降運動が加速される（熱的に不安定）
  $\gamma < \gamma_d$ …気塊の上昇・下降運動が抑制される（熱的に安定）
- 大気安定度と煙の形
  ◆ 全層不安定→ループ形　　◆ 全層中立または弱安定→錐形
  ◆ 全層強安定（逆転）→扇形　　◆ 下層安定，上層不安定→屋根形
  ◆ 下層不安定，上層安定→いぶし形
- 接地境界層（CFL）での高度 z における風速（$u(z)$）

$$u(z) = \frac{u^*}{k} \log_e \left(\frac{z}{z_0}\right) \qquad k：カルマン定数（＝0.41）$$

- 大気境界層…地上1〜2kmの大気層
  混合層（1km前後）：熱対流で混合。午後2〜3時ごろ厚さ最大
  中立境界層（一般に数百m以下）：大気安定度が中立
  接地安定層（200m前後）：温度逆転層

排煙拡散の一般的特性

1 煙突からの排煙の上昇と拡散

①排煙の上昇と有効煙突高さ

煙突から排出された煙は，吐出速度（排出速度）の効果
で大気中を上昇し（運動量上昇），さらに高温ガスの場合
は密度差から生じる浮力の効果で上昇しながら（浮力上
昇），次第に風に流されて拡散します。

排煙の上昇高度は，上向きの運動量が大きいほど，また
排煙と周囲の大気との温度差が大きいほど高くなります。

実際の煙突の高さ（H）に煙が上昇した高さを加えた高
度を有効煙突高さ（H_e）といいます。排ガスの有効煙突高
さをまず計算し，その高さから排ガスが拡散すると仮定し
て，大気拡散の計算を行います。

有効煙突高さ
煙突の風下の地上に現
れる汚染濃度は，排ガ
スが有効煙突高さから
拡散した場合とほとん
ど等しくなります。

■ 煙の上昇と拡散

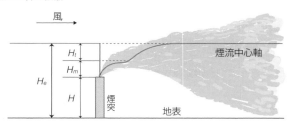

H：実煙突高さ　　H_m：運動量上昇高さ　　H_t：浮力上昇高さ　　H_e：有効煙突高さ

②ダウンウォッシュ

吐出速度が風速より小さい場合，煙が煙突の背後に生じ
る渦に巻き込まれ，急激に地上へ下降することがあります。
この現象をダウンウォッシュといいます。また，煙突付近
の建造物によって生じる渦に巻き込まれて下降する場合は
ダウンドラフトともよばれます。

これらの現象が発生すると着地濃度が高くなってしまう
ので，これを防ぐには，吐出速度を少なくとも5〜6m/s
以上に上げる，煙突の高さを付近の建造物の2.5倍以上の

着地濃度
煙突から排出された煙
が地上に到達したとき
の，煙に含まれている
汚染物質の濃度をいい
ます。

■ダウンウォッシュとダウンドラフト

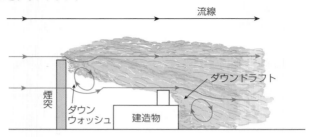

高さにする、といった工夫が必要となります。

　汚染排出量が同じ場合、拡散条件が同一ならば、高い高度から排出された汚染物質の着地濃度は、低い高度から排出されたときの着地濃度よりも必ず低くなります。つまり、高い煙突は汚染範囲を広げるのではなく、低い煙突によって生じる高い汚染濃度を防ぐ効果があります。

2 最大着地濃度と最大着地濃度距離

　排煙中の汚染物質が地上に到達するときの最大濃度を最大着地濃度（C_{max}）といい、C_{max} が出現する風下距離を最大着地濃度距離（X_{max}）といいます。

　C_{max} と X_{max} は、煙の輪郭の幅に比例した拡散幅と関係しています。拡散幅は気象条件によって大きく変化し、特に大気の乱流の大きさと直接的な関係があります。乱流の大きさは、気温の鉛直分布（鉛直勾配）、風速、大気の安定度などの気象条件と、地面粗度（地表面の凹凸の程度）により広範に変化します。

　有効煙突高さ（H_e）が増すと、ほかの条件が変わらない場合、最大着地濃度距離（X_{max}）は遠くなり、最大着地濃度（C_{max}）は減少します。また、鉛直方向の煙の拡散幅が増せば X_{max} は減少し、C_{max} は増大します。

■煙突の風下軸上での着地濃度

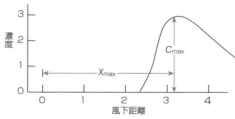

濃度，風下距離，高度は比例単位である

296

3 拡散幅と乱流拡散

①煙の拡散幅

　大気中に排出された煙は，広がりながら風下へと流されていきますが，この煙の流れの断面での濃度分布は，ほぼ正規分布で表すことができます。煙の拡散幅は，この煙流断面での濃度分布の標準偏差で表します。

　排出された直後の煙の場合，拡散幅は拡散時間に比例して増大します。

②乱流拡散

　大気中の大小さまざまな渦の不規則な運動によって起こる拡散を乱流拡散といいます。地表面近くの大気中で煙が拡散するのはこのためです。静止した空気中での分子拡散と比べると，低層空気中での乱流拡散では一般に煙などの広がる速度が非常に速いという特徴があります。拡散係数で比較すると，乱流拡散係数は分子拡散係数の$10^5 \sim 10^6$倍にも達します。また，分子拡散係数は一定の値ですが，乱流拡散係数は煙が排出されてからの経過時間（拡散時間）とともに変化し，煙濃度を測定する時間（平均化時間）によっても変化します。

　乱流拡散の継続性を表す時間パラメーター（t_L）は，鉛直方向では1時間以下と短く，水平方向では一般に数時間と長くなります。また，煙流の変動周期とも関係します。

鉛直方向	● 大気の熱的な安定度が不安定な場合 乱流変動が大きい。変動周期が長く，煙流は時間をかけてゆっくりと変化し，t_Lは長い ● 大気の熱的な安定度が安定な場合 乱流変動が小さい。変動周期が短く，t_Lも短い
水平方向	● 数時間以上にわたる長周期の変動があるため，拡散幅は濃度測定時間（平均化時間）が長くなるにつれて増大し，t_Lも長くなる。 ● 風向の時間変化や気流の蛇行も，水平方向の煙の拡散幅を増大させる

水平方向の濃度分布
（正規分布）

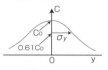

C：濃度
y：距離
σ_y：濃度分布の標準偏差
　（拡散幅とよばれる）

拡散係数

煙は濃度の高いところから低いところへ拡散によって運ばれていきます（Fickの法則）。このとき，ある断面を通して拡散によって運ばれる煙の輸送量が濃度勾配に比例することを表した関係式における比例定数を「拡散係数」といいます。

平均化時間
⊃P.315参照

風向の時間変化など
風向の時間変化や気流の蛇行は，総観的な気圧配置や風上の地形（山岳など）に起因する場合があります。

難 | 中 | 易

煙上昇に関する記述として，誤っているものはどれか。

(1) 吐出速度の効果で上昇する。

(2) 高温ガスの場合は，浮力の効果で上昇する。

(3) 吐出速度が風速より小さい場合，ダウンウォッシュが発生する。

(4) ダウンウォッシュが起こると，通常，着地濃度は高くなる。

(5) 建造物によるダウンドラフトを防ぐには，煙突高さを付近の建造物の1.5倍以上とする。

解説

(5) ダウンドラフトを防ぐためには，煙突高さを付近の建造物の2.5倍以上にすることが目安とされています。1.5倍以上とするというのは誤りです。

解答 (5)

難 | 中 | 易

　大気乱流と拡散の性質に関する記述中，　ア　～　エ　の中に挿入すべき語句の組合せとして，正しいものはどれか。

　拡散幅は気象条件によって大きく変化する。特に大気の乱流の大きさと直接的な関係があり，乱流の大きさは気温の　ア　，風速，安定度などの気象条件と　イ　によって広範に変化する。最大着地濃度の出現する風下距離 X_{max} は，他の条件が変わらない場合，有効煙突高さが増せば　ウ　なり，最大着地濃度 C_{max} は　エ　する。

	ア	イ	ウ	エ
(1)	水平分布	地面粗度	近く	増大
(2)	水平分布	地面温度	遠く	減少
(3)	鉛直分布	地面粗度	遠く	減少
(4)	鉛直分布	地面温度	近く	増大
(5)	絶対値	土質	近く	減少

解説

(3) 乱流の大きさは気温の鉛直分布や地面粗度によって広範に変化します。また，有効煙突高さが増すと，X_{max} は遠くなり，C_{max} は減少します。

解答 (3)

問3　難　中　**易**

　乱流拡散に関する記述として，正しいものはどれか。

(1) 乱流拡散は，大気中の渦の規則的な運動によって起こる。

(2) 乱流拡散係数は，分子拡散係数の10倍程度である。

(3) 乱流拡散係数は，煙が排出されてからの経過時間（拡散時間）によらず一定である。

(4) 大気安定度が安定な場合は，不安定な場合に比べ，鉛直方向の乱流変動の周期は長い。

(5) 水平方向の乱流変動には数時間以上の長周期変動が含まれる。

解説

(1) 乱流拡散は渦の不規則な運動によって起こります。規則的な運動によって起こるというのは誤りです。

(2) 乱流拡散係数は分子拡散係数の$10^5 \sim 10^6$倍ほどあります。10倍程度というのは誤りです。

(3) 乱流拡散係数は，煙が排出されてからの経過時間（拡散時間）とともに変化します。一定であるというのは誤りです。

(4) 大気安定度が安定な場合，鉛直方向の乱流変動の周期は短くなります。周期が長いというのは誤りです。

(5) 正しい記述です。　　　　　　　　　　　　　　　**解答** (5)

問4　難　**中**　易

　煙の拡散幅に関する記述として，誤っているものはどれか。

(1) 拡散幅は，煙流断面での濃度分布の標準偏差で表される。

(2) 煙源の近くでは，拡散幅は拡散時間に比例して増大する。

(3) 水平方向の拡散幅は，総観的な気圧配置や風上の地形に影響される場合がある。

(4) 水平方向の拡散幅は，平均化時間を長くするにつれて一定値に収束する。

(5) 気流の蛇行は，水平方向の拡散幅を増大させる。

解説

(4) 水平方向の拡散幅は，平均化時間が長くなるにつれて増大します。一定値に収束するというのは誤りです。

このほかの肢は，すべて正しい記述です。

解答 (4)

拡散と気象条件

1 気温の勾配と大気安定度

①気塊の上下運動と温度

　気塊（空気塊）とは，数十〜数百kmの水平規模で一様な性質を持つ，地表付近の空気の塊をいいます。また，気塊と周囲の空気との間に熱のやり取りがないことを「断熱的」といいます。気塊が断熱的に上昇すると，上空ほど気圧が低いため，膨張して気塊の温度は低下します（断熱膨張）。逆に，下降した場合は圧縮して温度が上昇します（断熱圧縮）。

②温度勾配（減率）と大気の安定度

　2地点間の温度変化率を温度勾配といい，特に，高度変化に対応した気温低下の割合を減率とよびます。乾燥した気塊が上昇して断熱膨張するときの減率である乾燥断熱減率（γ_d）は，低層大気中では一定で，その値は0.0098℃/mです。したがって，気塊が100m上昇するごとに0.98℃ずつ温度が低下します。

　これに対し，実際の大気中での気温の鉛直分布は，太陽からの赤外線や空気の移動などの影響を受けて変化します。この実際の気温の勾配（減率）をγとすると，γとγ_dの大小関係によって，気塊の上下運動が加速または抑制されます。

■気温の勾配と気塊に働く力

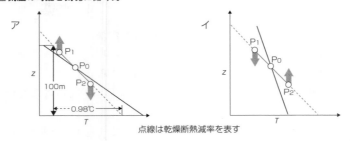

点線は乾燥断熱減率を表す

ア　$\gamma > \gamma_d$の場合（熱的に不安定）

　気塊がP_0からP_1へ上昇すると，周囲の大気より気塊の温度のほうが高くなるため，上昇運動が加速されます。逆に，P_2へ下降したときは気塊の温度のほうが低くなるため，下降運動が加速されます。これらは熱的に不安定な状態です。

イ　$\gamma < \gamma_d$の場合（熱的に安定）

　気塊がP_0からP_1へ上昇すると，周囲の大気より気塊の温度のほうが低くなる

ため，上昇が抑制されて元の高度まで戻される力が働きます。逆に，P_2へ下降したときは気塊の温度のほうが高くなるため，やはり元の高度まで戻される力が働きます。これらは**熱的に安定**な状態です。

ウ　$\gamma = \gamma_d$の場合（熱的に中立）

　気塊の上昇・下降によって周囲の大気との間に温度差が生じないため，気塊は上昇・下降した場所で留まります。

③大気安定度と煙の形

全層不安定：ループ形

煙が上下に大きく蛇行。煙源の近くに瞬間的に高濃度が現れる。晴れた日中によくみられる

全層中立または弱安定：錐形

煙が円錐形に広がる。
拡散は横と鉛直方向でほぼ同じ大きさである

全層強安定（逆転）：扇形

鉛直拡散が抑えられ，煙は水平に扇形に広がる。晴れた夜間から朝方によく現れる

下層安定，上層不安定：屋根形

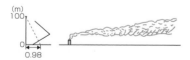

逆転層の上に屋根形の煙が広がる。
スモッグに関係が深い

下層不安定，上層安定：いぶし形

下層不安定により対流が生じ，煙にいぶされた状態になる

補　足

温位
各高度の気塊を地面付近（1000hPaの高度）に断熱的に持ってきたときの温度を「温位」といいます。

〈温位と大気の関係〉
①温位が上空のほうが低い場合は不安定な大気
②温位が上空のほうが高い場合は安定な大気（大気の逆転状態という）
③温位が高度について一定な等温位の場合は中立な大気

逆転層
温度の逆転層は，強い安定層です（上記②）。

①熱対流と強制対流

　熱対流と強制対流は，どちらも低層大気中で風の乱れを起こす原因となります。熱対流とは，地表面が日射で温められるなどして熱対流が生じ，これに伴い乱流が発生する機構です。自由対流ともいいます。これに対し，強制対流とは，風と地表面粗度との摩擦によって風速の鉛直勾配が生じ，その結果，乱流が発生する機構をいいます。低層大気中では，地表面摩擦のため，風速は高度とともに増大します。

②風速を表す式

　地上数十mの大気層を接地境界層またはコンスタントフラックス層（CFL）といいます。この層の高度 z における風速（m/s）は，次の式によって表されます。

$$u(z) = \frac{u^*}{k} \log_e \left(\frac{z}{z_0} \right) \quad \cdots\cdots\cdots\cdots \quad (1)$$

　　$u(z)$：高度 z における風速（m/s）

　　u^*：摩擦速度（m/s）

　　k：カルマン定数（$=0.41$）

　　z_0：空気力学的な地表面粗度長（m）

　また，これとは別に，次のような風速のべき乗則が近似的に適用される場合があります。

$$u(z) = u(z_1) \left(\frac{z}{z_1} \right)^p \quad \cdots\cdots\cdots\cdots \quad (2)$$

　　$u(z_1)$：基準高度 z_1 における風速（m/s）

　　p：べき数

「べき乗」は累乗と同じ意味です。風速のべき乗則におけるべき数 p は，熱的な大気安定度によって変わり，また，都市と郊外によっても異なります。

③強制対流下での風の乱れ

　強制対流下では，鉛直方向の風の乱れや横風方向の乱れなどは，摩擦速度 u^* に比例します。したがって，②の（1）式より，強制対流下では，風の乱れは風速に比例することがわかります。

　ただし，強制対流で乱れが発生している場合，乱れは風速に比例して増大しますが，煙の鉛直方向の拡散角度は風速によらずほぼ一定です。また風速が強く，強制対流が卓越する場合は，空気の鉛直混合のため，大気安定度は中立に近づきます。

3 大気境界層

①大気境界層とその分類

　地上1～2kmの大気層を大気境界層といいます。地表面の熱的影響や力学的影響を直接受ける層です。平坦地上に形成される大気境界層は，大別して混合層（1km前後），中立境界層，接地安定層（200m前後）に分類されます。

■混合層・中立境界層・接地安定層

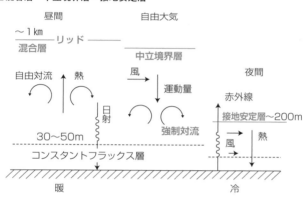

　コンスタントフラックス層（30～50m）は大気境界層の最下部であり，風速や温度の鉛直変化が大きい層です。

②混合層

　平坦で一様な地形では，晴れた日中に日射により地表面が暖められ，熱対流（自由対流）が発生します。低層大気は平均的には気温の減率 γ が約0.6℃/100mで弱安定な状態にありますが，この熱対流によって混合されます。そのため，熱対流の及ぶ高さまでを混合層といいます。

　混合層は日の出とともに成長し始め，午後2～3時ごろに最大の厚さに達します。

　混合層の上端部分は，温度の逆転が発生しており，この温度逆転部分が上方への煙の拡散を停止させる役割をすることから，リッド（ふた）とよばれます。

③中立境界層

　風の強いときや，曇天で日射のないときに形成される，

補足

内部境界層
海岸や，都市と郊外の境界など，水平方向に非一様な地表面上に形成される層を内部境界層といい，煙の拡散に影響を及ぼします。

海陸風・都市のヒートアイランド
数十kmの距離に及ぶ拡散を問題とする場合は，海陸風など中規模の風系を明らかにする必要があります。また，都市は一般に郊外より気温が高く（ヒートアイランド），晴天の昼間に上昇気流がよく生じます。これらの風系とその内部の拡散を調べるには，運動方程式や拡散方程式を解く数値解モデルを用います。

大気安定度が中立の境界層です。中立境界層の厚さは一般に数百m以下であり、乱流が風速勾配で作り出されることから、強制対流層ともよばれます。この層の風速鉛直分布は、対数分布則（P.302の（1）式）、べき乗則（P.302の（2）式）によって表されます。

④接地安定層

　この層内では、地表面から上空に向かって温度が高くなります（温度逆転層）。ここでは逆転の種類と、それぞれの成因や特徴をまとめておきましょう。

■ 逆転の種類ごとの成因および特徴

逆転の種類	成因および特徴
放射性逆転	晴れた微風の夜間から朝にかけて、地表面の放射冷却によって発生する。晴夜放射逆転ともいう
移流性逆転	冷たい地面上に暖かい空気が流れ込み、下層から気温が下降することによって発生する。霧を伴いやすい
地形性逆転	山越えのフェーン気流が谷間の空気塊の上空を吹くために発生するなど、地形によって生じる
沈降性逆転	高気圧圏内では空気の下降により、気温が断熱上昇するために発生する。昼夜の区別なく生じる
前線性逆転	前線の存在により、下層に寒気、上層に暖気がくることで発生する。前線が停滞すると大気汚染がひどくなる

チャレンジ問題

問1　　　　　　　　　　　　　　　　　　　　　　難　中　易

　鉛直方向の気温分布と大気の運動に関する記述中、下線を付した箇所のうち、誤っているものはどれか。

　外部との熱のやり取りがない断熱的な運動では、空気塊が (1)上昇すれば温度は低下する。高度変化に対応した気温低下の割合を減率と呼び、断熱状態での乾燥空気の減率、すなわち乾燥断熱減率（γ_d）は、低層大気中では一定で、(2)0.0098℃/mである。実際の低層大気中での気温の鉛直分布は、太陽からの (3)紫外線や (4)空気の移動などの影響を受けて変化する。実際の気温の減率が乾燥断熱減率よりも小さく、気温分布が等温に近い状態は熱的に (5)安定である。

解説

(3) 実際の低層大気中での気温の鉛直分布は，太陽からの赤外線や空気の移動など の影響を受けて変化します。紫外線は誤りです。

このほかの肢は，すべて正しい記述です。

解答 (3)

問 2　　　　　　　　　　　　　　　　　　難　中　**易**

煙の形と大気の成層状態の関係として，誤っているものはどれか。

（煙の形）	（大気の成層状態）
(1) ループ形	全層不安定
(2) 錐形	全層中立又は弱安定
(3) 扇形	全層強安定（逆転）
(4) 屋根形	全層安定
(5) いぶし形	下層不安定，上層安定

解説

(4) 煙の形が屋根形なのは大気の成層状態が「下層安定，上層不安定」の場合です。 全層安定というのは誤りです。

解答 (4)

問 3　　　　　　　　　　　　　　　　　　難　中　**易**

混合層に関する記述として，誤っているものはどれか。

(1) 晴れた日中に発生する熱対流の及ぶ高さまでを混合層と呼んでいる。
(2) 混合層の上端部分では，温度の逆転が発生する。
(3) リッドは，上方への煙の拡散を停止させるふたの役割をする。
(4) 混合層は日の出とともに成長を始め，日没ごろに最大厚さに達する。
(5) 発達した混合層の厚さは，通常1km程度である。

解説

(4) 混合層は日の出とともに成長を始めますが，層が最大の厚さに達するのは午後 2～3時ごろであり，日没ごろというのは誤りです。

このほかの肢は，すべて正しい記述です。

解答 (4)

2 拡散濃度の計算法

まとめ＆丸暗記

● この節の学習内容のまとめ ●

☐ 拡散式
- パフ拡散式…煙突から瞬間的に放出された煙の濃度を求める式
- プルーム拡散式…煙突から連続的に放出された煙の濃度を求める式

> 煙源の風下の地上濃度 C を求めるプルーム拡散式
> $$C = \frac{Q}{\pi u \sigma_y \sigma_z} \exp\left(-\frac{He^2}{2\sigma_z^2}\right)$$
> Q：単位時間当たりの煙（汚染物質）の排出量（㎥/s）
> He：有効煙突高さ（m），π：円周率，u：風速（m/s）
> σ_y：y軸方向の拡散幅（m），σ_z：z軸方向の拡散幅（m）

- 正規形プルーム拡散式の適用可能条件

> - 発生源の放出強度は時間的に変化しない
> - 濃度計算の対象となる物質は，空気と同じように動く
> - 地面が平坦である
> - 風速・風向・拡散係数は，時間的にも空間的にも変わらない
> - 風速はあまり小さくない

- パスキルの安定度分類
  大気安定度を，地上風速や日射量などによってA〜Fの6段階に分類
- パスキルの拡散幅
  大気安定度に対応した拡散幅 σy，σzをグラフにして示したもの

☐ 着地濃度と最大値
- パスキルの拡散幅推定方法を用いて，有効煙突高さ別・大気安定度別に着地濃度を示したグラフがある
- サットン式
  最大着地濃度（C_{max}），最大着地濃度距離（X_{max}）を求めるのに便利

拡散式

1 パフ拡散式とプルーム拡散式

①拡散式とは

大気中に拡散する煙（汚染物質）の動きを数学的に表現し，その濃度を計算するための数式を「拡散式」といいます。拡散式は，煙突から排出される煙の態様によって，パフ拡散式とプルーム拡散式に分けられます。

②パフ拡散式

パフとは，煙突から瞬間的に放出される一塊の煙をいいます。非常に広い空間の原点で，一瞬にQ'（㎥）のパフを放出した場合，三次元空間におけるその濃度C（㎥/㎥）は，次の式で表されます。

$$C = \frac{Q'}{(2\pi)^{3/2}\,\sigma_x\,\sigma_y\,\sigma_z}\,\exp\left(-\frac{x^2}{2\sigma_x{}^2}-\frac{y^2}{2\sigma_y{}^2}-\frac{z^2}{2\sigma_z{}^2}\right)$$

x：濃度計算地点のx座標（風向の方向）（m）

y：濃度計算地点のy座標（風向と直角な水平方向）（m）

z：濃度計算地点のz座標（鉛直方向）（m）

π：円周率

$\sigma_x,\ \sigma_y,\ \sigma_z$：$x,\ y,\ z$軸方向の拡散幅（標準偏差）（m）

③プルーム拡散式

プルームとは，煙突から連続的に放出される一筋の煙をいいます。放出されるプルームの単位時間当たりの量をQ（㎥/s）とした場合，濃度C（㎥/㎥）は，次の式で表されます。

$$C = \frac{Q}{2\pi u\sigma_y\sigma_z}\,\exp\left(-\frac{y^2}{2\sigma_y{}^2}-\frac{z^2}{2\sigma_z{}^2}\right)$$

u：風速（m/s）

$y,\ z$および$\sigma_y,\ \sigma_z$は，パフ拡散式と同じです。

④地表面の存在を考慮した拡散式

地表面がある場合は，右の図のようにx軸，y軸，z軸を取り，座標原点を煙突位置で地上に取ります。

地表面で煙が反射することを考慮して，

■ 座標軸と座標原点の取り方

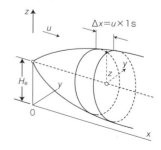

307

反射する煙は，下の図のように地表面を鏡面として，下方の対象位置に置かれた煙源（虚源）から放出される煙を重ねることによって表されます。

■地表面で反射する煙を考慮する場合

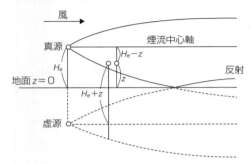

　このとき，地上H_e（m）の高さに煙源（真源）がある場合，プルーム拡散式は以下のようになります。

$$C = \frac{Q}{2\pi u \sigma_y \sigma_z} \exp\left(-\frac{y^2}{2\sigma_y^2}\right)\left\{\exp\left(-\frac{(H_e-z)^2}{2\sigma_z^2}\right) + \exp\left(-\frac{(H_e+z)^2}{2\sigma_z^2}\right)\right\} \cdots (1)$$

　さらに，煙源の風下の地上濃度を求める場合は，風下（煙流中心軸直下）であることから$y = 0$，地上であることから$z = 0$となるため，上記（1）の式は，以下のように変形されます。

$$C = \frac{Q}{2\pi u \sigma_y \sigma_z} \exp(0)\left\{\exp\left(-\frac{H_e^2}{2\sigma_z^2}\right) + \exp\left(-\frac{H_e^2}{2\sigma_z^2}\right)\right\}$$

$$C = \frac{Q}{2\pi u \sigma_y \sigma_z} \times 1 \times 2 \left\{\exp\left(-\frac{H_e^2}{2\sigma_z^2}\right)\right\} \qquad \because \exp(0) = e^0 = 1$$

$$C = \frac{Q}{\pi u \sigma_y \sigma_z} \exp\left(-\frac{H_e^2}{2\sigma_z^2}\right) \cdots\cdots (2)$$

⑤正規形プルーム拡散式の適用可能条件

　濃度の分布が正規分布で表されるプルーム拡散式を，正規形プルーム拡散式とよびます。正規形プルーム拡散式の適用できる条件をまとめておきましょう。

- 発生源の放出強度は時間的に変化しない
- 濃度計算の対象となる物質は，大気中で生成されたり消滅したりしない
- 濃度計算の対象となる物質は，空気と同じように動き，途中で沈降沈着しない
- 地面が平坦である
- 風速・風向・拡散係数は，時間的にも空間的にも変わらない
- 風速はあまり小さくない

2 拡散幅の推定

パスキルは，大気安定度を地上風速や日射量，雲量の組み合わせによりA～F
の6段階に分類しました。そして，それぞれの安定度に対応した拡散幅 σ_y, σ_z を，
煙源からの風下距離 x（km）の関数として推定する方法を示しました。

■ パスキルの安定度分類

地上風速 (m/s)	日　中			日中と夜間	夜　間	
	日射量（W/㎡）			本曇	上層雲（5～10） 中・下層雲量 （5～7） 0～-59	雲量
	強 >580	並 579～ 290	弱 <289	（8～10）		（0～4） <-60
＜2	A	A－B	B	D	―	―
2～3	A－B	B	C	D	E	F
3～4	B	B－C	C	D	D	E
4～6	C	C－D	D	D	D	D
＞6	C	D	D	D	D	D

A：強不安定　　B：並不安定　　C：弱不安定　　D：中立　　E：弱安定　　F：並安定
（注）夜間の雲量の下欄数字は純放射量（W/㎡）

■ パスキル拡散幅

A～Fは大気安定度を表す

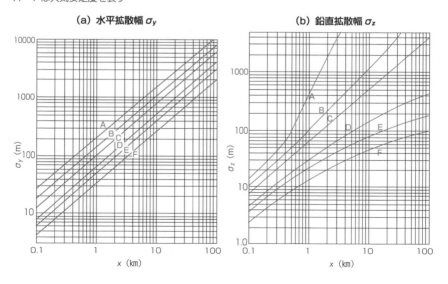

（a）水平拡散幅 σ_y　　　　　（b）鉛直拡散幅 σ_z

問1　　　　　　　　　　　　　　　　　　　　　　　　　難｜中｜易

　煙上昇がない地上発生源から一定の割合で煙が排出されたとき，x＝500m
風下の地上濃度は，安定度がBのときはAのときのおよそ何倍か。

　ただし，他の条件は等しく，地上濃度は正規形プルームモデルとパスキル
拡散幅で計算するものとする。

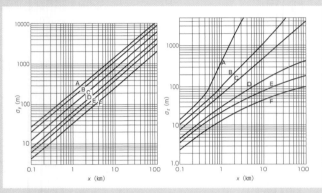

(1)　0.2倍　　　(2)　0.3倍　　　(3)　1.4倍　　　(4)　3倍　　　(5)　7倍

解説

正規形プルームモデルにおいて風下の地上濃度を求める場合は，P.308の式（2）
を用います。さらに，本問では煙上昇のない地上発生源から煙が排出されているこ
とから，He＝0（m）とみなせます。そこで，式（2）は次のようになります。

$$C = \frac{Q}{\pi u \sigma_y \sigma_z} \quad \exp(0) = \frac{Q}{\pi u \sigma_y \sigma_z} \cdots\cdots (2)'$$

次に，パスキル拡散幅でσ_yとσ_zをみると，風下500m（＝0.5㎞）において，安
定度Bのとき，σ_y＝80m，σ_z＝50m。これを式（2）'に代入して，

$$C_B = \frac{Q}{\pi u \cdot 80 \cdot 50} = \frac{Q}{4000\pi u}$$

安定度Aのとき，σ_y＝120m，σ_z＝100m。これを式（2）'に代入して，

$$C_A = \frac{Q}{\pi u \cdot 120 \cdot 100} = \frac{Q}{12000\pi u}$$

$C_B \div C_A = 3$ であることから，
安定度Bのときの濃度は，安定度Aのときのおよそ3倍といえます。

解答　(4)

着地濃度と最大値

1 有効煙突高さと着地濃度

パスキルの拡散幅推定方法を用いて，有効煙突高さ別の煙突風下の着地濃度を
グラフ化すると，下の図1のようになります。有効煙突高さ（H_e）が増すにつれ
て，最大着地濃度が**減少**するとともに，その出現する風下距離が**遠く**なることが
わかります（●P.296参照）。また図2は，大気安定度が変わった場合の，着地濃
度の風下距離の変化を示しています。大気安定度が**不安定**なほど，最大着地濃度
が**増加**することがわかります。

■図1　有効煙突高さ別の着地濃度（大気安定度D［中立］の場合）

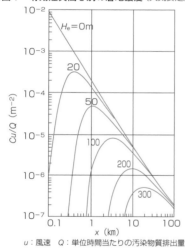

■図2　大気安定度別の着地濃度
　　　（有効煙突高さ100mの場合）

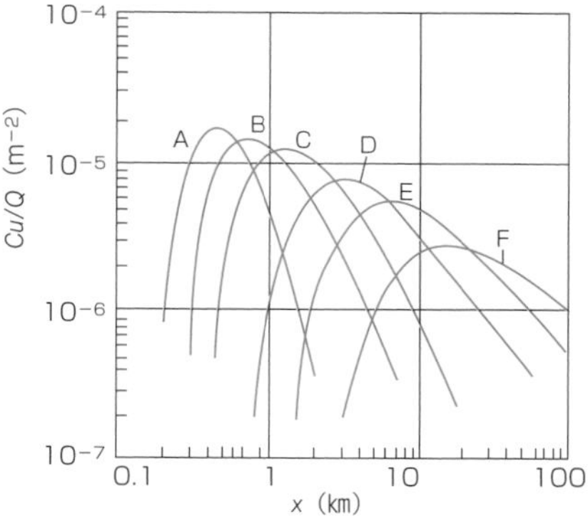

u：風速　Q：単位時間当たりの汚染物質排出量

2 最大着地濃度とその出現する距離を求める式

最大着地濃度（C_{max}）およびその出現する距離（最大着地濃度距離）（X_{max}）
を求めるには，**サットン式**が便利です。

$$C_{max} = \frac{2Q}{e\pi u H_e^2}\left(\frac{C_z}{C_y}\right), \qquad X_{max} = \left(\frac{H_e}{C_z}\right)^{2/(2-n)}$$

Q：単位時間当たりの汚染物質排出量（m³/s）

e：定数（＝2.72）　　　π：円周率

u：風速（m/s）　　　　H_e：有効煙突高さ（m）

311

C_y, C_z, n：サットンの拡散パラメーター（大気安定度などの気象条件によって変わる係数）

また，サットンは，拡散幅が風下距離Xのべき乗に比例するとして，次の式によって拡散幅σ_y, σ_zを表しました。

$$\sigma_y = \frac{C_y}{\sqrt{2}} X^{1-n/2}, \qquad \sigma_z = \frac{C_z}{\sqrt{2}} X^{1-n/2}$$

これらの式と前ページのサットン式により，鉛直方向の拡散幅σ_zが大きくなると，最大着地濃度（C_{max}）は増大し，最大着地濃度距離（X_{max}）は減少することがわかります。

チャレンジ問題

問1　　　　　　　　　　　　　　　　　　　　　　　難　中　易

　図はパスキルの拡散幅（安定度D）に基づいて算定された，有効煙突高さHeによる着地濃度の変化である。風速uが3.5m/sのとき，SO_2排出量0.02㎥/s，有効煙突高さ100mの条件におけるSO_2最大着地濃度C_{max}（ppm）はおよそいくらか。

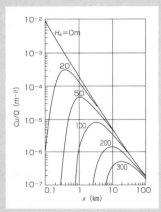

(1) 0.01　　(2) 0.05　　(3) 0.1　　(4) 0.5　　(5) 1.5

解説

図より，有効煙突高さHe＝100mのときのCu/Qの最大値は，約10^{-5}（m^{-2}）弱であることが読み取れます。

設問より，u＝3.5m/s，Q（ここではSO_2排出量）＝0.02㎥/sであることから，

$$\frac{Cu}{Q} = \frac{C \times 3.5}{0.02} = 10^{-5}$$

$$\therefore C = \frac{0.02 \times 10^{-5}}{3.5} = 0.057 \times 10^{-6}$$

（$\times 10^{-6}$の形にするのは，ppm単位にするため）

したがって，有効煙突高さ100mにおけるSO₂最大着地濃度C_{max}（ppm）は，およそ0.05であるといえます。

解答 (2)

問2　　　　　　　　　　　　　　　　　　　　　　　　　難 | 中 | 易

図は，有効煙突高さが100mのときの，風下方向，プルーム主軸上の地上相対濃度Cu/Qであり，A～Fはパスキルの安定度階級である。

安定度がDからBに，風速が4m/sから2m/sに変化し，他の条件が変わらないとき，風下1km地点の濃度はおよそ何倍になるか。

ただし，uは風速，Qは単位時間当たりの汚染物質排出量，Cは濃度である。

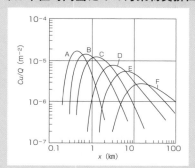

(1) 1.1倍　　(2) 2倍　　(3) 5倍　　(4) 10倍　　(5) 20倍

解説

図より，風下1km地点でのCu/Qの値は，大気安定度Dのときは約10^{-6}（m⁻²），大気安定度Bのときは約10^{-5}（m⁻²）と読み取れます。
これらCu/Qの値から，それぞれの濃度を式で表すと，

安定度Dで風速$u = 4$m/sのときの濃度（C_D）$= 10^{-6} \times Q \div 4 = \dfrac{10^{-6}}{4}Q$

安定度Bで風速$u = 2$m/sのときの濃度（C_B）$= 10^{-5} \times Q \div 2 = \dfrac{10^{-5}}{2}Q$

$\therefore C_B \div C_D = 20$ であることから，およそ20倍になるといえます。

解答 (5)

③ 大気環境の予測

まとめ & 丸暗記

● この節の学習内容のまとめ ●

☐ **大気環境の予測と評価**

- 平均化時間…煙（汚染物質）の濃度を測定する時間

  予測対象に合わせた適切な平均化時間が必要

  例）SO_x，NO_xなど→1時間，温室効果ガスなど→1か月から1年
- 環境政策には正確な予測値が必要

  ⇒十分な予測性能を有する拡散モデルが不可欠

☐ **大気環境濃度の予測方法**

拡散式
- 解析解モデル　例）正規形プルームモデルなど
- 数値解モデル　例）格子モデル，流跡線モデルなど

- 平坦な地域での濃度予測

  一般的な正規形プルーム拡散式で濃度の計算ができる

  16方位に区分した風向ごとに濃度を求めることが多い
- 各種の予測方法

①光化学大気汚染モデル	数値解モデル
②高密度ガス拡散モデル	● 三次元数値解モデル ● スラブモデル
③自動車排出ガス拡散モデル	● 沿道に大きな障害物のない直線道路 　正規形線源式，正規形プルーム式 ● 高層ビルに囲まれた道路 　ストリートキャニオンモデル（SRI）
④建屋後流拡散モデル	● ISCモデル ● NRCモデル
⑤海上・沿岸での拡散モデル	Lyons and Coleモデル

大気環境の予測と評価

1 平均化時間

　「平均化時間」とは，煙（汚染物質）の濃度を測定する時間のことです。例えば，危険物漏出について対策を検討する場合，1時間平均値を計算してもあまり意味がなく，数秒〜数分の平均化時間での濃度が必要とされます。逆に，CO_2やフロンなど地球規模での環境汚染にかかわる物質の濃度をシミュレーションする場合は，年平均値や月平均値が適切です。このように，大気汚染濃度を予測する対象に合わせた適切な平均化時間によって濃度を予測することが大切です。大気汚染シミュレーションごとに必要とされる濃度の平均化時間をまとめておきましょう。

■大気汚染シミュレーションにおける濃度の平均化時間

有害化学物質，引火性ガス，爆発性ガスの事故時放出	数秒
悪臭，化学物質の漏洩	数分
SO_x，NO_x，CO，光化学オキシダント等の大気汚染物質	1時間
CO_2等の温室効果ガス，フロン等のオゾン層破壊物質	1か月から1年

2 拡散モデルの性能評価

　さまざまな大気環境に関わる環境政策においては，正確な予測値に基づいて，最も効果的な計画を立案する必要があります。そのため，十分な予測性能を有する拡散モデルの利用が欠かせません。拡散モデルの性能評価にあたっては，予測値と実測値との照合を行いますが，これには次の3種類があります。

①指定された場所と時間における予測値と実測値
②場所と時間についての種々の条件下における最高濃度の予測値と実測値

平均化時間と環境基準
「光化学オキシダントは1時間値が0.06ppm以下」などとというように環境基準が定められています（○P.69参照）。

③累積濃度分布曲線（PC曲線）での予測値と実測値

①の方法は最も厳しい評価項目であり，これに使用する統計量が多数考案されています。その中には，残差（予測値－実測値）の平均や標準偏差，相関係数，変動係数，平均二乗誤差などがあります。

チャレンジ問題

問1　　　　　　　　　　　　　　　　　　　難　中　**易**

　大気汚染シミュレーションにおいて必要とされる濃度の平均化時間として，誤っているものはどれか。

(1) 爆発性ガスの事故時放出………… 数秒
(2) 悪臭の漏洩…………………………… 数分
(3) SOx，NOx ……………………… 1時間
(4) 光化学オキシダント……………… 1か月から1年
(5) 温室効果ガス……………………… 1か月から1年

解説

(4) SOx，NOx，光化学オキシダントの場合，必要とされる濃度の平均化時間は，1時間とされています。1か月から1年というのは誤りです。

解答　(4)

大気環境濃度の予測方法

1 平坦な地域での濃度予測

　平坦な地域に立地している施設の高煙突から排出される煙の拡散については，一般的な正規形プルーム拡散式によって濃度を計算することができます。

　年平均濃度を計算する場合は，しばしば風向を16方位に区分し，それぞれの風向ごとに濃度を求めます。ところがこの方法では，22.5°間隔（360°÷16）の風向代表値のところで計算値が高くなり，風向区分の境界では低くなります。そこで対処法の一つとして，横風方向の一様分布式の採用が考えられます。この方法では，例えば西風の場合，西を中心にいろいろな風向から風が吹いていると考

えて，正規分布式ではなく，22.5°の範囲内で濃度分布が
一様になっているものとして取り扱います。

2 各種の予測方法

大気環境濃度を予測する拡散モデルは，その利用目的に
応じて，いろいろな種類に分類されます。なぜなら，汚染
物質の移流・拡散の方程式は同じでも，対象とする現象が
異なれば，切り捨てられる要素と残すべき要素が異なって
くるからです。ここでは代表的なモデルを学習します。

①光化学大気汚染モデル

大気中で生成や消滅などの反応を伴う光化学大気汚染の
シミュレーションでは，物質間の化学反応と移流・拡散に
ついての微分方程式を数値的に解く方法（数値解モデル）
が用いられます。

このモデルでは，三次元空間の各格子点で，反応に関与
する汚染物質の数の連立偏微分方程式を解くことになりま
す（格子モデル）。また，格子モデルは一般に計算量が多
いことから，風によって流される空気塊中における汚染物
質の収支に基づいて濃度を計算する方法（流跡線モデル）
もあります。

②高密度ガス拡散モデル

化学プラントの事故時など，高密度ガスの拡散を扱うた
めのモデルです。このようなガスは，超低温・高圧力状態
で貯蔵されていたり，放出直後には空気中の水蒸気と反応
して別の物質に変化したりすることもあります。

高密度ガスの拡散につき考慮すべき特徴としては，密度
が空気より重いため，重力落下により煙軸が下がり，地面
に沿って薄い扁平なプルームとなって流れていくことなど
が挙げられます。このような現象に対応できるモデルとし
て，三次元数値解モデル（運動量，質量，エネルギー等の
保存則を数値的に解く）や，スラブモデル（ガス塊の中の
空気量，ガス量，熱量等を数式で記述する）などがありま
す。

補足

予測方法の分類
①コンピュータによる
方法（拡散モデル）
● 解析解モデル
　微分方程式を数学的
　に解くことにより，得
　られた解析解を用い
　て濃度を計算します。
　例）正規形プルーム
　モデルなど
● 数値解モデル
　微分方程式を解析的
　に解けない場合，数
　値的に式を満足する
　濃度の値を求める方
　法です。
　例）光化学大気汚染
　モデルなど
②模型実験法
風洞（送風装置などを
備えた細長い測定室）
に煙突などの模型を置
いて，気流の変化や煙
の濃度等を測定する「風
洞実験」などがありま
す。複雑地形における
濃度予測などに用いら
れます。

3
大気環境の予測

③自動車排出ガス拡散モデル

　道路沿道に大きな障害物のない直線道路を対象とした自動車排出ガスの拡散モデルは，今日まで多数提案されていますが，これらのモデルでは，基本式として正規形の線源式，または点源列を対象とした正規形プルーム式を用いています。

　一方，高層ビルに囲まれた道路は「ストリートキャニオン」とよばれ，独特の循環流が生じ，特異な汚染濃度場を形成します。そのため，このような道路内の濃度分布を記述するストリートキャニオンモデル（日本ではSRIモデルとよばれている）があります。

④建屋後流拡散モデル

　煙突またはその付近の建造物の周囲を流れる気流の乱れによって，煙が影響を受ける現象をダウンウォッシュ（またはダウンドラフト）とよぶことを学習しました（◯P.295参照）。こうした建屋によって生じる大気の乱れを考慮したモデルとして，ISCモデルがあります。この建屋影響に関する記述は，HuberとSnyderのモデルによるもので，各種の矩形建屋模型を用いた風洞実験のデータに基づいて，建屋後流拡散モデルを提案しています。また，米国原子力規制委員会（NRC）は，放射性物質の大気拡散についての予測方法をまとめた指針を発表していますが，これに基づくNRCモデルも煙突や建屋によるダウンウォッシュなどを考慮した拡散モデルです。

⑤海上・沿岸での拡散モデル

　海上を吹いてくる風（大気層）は，乱れの小さな安定した流れです。しかし，この空気塊が陸上に達すると，地面の影響により，乱れの大きい領域が下層から広がっていきます。こうして乱れの大きくなった大気層を内部境界層といいます（◯P.303参照）。上空を流れる煙がこの内部境界層に接すると，そこで煙の拡散幅が急速に広がり，局所的に著しい高濃度汚染を生じることがあります。この現象を沿岸形ヒュミゲーションといいます（ヒュミゲーション＝「いぶし現象」）。

　海底油田の掘削施設や海上航行中の船舶の煙突，あるいは海岸線の火力発電所などの施設から排出される煙（汚染物質）は，こうして沿岸の地域に大きな影響を与えることがあります。沿岸域で発達した内部境界層によるヒュミゲーションに対応する拡散モデルとしては，Lyons and Coleモデルなどが挙げられます。

チャレンジ問題

問1 難 中 **易**

平坦な地域における年平均濃度の計算に関する記述中，| ア |～| ウ |の中に挿入すべき語句の組合せとして，正しいものはどれか。

年平均濃度の計算では風向を| ア |に区分して，それぞれの風向ごとに濃度計算を行うことが多い。このとき，一般的な| イ |により煙突周辺の濃度計算を行うと，計算値は風向代表値の方向で高く，風向区分の境界で低くなる。このような問題に対処するための一つの方法が，横風方向| ウ |の採用である。

	ア	イ	ウ
(1)	16方位	正規形プルームモデル	一様分布式
(2)	16方位	正規形プルームモデル	正規分布式
(3)	16方位	面積分プルームモデル	正規分布式
(4)	8方位	正規形プルームモデル	正規分布式
(5)	8方位	正規形パフモデル	一様分布式

解説

(1) 風向を16方位に区分し，正規形プルーム拡散式で濃度を計算し，その問題点を横風方向の一様分布式などによって補正します。

解答 (1)

問2 難 中 **易**

大気環境濃度予測モデルに関する記述として，誤っているものはどれか。

(1) 平坦地域の高煙突からの煙の拡散には正規分布形のプルーム式が一般的である。
(2) ストリートキャニオン内のモデルは，高層ビルに囲まれた道路内での自動車排ガス拡散濃度を予測する。
(3) ISCモデルは，建屋によって生じる大気の乱れによる拡散濃度を予測する。
(4) NRCモデルは，低温液化ガス蒸気など高密度ガスの拡散予測モデルである。
(5) Lyons and Coleのモデルは，沿岸域で発達する内部境界層によるヒュミゲーション時の拡散モデルである。

解説

(4) NRCモデルは，放射性物質の大気拡散について考案された建屋後流拡散モデルです。低温液化ガス蒸気など高密度ガスの拡散予測モデルというのは誤りです。

解答 (4)

4　大規模設備の大気汚染対策

まとめ & 丸暗記　　● この節の学習内容のまとめ ●

☐　ごみ焼却施設
- ストーカー炉が主流。最近では，ガス化溶融炉が進展している
- ごみ焼却設備で生成するNO_xは，主にフューエルNO_x
- ばいじん対策は，バグフィルターまたは電気集じん装置
- アルカリ湿式吸収は，塩化水素（HCl）とSO_xの同時除去が可能

☐　発電施設
- 集じん装置には，電気集じん装置を用いるのが一般的
- 脱硝装置は選択的触媒還元法，脱硫装置は湿式石灰石こう法が一般的
- 低低温形電気集じん装置は，GGHの熱回収部の後に設置する

☐　セメント工業
- ロータリーキルン（回転窯）では最高1450℃まで加温する
  ⇒ダイオキシン類が無害化される
- セメントの製造工程自体が高脱硫率を有する
  ⇒特別な脱硫設備を必要としない

☐　鉄鋼業
- 鉄鋼プロセスにおけるSO_xの発生源は，焼結炉が7割前後を占める
- 焼結炉排ガスの脱硫は，従来は湿式脱硫法が主流
  近年では活性炭などを用いた乾式脱硫法の導入が進んでいる

☐　石油精製工業
- SO_x対策…クラウス法，炭化水素蒸発抑制対策…浮屋根タンク
- 石油製品の品質改善…品確法に基づく規制値
  ガソリンの場合：鉛（検出されないこと），ベンゼン（1 vol%以下）

ごみ焼却施設

1 ごみ焼却施設の概要

①最近のごみ処理の状況

　2000（平成12）年以降，一般廃棄物の量は減少傾向にあります。ごみ焼却率は2001（平成13）年以降，78 ～ 79％となっています。中間処理として焼却処理が主流ですが，直接焼却された量は，2003（平成15）年以降，顕著な減少傾向がみられます。

②ごみ焼却設備

　ごみ焼却炉の形式には，ストーカー炉，ガス化溶融炉，固定床炉，流動床炉，ロータリーキルン炉等多くの種類があります。

　現在は，ストーカー炉が主流です。1965（昭和40）年にわが国初の発電付き全連続燃焼式ストーカー炉が完成し，その後，安定燃焼技術が確立しました（現在も稼働）。また最近では，ガス化溶融炉がストーカー炉と肩を並べるほどに進展しています。ガス化溶融炉では，ごみを酸素のない，または酸素の少ない状態で加熱し，炭化水素や一酸化炭素などから成る可燃性ガスやタール分などに分解して，その残渣を溶融します。

2 主な処理対象物質

　ごみ焼却施設には，焼却部分のほかにさまざまな排ガス処理系統が設けられ，二次公害を防止し，環境問題を起こさないための工夫がなされています。

　都市ごみを焼却したとき，発生する排ガス中に含まれる有害な物質として，ばいじん，塩化水素，硫黄酸化物（SO_X），窒素酸化物（NO_X），水銀，ダイオキシン類等が挙げられます。焼却灰やフライアッシュの処理も重要です。

　ここで物質ごとの発生由来をまとめておきましょう。

一般廃棄物
2021（令和3）年度の一般廃棄物（ごみ）の総排出量は4,095万 t でした（◎P.50参照）。

フライアッシュ
◎P.155「補足」参照

4

大規模設備の大気汚染対策

■ 都市ごみを焼却した際の排ガス中に含まれる物質の発生由来

ばいじん	廃棄物の焼却によって最後に残った無機質が大部分を占めている。細かい粒子となって飛散する
塩化水素	塩化ビニル樹脂などの塩素系プラスチックの焼却，あるいは食塩などの無機塩素化合物が焼却される際の高温域で生じる
硫黄酸化物（SO$_x$）	紙類，たんぱく質系厨芥類，加硫ゴム等を焼却するときに生じる
窒素酸化物（NO$_x$）	主に生じるのは，フューエルNO$_x$（有機性窒素化合物を焼却する際に窒素化合物が分解する過程で生成される）である
水銀	廃棄物中の乾電池，蛍光灯などに由来する。近年は乾電池の水銀不使用化により，排ガス中の水銀濃度は減少傾向にある
ダイオキシン類	塩素化された前駆体物質の焼却・熱分解中に生じるものや，化学的にはダイオキシン類と無関係な有機物と無機塩素の焼却や熱分解によって生じるものがある。廃棄物中に元々含まれていたものは，焼却過程でほとんど消滅する

3 ごみ焼却炉の排ガス処理技術

　排ガスの処理方式は，湿式法と乾式法（半乾式法を含む）に分けられますが，最近は，排水処理の不要な乾式法が増える傾向にあります。主な排ガス処理方法を確認しておきましょう。

■ ごみ焼却炉における主な排ガス処理方法

成　分	処理方法	特　徴
ばいじん	電気集じん装置	維持管理が容易で広く普及している
	バグフィルター	高い集じん率が得られる
塩化水素 SO$_x$	アルカリ湿式吸収	高い除去率が得られる
	消石灰噴射乾式吸収	電気集じん装置，バグフィルターのいずれとも組み合わせることができる
	消石灰 －バグフィルター	乾式で湿式吸収に匹敵する高い除去率が得られる。ダイオキシン類の除去も兼ねる
NO$_x$	無触媒脱硝（SNCR）	炉内へアンモニア等を噴霧する簡易脱硝
	触媒脱硝（SCR）	触媒の使用で高い脱硝率が得られる
ダイオキシン類	低温バグフィルター	排ガスの低温化で高い除去率が得られる
	活性炭吸着	活性炭粉末の煙道吹き込みや，充填塔での吸着によってダイオキシン類を除去する

①スクラバー法（湿式吸収法）

　塩化水素（HCl）と硫黄酸化物（SOx）を水酸化ナトリウム（NaOH）などのアルカリ水溶液で洗浄し，塩化ナトリウムや硫酸ナトリウムなどの溶液として回収します。排ガス中のHClとSOxを同時に除去できる方法です。

②粉体噴射法－バグフィルター

　粉体層がろ過層となって集じんが進行するほか，排ガスがこれを通過する際，粉体層に含まれる未反応水酸化カルシウム（消石灰）と排ガス中の塩化水素・SOxとの中和反応が促進されます。さらに，ばいじんとダイオキシン類の高除去率も達成できます。

　また，これに粉末活性炭を吹き込んでダイオキシン類を吸着することにより，バグフィルターでのダイオキシン類除去効果をさらに高めることができます。

③無触媒脱硝法（SNCR）

　アンモニアガス，アンモニア水，尿素を焼却炉内の高温領域（800 ～ 900℃）に噴霧し，NOxを選択還元する方法です。

バグフィルター
●P.217参照

触媒脱硝法（SCR）
NOxの除去原理はSNCRと同じですが，脱硝触媒を使用することによって80%程度の高脱硝率が得られます。

4
大規模設備の大気汚染対策

チャレンジ問題

問1　　　　　　　　　　難｜中｜**易**

　一般廃棄物の焼却施設に関する記述として，誤っているものはどれか。

(1) 直接焼却された量は，最近では減少傾向が認められる。

(2) 焼却炉形式としては，流動床炉が主流である。

(3) ガス化溶融炉は，ごみを酸素のない，あるいは酸素の少ない状態で加熱する。

(4) 発電付き全連続燃焼式ストーカー炉が稼働している。

(5) 排ガス処理方式には湿式法，乾式法（半乾式法を含む。）がある。

解説

(2) 現在，焼却炉の形式として主流といえるのはストーカー炉です。流動床炉が主流というのは誤りです。

このほかの肢は，すべて正しい記述です。

解答 (2)

ごみ焼却設備における排ガス中の汚染物質に関する記述として，誤っているものはどれか。

(1) SO_Xは紙類，たんぱく質系厨芥類，加硫ゴムなどを焼却するときに発生する。

(2) 生成するNO_Xは，サーマルNO_Xが主である。

(3) 塩化水素は，塩素系プラスチックや食塩などを焼却するときに発生する。

(4) ばいじんの大部分は，焼却によって最後に残った無機質である。

(5) 乾電池の水銀不使用化により，排ガス中の水銀濃度は減少傾向にある。

解説

(2) ごみ焼却施設で生成するNO_XはフューエルNO_Xが主です。サーマルNO_Xというのは誤りです。

このほかの肢は，すべて正しい記述です。

解答 (2)

ごみ焼却炉における排ガス対策に関する記述として，誤っているものはどれか。

(1) ばいじん対策として，バグフィルター又は電気集じん装置が設置される。

(2) 湿式吸収装置では，HClとSO_Xの同時除去が可能である。

(3) 湿式吸収装置では，排ガスを尿素水で洗浄する。

(4) 活性炭吸着塔は，ダイオキシン類対策に用いられる。

(5) 触媒脱硝反応塔は，NO_X対策に用いられる。

解説

(3) 湿式吸収装置では，水酸化ナトリウム（NaOH）などのアルカリ水溶液で洗浄を行います。尿素水で洗浄するというのは誤りです。

このほかの肢は，すべて正しい記述です。

解答 (3)

発電施設

1 石炭火力発電

①燃料としての石炭

　国内の石炭火力発電は，石炭をミル（粉砕機）で微粉化し，バーナーで燃焼させる微粉炭燃焼方式が大部分を占めています。また，現在使用されている石炭は，オーストラリアやインドネシアなどを主とする海外からの輸入炭がほとんどです。

　石炭は，ほかの燃料と比べてコストは安いですが，灰分が多いため，排ガス中には一般に$10 \sim 20 \mathrm{g/m^3_N}$程度の多量のばいじん（フライアッシュ）が含まれています。そのため，ばいじん対策と捕集した灰の処理に十分な配慮が必要となります。

②排煙処理システム

　大規模な発電設備は処理風量が大きいため，集じん装置には，圧力損失が小さく，動力費の小さい電気集じん装置（EP）を用いるのが一般的です。また，脱硝装置としては，一般にアンモニア注入による選択的触媒還元法（SCR法）が用いられ，脱硫装置としては，一般に湿式石灰石こう法（石灰スラリー吸収法）が用いられています。

　これまでに実用化された代表的な排煙処理システムは，以下のア〜ウです。いずれのシステムもGGH（ガス・ガスヒーター）を設置する点が特徴です。

ア 高温形電気集じん装置システム（旧システム）

　電気集じん装置が，脱硝装置およびエアヒーターの前に設置される旧システムです。運転温度が$350 \sim 400 ℃$前後となり，実処理ガス量は低温形電気集じん装置の約1.5倍になります。煙道の引き回しが複雑であり，動力費や熱損失も大きくなることなどから，現在は用いられていません。

イ 低温形電気集じん装置システム（従来のシステム）

　電気集じん装置を，脱硝装置およびエアヒーターの後に

二酸化炭素の回収
石炭は，発熱量当たりの二酸化炭素（CO_2）の排出量がほかの燃料と比べて最も多いのですが，現在の排煙処理システムにおいて，二酸化炭素の回収は考慮されていません。

GGH
（ガス・ガスヒーター）
排ガスから熱を回収して脱硫装置後の排ガスを再加熱する熱交換器です。排ガスが外気で冷却されると水蒸気となり，煙突から白煙がたなびいて見えることから，その対策として排ガスを再加熱するために設置されます。

設置するシステムです。運転温度が120 ～ 160℃前後となり，フライアッシュの電気抵抗が最も高いゾーンで運転されることになります（この場合，逆電離という現象が起こり，集じん性能が著しく低下することについて◎P.207参照）。

また，都市近郊形の石炭火力の場合には，出口ばいじん濃度を10mg／m^3_N以下に抑えるよう，より厳しい条件が付けられ，脱硫装置の後に湿式電気集じん装置をさらに設置する必要があります。

ウ　低低温形電気集じん装置システム（高性能排煙処理システム）

電気集じん装置をGGHの熱回収部の後に配置して，ガス温度を90℃近辺まで下げ，運転温度をより低くすることによって電気集じん装置の高性能化を図ったシステムです。1990年代半ば以降，主流となっています。

■実用化された代表的な排煙処理システムの例

ア　高温形電気集じん装置システム

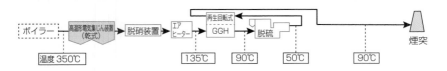

イ　低温形電気集じん装置システム①

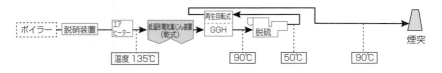

低温形電気集じん装置システム②（より厳しい条件に対応）

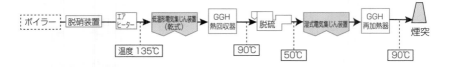

ウ　低低温形電気集じん装置システム

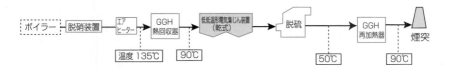

2　重油および重質油焚き火力発電

　燃料費の高騰のため，C重油を燃焼する重油焚き火力の稼働率は減少していますが，石油精製プロセスでの残渣であるアスファルトやVR（残渣油の一種）などの超重質油が燃料に使用されるケースが出てきています。これらの燃料の硫黄分は4％を超えることから，この硫黄分によって発生する三酸化硫黄ガス（SO_3）の処理が重要となります。

　排煙処理システムには，乾式と湿式があります。

① 乾式処理

　煙道内にアンモニア（NH_3）を注入し，SO_3を硫酸アンモニウム（$(NH_4)_2SO_4$）として固形化させ，電気集じん装置で捕集する方法が一般的です。

② 湿式処理

　湿式脱硫装置でばいじん除去と脱硫を同時に行う方式です。エアヒーター以降の運転温度を酸露点以上に維持することによって，硫酸による低温腐食を回避します。

補 足

C重油
◯P.117参照

4

大規模設備の大気汚染対策

補 足

酸露点，低温腐食
◯P.145参照

チャレンジ問題

問1　　　　　　　　　　　　　　難｜中｜**易**

　我が国の石炭火力発電所に関する記述として，誤っているものはどれか。

(1) 微粉炭燃焼方式がほとんどである。

(2) 燃料は，海外からの輸入炭がほとんどである。

(3) 集じん装置としては，主に電気集じん装置が用いられる。

(4) 脱硝装置としては，主にアンモニア注入による無触媒脱硝法が用いられる。

(5) 脱硫装置は，湿式の石灰石こう法が一般的である。

解説

(4) 脱硝装置としては，アンモニア注入による選択的触媒還元法（SCR法）が一般に用いられています。無触媒脱硝法というのは誤りです。

このほかの肢は，すべて正しい記述です。

解答 (4)

石炭火力発電設備用電気集じん装置に関する記述として，誤っているものはどれか。

(1) 高温形電気集じん装置は，350 〜 400℃前後の温度で運転される。

(2) 低温形電気集じん装置は，フライアッシュの電気抵抗が最も高いゾーンで運転される。

(3) 高温形電気集じん装置の実処理ガス量は，低温形電気集じん装置の約1.5倍になる。

(4) 低低温形電気集じん装置は，120℃程度で運転される。

(5) 低低温形電気集じん装置は，GGHの熱回収部の後に設置される。

解説

(4) 低低温形電気集じん装置システムでは，ガス温度を90℃近辺まで下げて，運転温度を低くしています。120℃程度で運転されるというのは誤りです。

このほかの肢は，すべて正しい記述です。

解答 (4)

セメント工業

1 セメントの製造プロセス

ポルトランドセメントの製造は，①原料工程，②焼成工程，③仕上工程を経て行われます。

①原料工程

石灰石（炭酸カルシウム），粘土，けい石，鉄原料等を混ぜ合わせて，乾燥・粉砕・混合の工程を経て，所定の化学成分に調合した粉末の原料にします。

②焼成工程

①の粉末の原料を，ロータリーキルン（回転窯。単にキルンともよぶ）の中で最高1450℃まで加温することによって，単なる混合物に過ぎなかった粉末の原料を，セメントとして必要な水硬性をもった化合物へと変化させます。それを冷却し，クリンカーとよばれる中間製品にします。

③仕上工程

クリンカーに石こうを少量添加し，最終製品の「セメント」に仕上げます。

2 廃棄物等の有効利用

セメント工業では，さまざまな産業から排出される廃棄物や副産物を，原料または熱エネルギーの代替として積極的に受け入れています。

①セメントの原料として

セメントの主要成分は，カルシウム・けい素・アルミニウム・鉄の4元素ですが，スラグ類や石炭灰などといった多くの廃棄物や副産物の成分もこれら4元素からできているため，こうした廃棄物や副産物を天然の原料と調合し，セメントの原料として用いることができます。

②熱エネルギーとして

熱エネルギー源としては石炭が使用されますが，近年ではその一部を廃油，廃プラスチック，廃タイヤ，木くず等の可燃性廃棄物で代替しており，年々その使用量が増加しています。

3 セメント工場の大気汚染防止対策

①粉じん対策

セメント工場では，主に乾燥した粉末を取り扱うため，発じんする場所が数多く存在します。そのため，セメントの製造工程内には，粉じん対策または製品の回収を目的としたバグフィルターが多数設置されています。

②ばいじん対策

セメント工場の煙突および冷却機の排気部分に，大規模な電気集じん装置（EP）が設置され，排ガス中のセメント原料ダストを回収した後，大気に放出します。

③SOₓ対策

セメントを製造する工程で発生した二酸化硫黄（SO_2）は，400〜1000℃の温度領域においてセメント原料中の石灰石やアルカリ成分と反応し，吸着されることで脱硫されます。つまり，セメントの製造工程自体が高脱硫率（97〜99%）を有しているため，特別な脱硫設備は不要です。

ポルトランドセメント
現在最も多量に生産されている代表的なセメントです。幅広い分野の工事に使用されています。

スラグ
鉄鋼の製造工程などから溶融によって生じる非金属の物質をいいます。高炉スラグなどの鉄鋼スラグのほかに，廃棄物溶融スラグなどがあります。

セメント工場における粉じんの発生
粉じん発生源を減らす取り組みもあり，現在ではセメント工場内の粉じん発生はほとんどないとされています。

④NOx対策

セメントキルン排ガス中のNOxの抑制は，燃焼管理と排煙脱硝に大きく分けられます。

■ **セメントキルン排ガス中のNOxの抑制**

燃焼管理	● 低空気比燃焼 　ロータリーキルンからの排ガス中のO₂濃度を３％程度に管理する ● 二段燃焼の採用 ● 低NOxバーナーの使用
排煙脱硝	排煙脱硝プロセスを導入している工場では，乾式の無触媒還元法が一般的に用いられている

⑤ダイオキシン類対策

原料がロータリーキルンの中で最高1450℃まで加温される（○P.328参照）ことにより，ダイオキシン類は分解され，無害化されます。

チャレンジ問題

問1　　　　　　　　　　　　　　　　　　　　　難　中　**易**

　セメント製造に関する記述として，誤っているものはどれか。

(1) ロータリーキルン（回転窯）の温度は，最高1450℃程度である。

(2) セメントの主要成分は，カルシウム，けい素，アルミニウム，鉄の４元素である。

(3) セメントは純度が要求されるため，高炉スラグ，石炭灰などをロータリーキルンに投入することはできない。

(4) セメント製造工程はそれ自身が高い脱硫性能を有しているため，排煙脱硫装置は一般に不要である。

(5) ロータリーキルンからの排ガス中のO₂濃度は，約３％程度で管理されている。

解説

(3) 高炉スラグや石炭灰なども，その成分はセメントの主要成分であるカルシウム・けい素・アルミニウム・鉄の４元素からできているため，セメント原料として用いることができます。したがって，ロータリーキルンに投入することができないというのは誤りです。

このほかの肢は，すべて正しい記述です。

解答 (3)

鉄鋼業

1 SOx防止対策

　鉄鋼プロセスにおけるSOxの主な発生源は焼結炉，加熱炉，ボイラーであり，このうち焼結炉からの発生が7割前後を占めます。

①焼結炉排ガスの脱硫

　焼結炉の排ガスは，流量が大きく，ダスト濃度が高いという特徴があります。脱硫方式として，従来は湿式脱硫法が主流でしたが，近年では活性炭や活性コークスを用いた乾式脱硫法の導入が進んでいます。

②コークス炉ガスの脱硫

　コークス炉で石炭を乾留してコークスを製造するときに副生するガスをコークス炉ガスといい，主要な燃料として加熱炉やボイラーで活用されています。石炭中の硫黄分に起因する硫化水素を含んでおり，アルカリ吸収液によって硫化水素を除去する湿式脱硫法が脱硫方式として主に用いられています。

③副生燃料の有効利用

　コークス炉ガスのほかに鉄鋼プロセスで副生するガスとして，高炉ガス，転炉ガスがあります。これらは硫黄分をほとんど含まないため，有効利用が推進されています。

④原燃料の低硫黄化

　鉄鋼プロセスへの持ち込み硫黄分を低減するため，原料の鉄鉱石については低硫黄分の鉄鉱石への転換，燃料については低硫黄重油への転換や，LPG，LNG等の導入が図られています。

2 NOx防止対策

　鉄鋼プロセスでのNOx発生源は，焼結炉，コークス炉，熱風炉，加熱炉，ボイラー等多種多様です。

補足

焼結炉
粉状の鉄鉱石を高炉で使用できるように焼き固めて，塊状の焼結鉱を製造するための工程です。

わが国で採用されている焼結炉排ガスの主な脱硫方式
（湿式）
- 石灰スラリー吸収法
- 水酸化マグネシウムスラリー吸収法
- アンモニア硫安法

（乾式）
- 活性炭（活性コークス）吸着法

鉄鋼プロセスにおけるNOx防止技術を確認しておきましょう。

■鉄鋼プロセスにおけるNOx防止技術の例

NOx 抑制技術	燃焼改善	運転条件の変更	低空気比燃焼，予熱空気温度の低下
		燃焼装置の改造	多段燃焼，排ガス循環，低NOxバーナー
	燃料改善	燃料転換	重油から軽質油・低カロリーガス燃料へ
		燃料脱硝	コークスやコークス炉ガスの脱窒素
排煙脱硝 技術	乾式	接触還元法，無触媒還元法	
	湿式	酸化吸収法，酸化還元法	

3 ばいじん・粉じん防止対策

製鉄所では，工程ごとに以下のような対策を講じています。

■製鉄所におけるばいじん・粉じん対策

工 程	防止対策
原料処理（クラッシャー，コンベヤーなど）	集じん，コンベヤーカバー
コークス炉（石炭粉砕機，混炭機，石炭塔など）	集じん，無煙装入
石灰炉，焼結炉，圧延設備	集じん
高炉，転炉，電気炉	集じん，建屋集じん

チャレンジ問題

問1 難 中 **易**

鉄鋼プロセスに関する記述として，誤っているものはどれか。

(1) SOxの発生量の7割前後が，加熱炉によるものである。
(2) 加熱炉，ボイラーでの脱硫方式としては，湿式脱硫法が主流である。
(3) 焼結炉の排ガスは流量が大きく，ダスト濃度も高い。
(4) 持ち込み硫黄分を低減するため，低硫黄分の鉄鉱石への転換が図られている。
(5) 副生する高炉ガスや転炉ガスは，硫黄分をほとんど含まない。

解説

(1) SOxの発生量の7割前後を占めているのは焼結炉です。加熱炉というのは誤りです。

このほかの肢は，すべて正しい記述です。

解答 (1)

石油精製工業

1 石油と大気汚染

①製油所における精製工程

まず常圧蒸留装置で，原油を沸点の差によって，ガス，LPG，ナフサ，灯油，軽油および残油留分に分離します。次に，分離した留分を，水素化精製装置（硫黄分などの不純物除去），接触改質装置（オクタン価の向上），接触分解装置（重質油の軽質油への転換），重質油脱硫装置（重油留分からの硫黄分などの不純物除去）などで処理していきます。

②精製・貯蔵等に伴う大気汚染物質の発生

石油産業に関連する製油所，油槽所，給油所においては，次の大気汚染物質を排出します。

- 加熱炉，ボイラー，ガスタービンに使用される副生ガス，重油などの燃焼に伴い発生するSO_x，NO_x，ばいじんなど
- 貯蔵設備などから排出される炭化水素（ベンゼンなど）

2 製油所での大気汚染対策

①SO_x対策

硫黄回収装置は，副生ガス中の硫化水素を分離する工程（酸性ガス除去設備），分離された硫化水素から硫黄を回収する工程（硫黄回収設備），回収しきれない硫黄分を除去する工程（テールガス処理設備）から構成されます。このうち，硫化水素から硫黄を回収するプロセスはクラウス法とよばれ，主反応炉において硫化水素（H_2S）と二酸化硫黄（SO_2）とが2：1となるように燃焼用空気を調節すると，高温，無触媒下において，以下の反応（クラウス反応）が起こり，硫化水素が硫黄（S）になります。生成した硫黄は冷却されて液状となり，製品として出荷されます。

$$2H_2S + SO_2 \longrightarrow 3S + 2H_2O$$

補足

主な輸入原油の硫黄分
硫黄分の少ない順
①スマトラ・ライト
　（インドネシア）
　　……0.08wt%
②マーバン
　（U.A.E）
　　……0.78wt%
③イラニアン・ライト
　（イラン）
　　……1.35wt%
④アラビアン・ライト
　（サウジアラビア）
　　……1.79wt%
⑤クウェート
　（クウェート）
　　……2.52wt%
⑥カフジ
　（Divided Zone）
　　……2.85wt%

補足

製油所のNO$_x$対策
低NO$_x$バーナーまたは排煙脱硝設備が採用されています。

製油所のばいじん対策
製油所のばいじん排出量は少ないですが，流動接触分解装置や大型ボイラーなどでは，サイクロンや電気集じん装置などが用いられています。

4

大規模設備の大気汚染対策

②炭化水素蒸発抑制対策

　揮発性有機化合物（VOC）の排出を抑えるため，炭化水素が揮発しやすい原油やガソリン，ナフサなどの貯蔵では，液面全体に屋根を浮かせた**浮屋根タンク**を用います。タンク内部にガス層を形成することがなく，炭化水素の排出がほとんどありません。

3 石油製品の品質改善

　昭和40年代後半〜50年代前半の**ガソリン無鉛化**をはじめ，自動車の環境対策の一つとして，石油製品の品質改善による大気汚染対策が実施されてきました。

　1976（昭和51）年に制定された「揮発油販売業法」は，1996（平成8）年に「**揮発油等の品質の確保等に関する法律**」（略称「**品確法**」）に名称変更されました。品確法施行規則では，ガソリン，灯油，軽油について規格値を定めています。

■ ガソリンと軽油の主な規格値

ガソリン （品確法施行規則第10条1項）	● 鉛………………検出されないこと ● 硫黄分…………0.001wt%以下であること ● ベンゼン………1vol%以下であること
軽油 （品確法施行規則第22条1項）	● 硫黄分…………0.001wt%以下であること ● セタン指数……45以上

　2005（平成17）年から，硫黄分が10ppm以下のガソリンおよび軽油の供給が開始されました。ディーゼル車から排出されるNO_xと粒子状物質（PM）を低減するためには，軽油の硫黄分低下が不可欠といえます。

チャレンジ問題

問1　　　　　　　　　　　　　　　　　　　　　　　難　**中**　易

　クラウス法に関する記述中，下線を付した箇所のうち，誤っているものはどれか。

　硫化水素から (1)硫黄を回収するプロセスであり，主反応炉において，硫化水素と二酸化硫黄が (2)2：1となるように (3)燃焼用空気を調節すると，(4)高温で，(5)触媒下において，クラウス反応が起こる。

解説

(5) 触媒下ではなく，無触媒下です。　　　　　　　　　　　　解答 (5)

334

問2　　　　　　　　　　　　　　　　　　　　　難｜中｜**易**

　日本における石油製品の品質改善に関する記述として，誤っているものは
どれか。

(1) 昭和40年代後半から50年代前半に，ガソリンの無鉛化がなされた。

(2) 現在，ガソリンのベンゼン含有率は，5％以下に規制されている。

(3) 平成17年から，硫黄分が10ppm以下のガソリンの供給が開始された。

(4) 平成17年から，硫黄分が10ppm以下の軽油の供給が開始された。

(5) ディーゼル車の排ガス中のNO_xとPMの低減に，軽油の硫黄分低下は有
効である。

解説

(2) 現在，ガソリンのベンゼン含有率は1vol%以下に規制されています。5％以
下というのは誤りです。

解答 (2)

問3　　　　　　　　　　　　　　　　　　　　　難｜**中**｜易

　大規模設備の大気汚染防止対策に関する記述として，誤っているものはど
れか。

(1) 製油所のナフサ貯蔵には，揮発性有機化合物の排出を抑制するため，固
定屋根式のタンクを用いる。

(2) 火力発電所等で使用されている湿式の排煙脱硫装置は，脱硫機能ばかり
でなく除じん機能も有する。

(3) セメント工場では，セメントキルンのNO_x抑制対策として，低空気比燃
焼が実施されている。

(4) ごみ焼却炉設備のガス洗浄塔では，排ガス中のHCl及びSO_2を$NaOH$等の
アルカリ水溶液で洗浄し，同時除去する。

(5) 鉄鋼焼結炉で採用されている湿式の排煙脱硫方式としては，石灰スラリ
ー吸収法，水酸化マグネシウムスラリー吸収法，アンモニア硫安法など
がある。

解説

(1) 揮発性有機化合物の排出を抑制するため，液面全体に屋根を浮かせた浮屋根式
のタンクを用います。固定屋根式のタンクというのは誤りです。

解答 (1)

索　引

監修者●坂井美穂（日本文理大学工学部情報メディア学科准教授）
博士（工学）技術士（生物工学部門）No.38550
専門研究分野は，微生物利用学，バイオテクノロジー。
公害防止管理者（ダイオキシン類）。
危険物取扱者（甲種）。

こうがいぼうし　かんりしゃ　　たいきかんけい　　ちょうそく
公害防止管理者　大気関係　超速マスター　〔第5版〕

| 2013年3月4日 | 初　版　第1刷発行 |
| 2024年4月22日 | 第5版　第1刷発行 |

編　著　者	Ｔ　Ａ　Ｃ　株　式　会　社
	（公 害 防 止 研 究 会）
発　行　者	多　　田　　敏　　男
発　行　所	ＴＡＣ株式会社　出版事業部
	（ＴＡＣ出版）

〒101-8383 東京都千代田区神田三崎町3-2-18
電　話 03 (5276) 9492 (営業)
FAX 03 (5276) 9674
https://shuppan.tac-school.co.jp

組　　版	株 式 会 社 東 京 コ ア
印　　刷	株 式 会 社 光　　邦
製　　本	株 式 会 社 常 川 製 本

© TAC 2024　　　Printed in Japan

ISBN 978-4-300-11097-3
N.D.C. 519

書籍の正誤に関するご確認とお問合せについて

書籍の記載内容に誤りではないかと思われる箇所がございましたら、以下の手順にてご確認とお問合せをしてくださいますよう、お願い申し上げます。

なお、正誤のお問合せ以外の書籍内容に関する解説および受験指導などは、一切行っておりません。
そのようなお問合せにつきましては、お答えいたしかねますので、あらかじめご了承ください。

1 「Cyber Book Store」にて正誤表を確認する

TAC出版書籍販売サイト「Cyber Book Store」の
トップページ内「正誤表」コーナーにて、正誤表をご確認ください。

CYBER TAC出版書籍販売サイト
BOOK STORE

URL:https://bookstore.tac-school.co.jp/

2 1の正誤表がない、あるいは正誤表に該当箇所の記載がない ⇒ 下記①、②のどちらかの方法で文書にて問合せをする

★ご注意ください★

お電話でのお問合せは、お受けいたしません。
①、②のどちらの方法でも、お問合せの際には、「お名前」とともに、
「対象の書籍名(○級・第○回対策も含む)およびその版数(第○版・○○年度版など)」
「お問合せ該当箇所の頁数と行数」
「誤りと思われる記載」
「正しいとお考えになる記載とその根拠」
を明記してください。
なお、回答までに1週間前後を要する場合もございます。あらかじめご了承ください。

① ウェブページ「Cyber Book Store」内の「お問合せフォーム」より問合せをする

【お問合せフォームアドレス】

https://bookstore.tac-school.co.jp/inquiry/

② メールにより問合せをする

【メール宛先　TAC出版】

syuppan-h@tac-school.co.jp

※土日祝日はお問合せ対応をおこなっておりません。
※正誤のお問合せ対応は、該当書籍の改訂版刊行月末日までといたします。

乱丁・落丁による交換は、該当書籍の改訂版刊行月末日までといたします。なお、書籍の在庫状況等により、お受けできない場合もございます。
また、各種本試験の実施の延期、中止を理由とした本書の返品はお受けいたしません。返金もいたしかねますので、あらかじめご了承くださいますようお願い申し上げます。

(2022年7月現在)